河南省洛阳地区
农用矿产资源概论

岳铮生　汪江河　付法凯　燕建设
　　　　　　　　　　　　　　　　等编著
钱建立　石　毅　赵春和

黄河水利出版社
·郑州·

内 容 提 要

本书依托洛阳地区的矿产资源，初次探讨洛阳地区农用矿产领域的理论和实践以及促进农业经济发展的这类问题；以区域地质背景、农用矿产分类特征及开发利用概况为基础，展现其找矿方向和已知农用矿床的开发应用前景；以提供有关的农用矿产资源信息技术，进一步推动洛阳地区农用矿产勘查、开发应用和矿山企业的发展。

本书可供从事矿产勘查、教学和农业工作的科研人员阅读参考。

图书在版编目(CIP)数据

河南省洛阳地区农用矿产资源概论/岳铮生等编著.
郑州：黄河水利出版社，2010.7
ISBN 978-7-80734-841-2

Ⅰ.①河… Ⅱ.①岳… Ⅲ.①矿产资源–概况–洛阳市
Ⅳ.①P617.261.3

中国版本图书馆 CIP 数据核字(2010)第 117596 号

出　版　社：黄河水利出版社
　　　　　　地址：河南省郑州市顺河路黄委会综合楼 14 层　　　　邮政编码：450003
发行单位：黄河水利出版社
　　　　　　发行部电话：0371-66026940、66020550、66028024、66022620(传真)
　　　　　　E-mail：hhslcbs@126.com
承印单位：河南省瑞光印务股份有限公司印刷
开本：787 mm×1 092 mm　　1/16
印张：10.75
字数：260 千字　　　　　　　　　　　印数：1—1 000
版次：2010 年 7 月第 1 版　　　　　　印次：2010 年 7 月第 1 次印刷

定价：28.00 元

前　言

　　农业是国民经济的基础，"无工不富，无农不稳"。我国一向将农业摆在重要的战略位置，并以工业化促进农业现代化，以科学发展观、现代科技指导和支持农业不断发展，全国各行各业关心、服务于农业已成为神圣使命。为此，作为地质矿产部门以其专业领域和科技之长，经多年精心整理归纳选择了一批农用矿产，并将其识别、开发、应用的相关问题编制成此专著，权作本行业支援农业的一项初始行动。

　　所谓农用矿产资源是指在大农业(农、林、牧、副、渔)上可利用或具有潜在利用价值的天然矿物和岩石以及某些可利用的工业尾矿或废料，即指一切直接、间接应用或可应用于农林牧副渔业中的岩矿原料。随着农业生产的发展，天然矿产和岩矿产品在大农业上的应用越来越广泛，目前除在矿物肥料中广泛应用外，还应用于改良土壤剂、饲料添加剂、动植物生长调节剂、农药或农药载体以及农用工程材料等。用做矿物肥料的农用矿产除传统的磷矿、钾矿、硫矿外，还有各种含钾岩石、蛭石、硅灰石等40余种；用做土壤改良和园林栽培的有沸石、膨润土、硅灰石、蛭石、麦饭石、黏土等10余种；用做饲料添加剂的矿物岩石有50多种，有岩矿类、盐类矿物、黏土矿物等；用做农药的矿产有雄黄、雌黄、毒砂、硫酸铜等；此外还有用做粮食干燥的沸石、膨润土等。这是个不断拓展的新领域。

　　近几年，国内外应用于大农业的矿物岩石已超过150种。随着农业科技和矿产品加工利用技术的日新月异，其应用的种类还将快速增加。农用矿产资源的利用状况已成为衡量一个国家农业和矿业科技水平高低的重要标志之一。

　　洛阳地区有着优越的地质地理环境，矿产资源丰富，可以大力发展、开发农用矿产资源，现已发现农用矿产资源24种(334处矿产地)，以其用途可作为土壤改良剂、矿肥、饲料、农药等多个领域。充分开发利用这些农用矿产资源，可以大面积改良土壤，减少化肥的施用量，降低农业生产成本，大幅度提高农业产品的产量和品质，对于实现农业产业化和推广特色农业、提高农民收入、壮大地方经济、优化农业环境和扩大地质勘查服务领域具有重要意义。原河南省岩矿测试中心已研制出专供猪、鸡、牛、鱼的PMA、CMA、NMA、FMA四大系列九个品种的矿物饲料，其生物学效价均达到和超过国外指标，已在全国推广应用。目前，在全省建立了五个矿物饲料厂和两个原料基地，取得了明显的经济、社会效益。以此为基础，对照国内外农用矿产开发利用的经验和成果，初始对洛阳地区农用矿产领域以及开发利用前景进行概论。

　　编著本书的宗旨，首先是建立在矿业发展战略方面，我国农用矿产资源起步较晚，发展空间大，必将成为煤炭、金属、非金属、水资源四大矿产资源之间的一个特殊门类，农用矿产深加工将成为朝阳产业，具有广阔的发展空间；其次，洛阳属于矿产资源丰富的工业城市，但农用矿产资源发展滞后，通过本书全面系统展示洛阳地区农用矿产资源，以促进发展矿业经济，带动其他经济发展，以加强农业，加快工业强市发展战略的实施；再次，洛阳地区崛起的乡镇企业中，矿产开采加工业占了较大的比重，但因农用矿物加工尚未形成规模、加工技术落后、缺乏专用产品系列、资源状况不清等方面的问题，亟待引导。通过本书，在普及地质专业(科学)知识的同时，向有志者提供农用矿产资源信息技术，以期推动洛阳地区乡镇矿山企业的发展。

本书共分十章二十九节。第一章是绪论；第二章是洛阳农业；第三章是区域地质背景——期望通过洛阳农业，结合区域地质背景的叙述，能够使读者从基础地质学方面入手，了解农用矿产和基础地质之间的内在联系，认识更多的农用矿产资源，提高对农用矿产资源的认识，明确其发展和找矿方向；第四章是农用矿床及其找矿方向——依据经典矿床学原理，分别从矿床地球化学特征、成矿作用、矿床类型特征方面，运用成矿理论分析研究洛阳可能形成的不同成因类型的农用矿床，重新认识洛阳已知的农用矿床，以拓宽找矿领域和方向；第五章是洛阳农用矿产分类及特征——以洛阳矿业发展规划为基础，对全区农用矿产资源进行分类研究和资源特征的分析，对比国内外农用矿产开发应用、系列产品研发现状，展望洛阳农用矿产资源勘查开发应用前景，为进一步开展深层次的应用研究工作打下基础；第六章是洛阳农肥类矿产资源；第七章是洛阳饲料类农用矿产资源；第八章是洛阳农药类矿产资源；第九章是洛阳土壤改良剂—环保类矿产资源——依类分别结合16例已知农用矿床的勘查开发应用前景，重点选取已进行过地质勘查工作、矿产品市场效应较好、具有代表性和经类比新发现的有价值矿点，较详细地介绍已知矿床特征及开发应用前景，以便有志者得以快速开发应用；第十章是农用矿产可持续发展战略和对策，进一步展望洛阳农用矿产资源勘查开发应用前景。

本书依托洛阳地区的矿产资源，初次探讨农用矿产领域的理论和实践以及促进农业经济发展等方面的问题，无疑是一次大胆的尝试，期望以其抛砖引玉，唤起地学同仁的广泛共鸣，共同掀起洛阳地区发展农用矿业经济的新高潮。

本书是以教授级高级工程师、国务院政府特殊津贴获得者、河南省优秀专家岳铮生为首的研究组近几年的专题综合研究成果，汇集河南省地矿局第一地质调查队的相关成果资料，融合了岳铮生、燕建设、付法凯、钱建立、刘文阁、汪江河、石毅、赵春和、李红松、汪洋、王娟等众多同仁们的科研报告和论文，总顾问地学资深专家石毅拟定提纲和提供相关资料，得到洛阳市国土资源局高级工程师钱建立、刘文阁的倾力相助，为本书积累了丰富的研究资料，以上人员均参加了调研、资料收集及相关章节的编写工作。由总工程师教授级高级工程师燕建设主持编写，主编人汪江河、岳铮生统一编纂、审核定稿，汪洋、王娟进行文图表录入和制作。

本书参考了有关学者、专家的专著、论文及相关资料，对于书中引用、涉及的各类原始、基础资料的作者或曾经参与相关工作的所有工作人员，以及为我们提供过帮助、指导的专家、学者和编辑，在此一并表示诚挚的感谢！

由于编者的认识水平和所掌握知识面的局限，书中尚有很多不尽人意之处，谬误实属难免，敬请批评指正。

编　者

2009 年 6 月于洛阳

目　次

第一章　绪　论

第一节　农用矿产资源概念

所谓农用矿产资源系指在大农业(农、林、牧、副、渔)上可利用或具有潜在利用价值的天然矿物和岩石以及某些可利用的工业尾矿或废料,即指一切直接、间接应用或可应用于农林牧副渔业中的岩矿原料总称。是促进农业增产增效,改善农业环境而形成的矿产系列组合。

这个矿产系列组合主要是在非金属、能源、金属三大类矿产资源之间的一个新的领域,有广阔的发展空间。它包括狭义的也是传统的、广义的又称非传统的两类矿肥。传统的农用矿物仅指农用矿物肥料,主要是促进粮食作物增产,如氮、磷、钾类肥料矿产,主要利用矿物和岩石的有用化学成分。非传统的农用矿物,除农用矿物外,还包括饲料、农药、土壤改良剂及农用建筑矿产,除了利用这些矿物的化学成分外还利用其化学和物理性质,又称为"新型农用矿产"。

这一类矿物集合体,在 20 世纪 70 年代,欧美等发达国家就提出了一个 "非传统农用矿产资源概念"。所谓非传统农用矿产资源是相对于传统的磷、钾、硫等农用矿产资源而言,系指具有某些特殊的物理性状和化学(元素)组成,能应用于现代化农业生产的矿物集合体。这一类矿物集合体,也称之为"廉价农用矿产资源"。近年来,由于新型材料研究与开发的兴起,又将这一类矿产资源中的一些黏土矿称之为"黏土生物工程材料"。黏土生物工程材料具有对生物给养、保养的机制,有对生物抗病、防病的功能,有净化生态环境的作用。以上所述的几个提法,实际所指相同,可统称为新型农用矿产资源(童潜明,2000)。

第二节　常见农用矿产

一、常见农用矿物和多矿物混合物

农用矿物即矿物类农用矿产,其定义为以天然矿物为原料,经简单加工后即可直接用作肥料、复合肥或混合肥、土壤改良剂、饲料添加剂、农药、菌肥载体、作物生长调节剂等。目前,可利用的农用矿物已多达百种以上,常见矿种有磷灰石、钾长石、硼砂、方解石、海泡石、沸石、滑石、叶蜡石、明矾石、胆矾、水绿矾、菱镁矿、水镁石、蛭石、石膏、硬石膏、自然硫、黄铁矿、橄榄石、麦饭石、海绿石、水云母、芒硝、石盐、雄黄、雌黄等。一部分农用矿产在自然界是以多矿物混合物存在的,农业上可以直接利用,它们多是些黏土矿物、风化残积物或沉积物,以及某些农业上可利用的工业残余物。主要有高岭土、膨润土、凹凸棒石、纤维状海泡石、海泡石黏土、镁质黏土、水云母(伊利石)黏土、累托石(黏土)、硅藻土、泥炭、腐殖酸类泥或土、工业尾肥、矿渣、粉煤灰等。

二、常见农用岩石

在自然界中，农用矿产主要以矿物集合体——岩石状态存在的，开发利用时通常也多是以多矿物集(混)合物或岩石为原料，而且常见的农用矿物也多是从岩石中经过粗加工提取，或以某一种或几种矿物为主要成分的岩石为原料来加工生产的。常见的岩石类农用矿产有石灰岩、白云岩、正长岩、珍珠岩、蛇纹岩、玄武岩、浮石岩、火山灰、天然碱、钾盐、某些基性、超基性岩石，含钾岩石、含磷岩石、含微量营养元素或稀土元素的岩矿等。

第三节　农用矿产发展的回顾

一、化肥时代

19 世纪 40 年代起到第一次世界大战是化肥工业的萌芽时期。那时，人类企图用人工方法生产肥料，以补充或代替天然肥料。1840 年，李比希用稀硫酸处理骨粉，得到浆状物，其肥效比骨粉好。不久，英国人 J.B.劳斯用硫酸分解磷矿制得一种固体产品，称为过磷酸钙。1842 年他在英国建了工厂，这是第一个化肥厂。1872 年，在德国首先生产了湿法磷酸，用它分解磷矿生产重过磷酸钙，用于制糖工业中的净化剂。1861 年，在德国施塔斯富特地方首次开采光卤石钾矿。在这之前不久，李比希宣布过它可作为钾肥使用，两年内有 14 个地方开采钾矿。19 世纪末期，开始从煤气中回收氨制成硫酸铵或氨水作为氮肥施用。1903 年，挪威建厂用电弧法固定空气中的氮加工成硝酸，再用石灰中和制成硝酸钙氮肥，两年后进行了工业生产。1905 年，用石灰和焦炭为原料在电炉内制成碳化钙(电石)，再与氮气反应制成氮肥——氰氨化钙(石灰氮)。

从 20 世纪初到 50 年代，化肥工业处于发展阶段。在这段时期里，化肥生产技术不断进步，品种增多，产量增大，并逐步成为一个工业部门。

第二次世界大战结束后，为了适应世界人口的迅速增长，增施化肥成为农业增产的有力措施，因之促进了化肥工业的大发展。1950 年，世界化肥总产量(以 N、P_2O_5 和 K_2O 含量计)为 14.13 Mt，1980 年达到 124.57 Mt，以每年 7%～8%的速度增长。20 世纪 80 年代以来，化肥工业不景气，增产速度下降。为了持续增产实现科学施肥，要求化肥工业向不同生产条件下的农业提供各种规格的长效复合肥料，以提高农业经济效益，这就促使了化肥工业在发展中进行改造。

中国在 1909 年进口了少量智利硝石(硝酸钠)；1914 年，吉林公主岭农事试验场首先开始进行化肥的田间施用试验；20 世纪 30～40 年代，卜内门化学工业公司向中国推销硫酸铵，农民称它为肥田粉。1935 年和 1937 年在大连和南京先后建成了氮肥厂。1949 年以后，加快了化肥工业发展速度。50 年代，在吉林、兰州、太原和成都建成了 4 个氮肥厂。60～70 年代，又先后在浙江衢州、上海吴泾和广州等地建成了 20 余座中型氮肥厂。1958 年，化工专家侯德榜开发了合成氨原料气中二氧化碳脱除与碳酸氢铵生产的联合工艺，在上海化工研究院进行了中间试验，1962 年在江苏丹阳投产成功；从此，一大批小型氮肥厂迅速建立起来，成为氮肥工业的重要组成部分。70 年代中期开始，又新建了一批与日产 1 kt 氨配套的大型尿素厂。1983 年，中国氮肥产量(以 N 计)达到 11.094 Mt。

2004 年以来，中国农科院土壤肥料研究所(后改为农业资源与农业区划研究所)与黑龙江硅源肥业有限公司联合进行了"新型高活性硅钙肥研制及其高效施用技术研究"。该产品以天然含硅、钙、镁、铁、硼、钼等元素的矿石为原料，采用国际最先进的激活技术，添加自主创制的核心技术，即复合添加剂和氮肥增效剂，使硅、钙、镁、铁、硼、钼等元素实现活化，较同类产品作物吸收利用率提高 15～20 倍，有效硅、有效钙含量分别高达 30%、33%以上，还含有多种微量元素；使该高活性硅钙镁钾肥可以直接与各类氮肥混合施用或作为原料直接与 N、P、K 肥加工成含硅复合肥，提高 Si 与 N 的利用率。因此，从根本上解决了一直以来困扰的硅肥生产与使用施肥技术难题。2006 年 12 月 16 日，农业部科教司委托中国农科院科技局组织召开该项技术成果鉴定会，由著名农业科学家陈文新院士任主任，全国人大常委委员(原中国农大校长)、著名植物营养肥料学家毛达如教授任副主任委员的鉴定专家，一致认为该成果在总体上达到了国际先进水平，在硅提高作物抗真菌病的机理和创新硅钙肥加工工艺方面达到了国际领先水平，目前已得到全面的推广应用。

二、矿物微肥——源于大农业地质中的地球化学

大农业地球化学主要指岩石、土壤和水中与大农业生产有关的营养元素的分布、富集规律及由此而引起动植物生产、繁殖、变异、衰减等化学作用规律。利用地球化学方法通过查清岩土中各种元素变化特征和环境质量的途径来揭示农作物生长的背景，对自然气候、土壤特征、母质(岩)常量元素、微量元素、土壤理化性状、营养元素全量、营养元素有效态、重金属元素分布分配特征的研究，查明土壤农业地质背景和营养元素丰缺及土壤环境质量，为农业生产、合理施肥和产业结构调整指明了方向。

根据土壤地球化学调查结果，有针对性增补矿物微肥的作用主要是：①提高农产品产量、品质；②促进农作物生长发育，提早成熟，防早衰；③抑制病虫害，增强农作物抗逆性，根除生理性病害；④调节土壤酸碱度，疏松土壤，改良物理性状；⑤协调土壤营养结构，提高土壤肥力和肥料利用率。

目前，研究大农业地质—地球化学背景与研究矿物微肥、饲料并重，但随着粮食与主要农作物产量的提高，日益受到土壤活力和肥效不断降低的威胁，以及农用土地不断减少的情况下，用改良土壤的办法来提高产量的途径以及用非传统农用矿物岩石作肥料来补充化肥的做法，日益显得紧迫和必要，因而研究和扩大非传统农用矿物、岩石的利用领域，特别是在改良土壤和制作矿肥、微肥方面将普遍被重视起来。

三、农用矿产利用将再度掀起高潮

回眸 1998 年以来中国化肥产业改革十年的风雨历程，我们不难发现，中国化肥工业一路辉煌的背后，飘扬着一面自主创新的大旗。从单质肥起步到硫基复合肥、硫酸钾复合肥、多元复合肥在全国兴起，从 BB 肥不断推广到高塔技术的成熟与完善，我国的化肥国产化程度正在不断提高，肥料品种日益丰富，众多新型矿肥品种的诞生，不仅使中国肥料产品结构发生巨大变化、让农肥行业营销模式发生改观，更改变了中国农民千百年来的耕作施肥模式。

硫基复合肥的诞生，再次演绎了一个简单的事实——科技推动生产力，是科技进步推动了中国复合肥行业的繁荣。目前，在全国 700 多家复混肥料制造企业中，近 90%采用的就是这项技术，这项技术至今还影响着中国复合肥行业。硫基复合肥生产技术的问世，成

为中国从一个复混肥纯进口国成为净出口国的重要因素。

BB 肥作为氮磷钾三元素的有效载体，结合了国外的肥料发展方向，成为第一个引入平衡施肥理念的肥料品种，配方由原来的六七个矿物元素增加到近 30 个，由原来的氯基增加了硫基产品，有些还添加了有机质和微量元素。早在 1988 年，当中国还沉迷于原有施肥方式时，广东中加就将平衡施肥的理念从遥远的加拿大引到了中国。BB 肥实现了土壤技术与肥料技术的紧密结合，是现代科学施肥、平衡施肥、按需施肥等先进施肥理念的物化体现。BB 肥使平衡施肥技术由过去的被动接受变为主动应用，并简化了技术推广程序。农业部农技推广中心土壤与肥料处处长杨帆曾给予 BB 肥很高的评价。

湖南省地质研究所充分利用当地丰富的岩矿石资源优势，根据岩矿资源特性，把在工业上不能利用的低品位的海泡石黏土矿、钙质膨润土矿、富稀土岩、富钾岩、富硒岩、富铬及多种微量元素的基性超基性岩等称之为新型农用岩矿资源。实践表明，这种新型农用岩矿肥料，可提高地力增加有效钾和可交换镁、钙含量，可改良土壤调整其砂、黏粒比例，使黏重土壤增大通透性和降低容重。

近几年来，随着技术领域的不断创新，各类新型肥料如雨后春笋般不断涌现，确定新型肥料的发展方向应是在继续施用氮、磷、钾肥的基础上，增施含有硅、钙、镁和其他中、微量元素的肥料或制作成复合肥料施用。这对农业增产、农民增收效果相当重要。同时，即将会再度掀起农用矿产开发利用的新高潮，也为农用矿产领域的发展指明了方向。

第四节　农用矿物分类

经过 200 多年的探索、试用、总结，农用矿产这个研究领域不断扩大，发现和利用的矿物越来越多，也就越来越需要科学的分类、归纳、比较、区别，工业和科技界有不同的分类方案，主要还是按用途分类，见表 1-1、表 1-2。

表 1-1　农用矿物分类

分类	常见主要矿物举例
土壤改良剂	天然沸石、膨润土、石灰石、磷石膏、黏土、砂子、泥炭、海泡石、蛭石、褐煤、珍珠岩、蒙脱石、伊利石、高岭土
矿物肥料	磷灰石、蓝铁矿、胶磷矿、鸟粪石、钾石盐、光卤石、杂卤石、钾盐镁矾、无水钾镁矾、钾镁矾、软钾镁矾、钾芒硝、钾石膏、钾硝石、绿钾铁盐、钾铁盐、硼钾镁石、正长石、钾微斜长石、透长石、海绿石、白云石、酸石、金云母、白云母、黑云母、橄榄石、蛇纹石、绿豆岩、明矾石、白铁矿、磁黄铁矿、黄铁矿、硼砂、天然硼酸、硼镁石、单斜硼钙石、硼镁铁矿、电气石、软锰矿、硬锰矿、水锰矿、菱镁矿、褐锰矿、黄铜矿、斑铜矿、辉铜矿、铜蓝、孔雀石、蓝铜矿、辉钼矿、铁钼华、闪锌矿、水锌矿
矿物饲料添加剂	石灰岩、沸石、海泡石、膨润土、皂石、麦饭石、石盐、芒硝、天然碱、石膏、磷灰石、泥炭、风化煤、腐泥、硅藻土、蛭石、海绿石、凹凸棒石、硅质岩、珍珠岩、胆矾、水绿矾
矿物农药及其载体	硫磺、雌黄、雄黄、磷灰石、岩盐、硼砂、钠芒硝、碘钙石、石灰石、蛇纹石、胆矾、绿矾、凹凸棒石
农用工程材料	包括农田基本建设、水利和农业工程用石材、砂、泥土等

注：据安徽农业大学，朱江、周俊，安徽地质，1999。

表 1-2　我国农用矿物、岩石分类系统表

大类	亚类	矿物、岩石举例
（一）肥料	1.氮肥	钠硝石、钾硝石、钙硝石等，泥炭、腐泥、腐泥煤、煤、天然气等
	2.磷肥	磷灰石、磷铝石、蓝铁矿、银星石，磷块岩、含磷页岩等
	3.钾肥	钾长石、霞石、白云母、黑云母、海绿石、钾盐、光卤石等，花岗岩、正长岩、粗面岩、响岩、凝灰岩、伟晶岩、长石斑岩等
	4.微肥	硼砂、硼镁石、方硼石、白云石、电气石、辉钼矿、自然硫、闪锌矿、孔雀石、菱锰矿、软锰矿、硬锰矿、蒙脱石、石膏等
（二）饲料	5 常量元素	方解石、白云石、水镁石、磷灰石、石膏、石盐、钾盐、云母等，磷块岩、石灰岩等
	6.微量元素	沸石、蒙脱石、辉钼矿、菱铁矿、软锰矿、闪锌矿、孔雀石、海泡石、铜蓝等，麦饭石、褐煤、腐泥煤、花岗岩等
（三）农药	7.农药原料	自然硫、雌黄、雄黄、辰砂、磷灰石、黄铁矿、重晶石、滑石、萤石、毒砂、胆矾等
	8.农药载体	叶蜡石、沸石、蒙脱石、蛭石、高岭石、凹凸棒石、海泡石、滑石等，硅藻土、泥炭、蓝铁矿、泥岩等
（四）改良土壤、土壤环保	9.改良土壤、水土保持	蒙脱石、沸石、高岭石、橄榄石、蛇纹石、石膏、自然硫等，页岩、泥岩、硅藻土、火山灰、凝灰岩、白云岩、玄武岩、辉长岩、蛇纹岩、煤矸石、绿泥石、片岩等
	10.土壤环保	沸石、伊利石、蒙脱石、蛭石、铝土矿、凹凸棒石、海泡石、高岭石等，以及珍珠岩、麦饭石、石灰岩等
（五）建材	11.砖瓦、水泥、陶瓷	高岭石、石英、云母、绢云母、蛭石、滑石、蒙脱石、硅灰石等，页岩、黏土、泥岩、石灰岩、珍珠岩、黑耀岩、松脂岩、辉绿岩、浮石等
	12.建筑石材	石膏、方解石、叶蜡石、软玉、蛇纹石等矿物，以及石料、砂砾石、大理岩、花岗岩、板岩、石英岩等岩石

注：据宁夏大学，李龙堂(修编)。

一、从矿物学方面认识农用矿物

由表 1-1、表 1-2 可以看出，农用矿物是包括能源、金属和非金属矿产在内的一系列矿产资源，主要是非金属矿产。在应用性能上，除了农药载体、环境保护等领域利用这些矿物的物理性能外，大部分矿物如化肥、农药原料和饲料，包括土壤改良剂，都是利用了这些矿物的化学成分和特有的化学性能。

二、从矿床学上认识农用矿物

由表 1-1、表 1-2 所列农用矿产分别源自内生、外生和变质矿床之中，从矿床学理念上去认识农用矿产的意义重大。这是因为农用矿产不仅是非金属矿产中的一个重要组成部分，也往往是组成一些金属、能源矿产的伴生组分，处于一个同样的成矿系列中。找矿实践证明，成矿系列中的一些农用矿产标志性矿物，往往是某种金属矿产的找矿标志。例如自然

界中的黄铁矿，它往往与多金属硫化物矿床共生在一起。有经验的地质工作者常将黄铁矿的晶形形态和共生组合特征用于金属硫化物的找矿工作中，如高温条件下形成的黄铁矿一般有完整的晶体形态、闪亮的光泽，并往往和磁黄铁矿伴生，这是寻找辉钼矿的标志，栾川地区矽卡岩型辉钼矿区的黄铁矿均具有这类特征；中温条件下形成的黄铁矿，晶体虽然完整，但没有磁黄铁矿，多见诸于一些铅锌矿的组合；低温条件下生成的黄铁矿，颜色多为灰白色，晶体不完整，无晶面纹，这是找金、银这些低温硫化物矿床的主要标志，野外找矿中非常见效。

通过对矿床学理念的研究(重温)启示我们，十几年来我们对农用矿产的认识，在一定程度上还停留在"矿产"的概念上，现在所进行的工作侧重于农用矿种、数量、产地、工作程度、应用领域、开发状况以及矿业市场信息的调研，却忽视了对各种矿产产地的实地调查，尤其缺少按矿床学理念开展较深入的资源调查以掌握和积累一些矿种的矿床地质资料及开发应用效果评价。目前，已有资料的量化程度很低，大部分农用矿产产地所掌握的情况不能达到开发论证的要求，由此也大大制约了农用矿业的发展，难以实现农用矿产由资源向产业化和经济效益的转化，这是今后必须引起重视的重要问题。

(1)相当多的农用矿产如磷块岩、各种黏土岩、泥炭、含钾砂页岩、石膏、白垩、岩盐等，都可独立形成一些大型、特大型矿床。但这些矿床实际上又是不同时代地层的一部分，具有标志层特征，有特定的顶、底和夹层。研究认识这类矿床，不仅是地层学研究的内容，也涉及到古生物学、地史学以及古地理学等不同学科。

(2)大理岩、硅灰石、蛇纹岩、蛭石、云母类、滑石等一类变质矿产，它们原是在不同地质条件下变质的沉积岩地层或地层中含有的矿物，研究这类矿产除了运用地层学、沉积岩石学、变质岩石学的知识和理论外，还涉及到大地构造学、矿物学等学科领域。

(3)构造地质学是研究地壳中岩石形变及其原理的学科。在特定的大地构造部位形成特定的变质矿产外，还包括由构造运动产生的各种裂隙中的内生矿床，它们都将因为后期的构造运动而发生各种形变，而研究这种形变和其形成的过程，又是矿床研究中运用构造地质学解释的课题。

(4)不同种类的岩浆岩(火山岩和侵入岩)，它们除了提供花岗岩、橄榄岩、蛇纹岩、珍珠岩等岩石型农用矿种外，又往往是农用金属硫化物、萤石、重晶石、蛭石、钾长石、硫铁矿等的成矿母岩。要认识这些矿床，不仅需运用岩石学、矿物学的知识，还要涉及大地构造学、地球物理和地球化学的领域。

(5)表生作用形成的许多风化壳型矿床中，有许多是有价值的农用矿床，例如，古风化壳形成了各类黏土矿床，前寒武系顶部风化壳中经变质的叶蜡石，现代风化壳中形成的高岭土矿、麦饭石矿以及由斑状花岗岩形成的风化壳型钾长石矿等。认识这些矿床形成的机理，控制成矿的因素，除矿床学外，又需要地貌学、第四纪地质学的知识。

由以上一些矿产实例分析可见，大部分农用矿产的研究工作都可归于集基础地质学大成的矿床学领域。由于农用矿产类别多、矿种多、成因类型多，它涉及的基础地质学领域非常广阔，特别是矿床研究的理论性较强，所以要求我们从事农用矿产地质工作的同志，必须加强学习，不断提高自己基础地质和矿床学的知识水平，并能在农用矿产的勘查实践中，联系实际、不断探索，提高自己的综合素质。

第五节 农用矿产与农业地质学

一、农业与地质学的渊源关系

农作物和一切生物都依赖于水、土、肥和气候、阳光而生长发育，其中水、土、肥、气候等直接或间接地受地质构造、岩石、矿物、水文地质、地球化学等地质因素的严格控制。因此可以说，地质与农业(农、林、牧、副、渔)之间存在着十分密切的内在联系。

地质学作为专门研究地球的综合性学科，与农业科学的关系十分密切，农业的基础是土壤，土壤的基础是地质。如：土壤是由各种岩石风化形成，原生土壤与母岩的成分有很大的继承性，次生土壤是原生土壤被水、风搬运沉积而成，有其自身的特点。因此，地质环境中的元素地球化学特征直接决定着由其衍生的土壤性状；肥料是农业增长的物质保障，土壤中营养元素不均衡，尤其是某些微量元素严重缺乏是造成农作物品质下降的主要原因，而地质环境中某些元素的缺失是永久性的，必须采用施加矿物肥料的形式方能解决；地理生态环境决定着名优特产品的产出与分布，而地理生态环境又是受大地构造格架和地理地貌所控制，研究名优特产品产出背景及优质的奥秘，必须从其地质、地理背景和地球化学背景入手。用天然矿物替代人工合成物做饲料添加剂已成为趋势与必然。因此，人们必须转变思想观念，进一步拓展农业与农业地质学科领域，投身于区域经济发展的框架中，树立"大农业"、"大地质"概念，为洛阳区域大农业发展战略服务。

二、农用矿产与农业地质学

大农业的实践，形成了农用矿产，大农业与地质学的嫁接形成了农业地质学。农业地质学研究大农业生产的地质背景，农业土壤地质以及促进农业发展的农用矿物岩石的应用的科学。研究内容有：地质背景、地球化学、矿物岩石应用及土壤地质四个方面。

农业地质学是地质科学与农业科学相结合衍生的边缘学科。19世纪中叶法鲁(F.A.Fellow)和李希霍芬(F.V.Richthofen)最早提出农业地质一词，认为土壤由岩石碎屑演化而来。20世纪前40年里，主要研究农业经营和农学中所遇到的地质问题。在中国，20世纪80年代前，主要集中在为农业服务的区域地质、区域水文地质、农药农肥矿产勘查等传统地质领域。20世纪80年代发展为以地层、岩石和地貌等农业背景条件为对象的农业地质研究，探讨特产农作物的不同地质背景及其与某些地球化学元素的关系，以及增产途径。20世纪90年代为建设可持续发展的农业经济和良好的生态环境，逐渐形成了生态农业地质学。其研究涉及农、林、牧、副、渔的大农业与地质环境相互依存、相互作用和相互制约关系，它包含了农业地质背景、农业地质综合区划和农用矿产——肥料、饲料、农药载体、土壤改良剂等矿产的开发应用。它是地质科学为农业服务的新领域，也是地质科学应用研究的新途径，具有广阔的发展前景。

三、农业地质学为开发应用农用矿产指明了方向

从当前国内外研究现状以及农业地质日益为广大地学与农学科技人员的重视来看，农业地质学这一边缘学科新领域，将为农业向科学纵深发展发挥其重大的作用。

(1)国外从 20 世纪 80 年代初开始就重视研究非传统农用矿物岩石在农业各个领域的运用，而且已经取得显著经济效益，近年来开始重视研究植物—土壤—岩石三者的内在关系。随着实践的发展，今后将转向重视农业地质背景的农用矿物岩石应用研究。

(2)国内目前研究农业地质背景与研究矿物肥料、饲料并重，但随着农作物产量的提高，日益受到土壤活力和肥效不断降低的威胁，用改良土壤的办法来提高产量的途径以及用非传统农用矿物岩石作肥料来补充化肥的做法，日益显得紧迫和必要，因而研究和扩大非传统农用矿物岩石的利用领域，特别是在改良土壤和作肥料方面将普遍被重视起来。

(3)随着植物—土壤—岩石三者密切关系日益被农业科技人员所认识和重视，今后土壤的研究工作必定结合地球化学背景来研究，土壤地质将在国内外农学界得到迅速发展。

(4)农作物生长发育的好坏，能否生存，往往与土壤中某些特定元素的多寡、转化规律有着密切的生死关系，因而补充特定矿物质元素是研究土壤地球化学及今后深入研究农业地质背景的关键。

据此我们对农用矿产的研究必定会助推洛阳地区的农业发展。

第二章　洛阳农业

一、洛阳农业及对矿肥的需求

(一)洛阳农业

1. 洛阳自然地理概况

洛阳北与太行山前缘相望,南位伏牛山以北,与南阳山地相连,东与嵩山箕山山地相接,西与伏牛山西段和小秦岭接壤。区内以西南山地地貌为骨架,以东北部黄土地貌为主体,形成西南屋脊向东北、东南缓慢下降的地势,从西南到东北依次分布着中山、低山、低山丘陵、河谷与冲积平原等不同类型的地貌特征。

地貌基本分为西南部山地地貌,东北部黄土丘陵地貌和川区平原地貌三大类。山地地貌占全区土地总面积的 59.4%,主要由秦岭的崤山、熊耳山、伏牛山、外方山四大支脉构成,其中绝大部分位于洛宁、宜阳、栾川、嵩县、汝阳境内;丘陵地貌占全区土地面积的27.7%,主要分布在新安县的北部、伊川县的东北部和孟津县的西北部及伏牛山到熊耳山山地的北部,黄河的南侧,洛河和伊河的中下游地带;河谷平川地貌占全区土地总面积的12.9%,主要由黄河流域的黄河、洛河、伊河、涧河,淮河流域的汝河,长江流域的白河、老灌河流经的谷川平原盆地组成。

海拔高度 2 215.5 m ~ 112.8 m,高差达 2 000 m 以上。属温带大陆性气候,热量适中,光照充足,降水偏少,变幅较大,具有明显垂直变化特点。

2. 洛阳农业概况

洛阳地处豫西山区,丘陵、山地占全市总面积的 80% 以上,平原川区占全市总面积的 10% 左右,农业人口占总人口的 78.02%,可利用耕地较少,人均耕地面积从 1.51 亩(1 亩=1/15 hm^2)减少到 1.13 亩;境内大小河流 2 万余条,其中常年有水的 7 600 条,而且多属季节性河流,河道径流丰枯悬殊;年均降水量 600 多 mm,且分布不均,土壤水分蒸发量大,因而以干旱为主的自然灾害频繁,加之改变生产条件难度大,抗灾能力低,严重制约了农业生产的发展。

土壤按地带性土壤划分,属褐土地带,由于地方因素和人类活动的影响,土壤发生了较大分异。据农业规划调查,主要有 5 个土纲、12 个土类、25 个亚类、63 个土属、138个土种。此 12 个土类中,棕壤、褐土、红黏土、潮土类较为广布,其他土类如黄棕壤、紫色土、粗骨土、水稻土等仅有零星分布。

(二)洛阳农业及对矿肥的需求

洛阳地区土壤营养及农业施肥状况是:大量营养元素即氮、磷、钾三要素肥料表现为氮多、磷少、钾严重不足;微量营养元素则视地域不同而有所变化,总体较普遍缺硼、钼、锌、锰、铁等。针对洛阳地区资源特点,在适当加大区内农用矿产勘查、开发力度和外购部分矿肥外,必须因地制宜地开发利用洛阳区域丰富的农用矿产资源。

(1)土壤有机质:洛阳地区各类土壤因成土条件和耕作利用方式的不同,土壤有机质含量存在着明显的差异。土壤有机质含量大于 2%，达肥沃地标准的计有 913.57 万亩，占总土壤面积的 44.38%；有机质含量 1%～2% 的计有 870.28 万亩，占总土壤面积的 42.28%；小于 1% 的 274.5 万亩，占土壤总面积的 13.34%。

(2)全氮土壤：全氮量大于 0.1% 的面积有 1 047.6 万亩，占总土壤面积的 50.90%；全氮含量低于 0.1%～0.06% 的面积 824.2 万亩，占总土壤面积的 40.05%；全氮含量低于 0.06% 以下，达缺乏临界值的面积 186.5 万亩，占总土壤面积 9.05%。

(3)速效磷：含量在 15 mg/kg 以上的 146.7 万亩，占总土壤面积 7.1%；在 10～15 mg/kg 的 173.3 万亩，占总土壤面积 8.42%；速效磷含量低于 10 mg/kg，达缺乏临界值的有 1 738.4 万亩，占总土壤面积的 84.49%。

(4)速效钾：含量大于 150 mg/kg 达到丰富标准的有 493.45 万亩，占总土壤面积的 48.27%；含量低于 150 mg/kg 达不到丰富标准的为 1 064.87 万亩，占总土壤面积的 51.73%。

(5)微量元素：作物需要的微量元素一般而言来自土壤。洛阳地区土壤所含的微量元素极不平衡，铜、铁、锰、锌、硼、钼则普遍缺乏，多在临界值以下(锌、钼、硼临界值分别为 0.5 mg/kg、0.1 mg/kg、0.5 mg/kg)。

二、农用矿产的应用

(一)矿物肥料

农用矿产作为天然肥料，其中含有作物生长所需的多种常量和微量营养元素，能给作物提供比较全面的营养成分，如磷灰石中的磷、钙，硼砂中的硼、钾，海泡石中的铁、镁等都是作物生长所必需的常量、微量元素。加上作为肥料矿物所特有的结构、构造，能保持其有益元素在一定时期内均衡释放，因而天然矿物肥料一般都具有缓效性和长效性。施用这类矿物肥能在较长时间内均衡地向作物提供矿质营养，以保证其增产、保质的需要。

矿物肥料与化学肥料相比，增产效果是十分明显的。例如：利用一些页岩制成矿物肥料，可提高作物产量(小麦 20.7%，黄瓜 27.4%，玉米 8%～21%)；硅藻土制成的矿物肥料，6 年平均提高小麦产量 0.19 t/hm^2(与同样条件下的磷酸钙化肥相比)，大麻 1.57 t/hm^2，黄瓜产量提高 1 倍；蛇纹岩制成矿物肥料，可使土豆增产 22%～32%，玉米增产 21%；海绿石砂岩制成的矿物肥料，在大多数情况下使粮食作物、蔬菜、瓜类、林果、饲草等收获量增加 50%，以至更多；含钾岩石制成的矿物肥料，可使烟叶增产 13.5%，上等烟比例提高 2.1%，亩产值提高 17.3%，花叶病发病率降低 3.8%，还可使核桃增产 27%～32%，水蜜桃增产 17%～18%；非金属矿物和微量金属矿物盐制成的矿物微肥，可使沙质土壤的小麦增产 23%～28%，壤质土壤的小麦增产 10%～23%，黏壤土的小麦增产 6%～8.5%。施用矿物化肥，与施等量化肥相比，水稻增产 0.6%～1.7%，收益增加 3.3%～4.0%；小麦增产 4.0%～8.3%，收益增加 0.2%～13.4%；花生增产 3.9%～9.1%，收益增加 5.4%～10.5%；红麻增产 2.3%～3.5%，收益增加 5.2%～8.5%。可节省 30%～45% 的纯化肥用量。

1. 磷矿的应用前景

磷是一种重要的化工矿物原料，用以提取黄磷、磷酸及磷酸盐。黄磷用于制造赤磷、白磷和磷的氧化物、硫化物，赤磷用于制造火柴及用于冶金和军工、化工业，白磷用于制造杀虫剂，磷酸除可制成磷酸钙盐、磷酸钠盐用于肥料、涂料、饮料、医药、造纸、纺织、洗涤剂业外，也可用于食品和饮水剂业。磷的用途有数十种，堪为工业之母，但 90% 以上的矿石用于制造磷肥、农药、饲料等，是重要的农用矿物，对发展农业经济具有重要意义。

磷的工业矿物主要是磷灰石。沉积型磷矿的磷灰石主要是碳氟磷灰石，组成微晶质、非晶质集合体，非晶质者称胶磷矿，二者形成磷块岩矿石。

传统的选矿方法已经越来越难以处理低品位的磷矿，生物浸出技术由于其经济、环保的特点在湿法冶金领域被越来越广泛地采用，但国内外在浸磷方面的应用都较少。而我国北方的广大地区，所发现磷矿全是难处理的低品位磷矿，所以亟待寻找新方法来加速低品位磷矿的开发应用。洛阳多处发现磷灰石矿点，均为伴生的低品位矿，独具中型规模的伊川石梯含铁磷块岩矿，其铁磷分离技术和品位较低一直是开发利用的难点问题。

2008 年安徽省某煤矿酸性水分离出的嗜酸氧化亚铁硫杆菌和嗜酸氧化硫硫杆菌，采用紫外线和微波诱导方法，培养出的硫杆菌种能够产生更多的硫酸。中国湖北钟祥使用经过诱变的微生物浸出低品位磷矿，可以达到比原菌更好的浸出效果。在生物浸出的过程中加入吐温类表面活性剂可以进一步提高磷的浸出率。

2008 年(葛英勇等)进行的远安低品位胶磷矿双反浮选试验研究表明：①阴离子捕收剂 MG 反浮镁、阳离子捕收剂 GE-609 反浮硅的双反浮选工艺对低品位胶磷矿脱镁、脱硅的效果较好，并可以实现不加温浮选，较大幅度地提高磷精矿 P_2O_5 品位，生产合格精矿；②远安贫胶磷矿最佳双反浮选工艺条件和药剂条件为磨矿细度-200 目占 93%、脱镁药剂用量为 H_2SO_4 1 200 g/t、H_3PO_4 2 200 g/t、MG 捕收剂 2 000 g/t、脱硅药剂用量为 Na_2CO_3 800 g/t、淀粉 480 g/t、GE-609 捕收剂 480 g/t；③对 P_2O_5 品位为 18.21%的胶磷矿通过使用上述浮选工艺流程进行试验，获得了综合磷精矿 P_2O_5 品位 30.13%、回收率 80.74%、MgO 含量 0.93%的选矿指标，磷精矿达到酸法加工磷肥用磷矿的二级品、黄磷专用磷矿的二级品、钙镁磷肥专用磷矿的二级品质量标准要求。这些新技术、新方法的利用将会为伊川县石梯磷矿的快速开发应用创造更加广阔的应用前景。

2. 含钾岩石的应用前景

含钾矿石主要用于制造钾肥，主要产品有氯化钾和硫酸钾，是农业不可缺少的三大肥料之一，钾肥对绝大多数作物都有明显的增产效果，钾肥主要为氯化钾和硫酸钾，属酸性肥料。氯化钾用量大，适于水稻、麦类、玉米、棉花等作物，硫酸钾适于麻类、烟叶、甘蔗、葡萄、甜菜、茶叶等经济作物。

据河南省岩矿测试中心农业地质研究室(田培学)资料，利用含钾岩石制成的矿物肥料，可使小麦增产 20.7%、玉米增产 8%～20%、黄瓜增产 27.4%，使烟叶增产 13.5%，上等烟叶比例提高 2.1%，亩产值增加 17.3%；利用含有微量元素的矿物制成的矿物微肥，可大幅提高产品品质，使其价格倍增。

2007 年创业致富信息网发布一项发明专利，利用一种细菌酶化含钾岩石制取酵钾肥及配制有机-无机复混肥的方法。取 80%～97%含钾岩石、3%～20%骨头，混合粉碎制成酵钾基质粉。取 20%～50%酵酶基质、20%～50%助剂、20%～50%有机质，混合粉碎制成酶化发酵剂。再取 50%～80%酵钾基质粉、10%～50%酶化发酵剂，混合粉碎、堆放发酵 20～40 d，自常温 14～18 ℃升温至 88 ℃，再经降温冷却至 14～18 ℃，制成酵钾肥。取 50%～80%酵钾肥、4%～20%尿素、5%～20%重钙、10%～30%有机质，经混合粉碎、造粒、烘干制成有机-无机复混肥。它变废为宝，以废制废，消除污染，绿化、净化环境，有利于生态农业良性循环和改良土壤，增加肥力，提高农作物品质，并省设备、省时、省料，方法简便，有利推广应用。

(二)矿物饲料的应用

农用矿产在饲料方面的应用主要是作为常规饲料的配料、添加剂、抗凝剂、消毒剂、防腐剂等。在我国畜牧饲养业中，饲料问题一直是比较突出的问题，主要表现在：多用粮食做饲料，非粮食饲料比例较小，人畜争粮问题严重，饲料总体显得不足；配料少且科技含量低，加上饲养工艺落后，造成禽畜生长慢、多病、成活率低，以致影响总体饲养效益；添加剂主要为化学添加剂，天然(矿物)添加剂少或无，甚至使用含激素的化学添加剂，增加了对环境的污染，更为严重的是大大损害了畜牧产品的品质，并且通过食物链影响到食用这些畜牧产品的人群的身体健康，从而降低了整个畜牧饲养业的社会效益。如果用一些农用矿产来代替化学添加剂作为饲料的配料或矿物添加剂，这至少可以通过改变畜禽的食物结构，从而部分解决当前饲养业所面临的上述三个重要问题。各种矿物饲料(添加剂)如使用得当，一般都具有促进消化吸收、节省用粮、催膘催育、预防疾病等特殊功能。因为矿物饲料，不仅可为畜禽生长提供30多种营养元素，还能以其特有的物理性质——吸附性、离子交换性、膨胀性、悬浮性、黏结性、可塑性、润滑性、吸湿性等，促进畜禽机体的新陈代谢、吸氨固氮、改善畜禽的消化机能、提高饲料转化率、增强畜禽食欲，所以能增重、高产、保质。此外，还具有防治疾病、除虫灭菌、保温解潮、净化环境等功效。同时，以矿石代粮，能降低饲料成本，资源丰富，加工便利，适于长期保存而不变质，其经济效益和社会效益十分明显。据有关资料，列入国家饲料编号的矿产有13类113种，主要有石灰石、白云岩、大理岩、膨润土、沸石、凹凸棒石、麦饭石、褐煤、高岭土等(孙向东，1991)。

(三)矿物农药及农药载体

以矿物为原料经加工配制而成的化学农药防治作物的病、虫、草害，是综合防治体系中的一个重要组成部分。按其性能可分为杀虫剂、灭菌剂与除草剂三大类，其剂型有可湿性粉剂、液剂和熏蒸剂等。化学农药是有毒的化学物质，有伤害作物、有害生物和对人畜的潜在副作用，以及污染农副产品及生态环境的危险。因此，扬其利除其弊，是研制新型农药的关键举措。

用做化学农药的矿物原料，种类很多。常用的有磷盐、钠盐、硫磺、氟盐(萤石)、铜盐、锌盐、石灰、锰盐、砷盐和氮化物等；可作农药载体的矿物原料有滑石、黏土、苦土、沸石、麦饭石、蛭石。选择适宜的农药载体，对提高药效、减少药剂用量、延长药效、防止污染、降低成本等十分重要。如用沸石粉代替滑石粉作载体进行烟草杀虫试验，药效提高15%，效期延长7天，药量减少20%，成本降低30%。

农药生产中常用的矿物有硫磺、雌黄、雄黄和磷灰石等，主要是作为生产农药的原料，也有直接将其粉碎作为农药使用的，如硫磺、胆矾等。近些年来，人们在研究中发现，作物的许多病害是缺乏微量元素所致，如小麦的锈病，就是因为铁含量不足造成的，所以含有微量元素的沸石、海绿石、蛇纹石等矿物也被列入农药的行列。

矿物被用做农药载体则是因为某些矿物比表面积大，可使药物撒播均匀；同时由于矿物性质稳定、吸附性强，可使药物缓慢释放并且保持药性持久、减少流失、避免污染环境。具有此类特性的矿物以层状和架状硅酸盐为主，如膨润土、滑石等。

(四)土壤改良剂

矿物岩石作为土壤改良剂，目前应用较多的有天然沸石、膨润土、石灰石、黏土、砂子、泥炭等。其应用机理是利用矿物岩石本身所具有的化学组分和结构特点来改善土壤的理化性能和肥力。

全世界都迫切需要改良面积巨大的农业沙质土壤、沙质—黏土质土壤、盐渍化土壤和砂姜黑土化土壤。改良劣质土壤的关键是改造其物理结构和化学组分，以利植物生长。而目前采用增施有机肥和调节水量的措施，均系治标之法，而忽视了改造土壤质地的地质措施。采用地质措施则是"一治久安"的治本之道。

利用不同矿物原料研制出针对不同质地土壤的矿物产品，叫土壤改良剂。矿物土壤改良剂的施用，是通过对被改造的土壤质地定量分析来确定的。根据农业地质—地球化学调查成果以及农民的经济承受能力和经济效益来决定一次用量。

作为土壤改良剂的矿物原料，其本身并不是通常人们所说的肥料。其功能在于改造劣质土壤的组分与结构，提高土壤宜耕、宜种、宜肥性状，增强土壤抗干热、保水肥的能力，活化土壤，提高土壤肥力，并以作物最易吸收的形式将养料运输到位，促进作物生长。

三、洛阳具备发展农用矿产的有利条件

依据农业地质学的原理，我们认为洛阳具备了很多开发农用矿产的有利条件。

(一)大农业地质背景

地质背景是指农业区域中大农业赖以生存的土壤所依托的地质环境，包括地层、岩石、构造地质、地貌地质等内容。由于大农业中的各种生物从环境中吸取营养，都与该地土壤及其地质背景建立了物质、能量、信息的交换平衡关系，所以不同类型的地质环境背景体系具有不同的(或有差异的)生态农业环境。

以岩石学、地球化学、土壤学和农业化学理论为基础，通过研究地层、岩石、矿物、水文、地貌等环境地质背景，以及土壤类型和土壤地球化学条件、元素的背景与丰缺、土壤环境状况与环境容量，从而揭示地质体的风化、元素迁移、水分供需等与农业生产、农作物产量、农产品质量间的关系，弄清名优土特产的优势地质背景特征和劣势地质背景特征，以及不良地质背景(岩溶区、沙漠化和盐碱化区等)的控制性因素，使农业区域规划、主要农作物布局建立在较严格的地质背景系统研究基础上，从根本上把握作物生长的适宜性。农业地质背景资料的研究能为改良土壤、科学配肥和培肥、优化农业地质背景和人造优势地质背景提供科学依据，并为区域农业产业布局、绿色食品基地建设、优势背景区效益农业的发展、生物环境质量评价、土壤污染防治、地方病防治提供指导。

洛阳市除南部嵩县车村、白河一带地质调查工作程度较低外，大部分地区全部进行了1:5万区域地质调查，基础地质研究程度较高，局部地区矿产勘查开发利用程度也较高，为发展大农业提供了系统性的地质矿产背景资料。

(二)大农业地质—地球化学

地质地球化学是施用农肥的前提条件和主要依据，洛阳地区全部完成了1:20万区域化探，大部分地区做了1:5万化探，部分地区做了土壤地球化学调查。如嵩县已率先利用地球化学方法调查了土壤农业地质背景和营养元素丰缺及土壤环境质量。通过查清岩土中各种元素变化特征和环境质量的途径来揭示农作物生长的背景，并结合农业因素(地理、气候、土壤、植被等)、地质因素(构造、岩石、水文等)阐述了嵩县土壤农业地质背景和营养元素丰缺及土壤环境质量，为调整农作物种植结构和布局提供科学依据并指明了方向。

嵩县土壤地球化学调查结论(陈正有，2003)：

(1)成土母质的钾、铁、钼、硼丰富，土壤中微量元素铜、锌、锰、钼含量明显高于河南土壤平均含量，这表明岩石可供土壤的贮备量及土壤营养成分供应潜力较大。

(2)土壤土质成熟度低，保水性能差，但保肥性能较好，有机质丰富。

(3)土壤营养元素全氮、速效钾和有效态的铜、锌、铁、锰、钼、硅含量丰富，为农业、经济作物生长提供了丰富的营养成分。

(4)土壤重金属元素铜、锌、铅、镉、汞、砷含量较低，土壤质量良好。全县多数地区的土壤环境质量均达到国家Ⅱ级标准，部分地区土壤质量达到国家规定的Ⅰ级自然保护区的要求，能够满足并保障农业生产、维护人体健康。但在德亭黄水庵至乔家村一带的局部地段的重金属元素铜、铅含量较高，已达到或超过Ⅲ级土壤标准。

(5)土壤碱解氮、速效磷、有效态硼含量普遍较低，尤以有效态硼含量相当匮乏。

(6)嵩县是河南省主要烟叶产区之一。烟叶的品质与碱解氮、有效态铁呈负相关，与有效态钾和低氯含量呈正相关，碱解氮、有效态铁临界值分别为 $12×10^{-6}$、$50×10^{-6}$。烟田土壤理想的速效钾含量为$(250 \sim 300)×10^{-6}$。

建议：①农业和经济作物生产中应选择性增施微量元素肥料，对于有效态锌、有效态钼不足应根据不同土壤类型和地区判定锌、钼肥施用量，对区域性碱解氮、速效磷、有效态硼严重缺乏的土壤应增加氮肥、磷肥、硼肥的投入量，以提高农作物的单产量和品质；②对旧县、大章、田湖、九店等低山和丘陵的烟叶种植区应严格控制氮肥及施用含氯、含铁肥料，而大量增施钾肥，以提高烟草等级；③德亭黄水庵至乔家村一带的重金属铜、铅元素含量较高局部地段，应退农还林、退农还牧，以恢复其生态功能。

(三)大农业农用矿产

由前面分类表中得出，农用矿产是包含在能源、金属、非金属三大资源中的组合系列，洛阳各类矿产资源都有成熟的研究成果，尤其作者们多年在洛阳地区开展地质矿产工作，近期参编《洛阳非金属矿产资源》一书，已为其中大部分非金属农用矿产提供了详尽、系统的成果，对此还将在后面有关章节进一步阐述。

第三章 区域地质背景

任何一类矿产都是在特定的地质条件或地质背景下生成的。因此，要认识某种矿产，首先必须了解它的地质背景，或该矿种与地层、构造、岩浆活动、变质作用这些基础地质方面的依存关系，从矿床地质学高度加深对它们的认识和了解，进而有效推进这些农用矿产的地质勘查和开发利用工作。为此，要了解和研究区域地质背景。

第一节 地 层

地层是研究探讨各类地质科学的基础，自然界发生的包括成矿作用在内的各种地质现象，都客观地记录在地层系统之中，很多外生农用矿床本身就是地层的组成部分，即使大部分内生农用矿床，有的也成为类似地层的层状，或为地层的层位所控制(时空的统一性)，因此研究地层对认识和寻找农用矿床有特殊意义。洛阳地区所辖区县由于地层发育齐全，一些与地层有关的农用矿床也就十分丰富。开展农用矿地质工作，首先要了解地层，包括地层时代、地层新老层序、旋回性以及岩性组合，进而上升到建造的高度，从地质建造角度来认识农用矿产，特别是受地层控制的沉积型农用矿产。

地质建造泛指在地壳发展的某一构造阶段中，在一定的大地构造条件下，所产生的具有成因联系的一套岩石的共生组合，亦称地层建造，具体地说它们是特定的地层系统中的一套特定的与沉积作用有关的物质组合。这种物质组合的相当部分就是沉积矿产。下面分别由老而新加以简述。

一、太古宇新太古界(>25 亿年)

组成华北地台基底的地层，为区内最古老的结晶变质岩系，它们组成一些区域性地背斜的核部，区内称之为登封群和太华群。

登封群主体出露于嵩山、箕山地区，向西伸入伊川、偃师境内，以毗邻的登封君召剖面为典型，自下而上分别命名为石牌河、郭家窑、金家闾和老羊沟 4 个组。其中石牌河组主要是以斜长片麻岩为主的灰片麻岩系，郭家窑组及其以上的金家闾和老羊沟组则是由变质的海相火山建造为主，转化为陆源碎屑为主的绿片岩系，岩石地层组合表现为明显的二重结构。登封群以下部石牌河组的强烈混合岩化为特征。最老的 $Rb \sim Sr$ 年龄(29.86 ± 1.81)亿年。境内登封群以偃师南部、伊川吕店、江左一带拉马店背斜轴部出露的黑云斜长片麻岩、斜长角闪片麻岩、斜长角闪岩夹角闪变粒岩、石榴绢云石英片岩、白云石英片岩和厚层石英岩为代表，形成轴向南北的强烈褶皱构造，内有早期的基性—酸性岩的侵入。

太华群呈孤岛状出露于熊耳山北坡、栾川重渡沟(大清沟)、汝阳三屯玉马水库和嵩县栗树街一带，依出露较全的鲁山剖面，自下而上建耐庄组、荡泽河组、铁山岭组、水底沟组和雪花沟组。其中耐庄组和荡泽河组为变质较深的片麻岩、混合片麻岩系，铁山岭组以上由磁铁石英岩、浅粒岩过渡为石墨片麻岩、石墨大理岩(相当洛宁石板沟岩组)。这套岩石的二重结构也很清楚，太华群以含有石墨为特征，最老的同位素 U~Pb 年龄为 26.2 亿年和 25.8 亿年。区内各地太华群岩性变化较大，宜阳木柴关、嵩县西北部以变质的中性、中酸性侵入岩为主，沉积变质地层的比例较小。洛宁南部自下而上划分为草沟、石板沟、龙潭沟、龙门店、段沟五个岩组，系一套典型的变火山—沉积岩系、含超铁镁质杂岩。其他地区出露的太华群层序不完整。

太华群和登封群不仅分布范围、岩性特征、同位素年龄不同，而且各有不同的成矿专属性，它们既是各类矿床研究中的主要对象，也是农用矿床研究不可忽视的领域。

二、元古宇

(一)古元古界

区内古元古界出露地层主要是嵩山群，洛阳地区仅见嵩山群下部的一部分，分布在偃师市佛光乡香炉寨一带，自下而上分为罗汉洞组和五指岭组(缺失上部的花峪组和庙坡组)。

罗汉洞组岩性为灰白色片麻状厚—巨厚层状石英岩夹绢云石英片岩，底部有不稳定的变质砾岩，角度不整合于新太古界登封群之上。底砾岩 Rb~Sr 年龄 1 952Ma？，厚 492~749 m。

五指岭组下部为厚层石英岩夹绢云石英片岩，中部片麻状石英绢云片岩夹石英岩、白云岩，上部绢云石英片岩夹磁铁矿及透镜状白云岩，五指岭组 Rb~Sr 年龄 1 799 Ma，区内仅见下部地层。

(二)中元古界

中元古界由上、下两套地层组成。下面一套地层为熊耳群，归长城系；上面一套地层南部的称官道口群，北部的称汝阳群，归蓟县系。除此之外，在栾川南部还出露一套变质地层称宽坪群，与熊耳群的时代相当，也归长城系。

1. 长城系

1)熊耳群

熊耳群为华北陆台的第一个盖层，岩性以面溢型的古相安山岩、英安岩、流纹岩为主，夹基性、中基性熔岩。含下部碎屑岩，自下而上划分为大古石组、许山组、鸡蛋坪组、马家河组和眼窑寨组五个岩组，含同期的次火山相闪长玢岩、石英斑岩。大古石组仅见于洛宁、栾川地区，为河流—湖泊相沉积砂岩、砂砾岩，夹安山岩和凝灰岩，厚度 0~90 m，变化较大，代表火山活动初期的混合堆积，与下伏太华群不整合接触。许山组分布于洛宁、宜阳熊耳山区和汝阳外方山区北部，以中基性熔岩为主，岩性为灰绿色大斑安山岩和大斑玄武安山岩。鸡蛋坪组分布的范围较广，由洛宁、汝阳扩大到嵩县、栾川等地，以中酸性、酸性熔岩为主，代表性岩石为英安斑岩和流纹斑岩夹凝灰岩和安山岩，局部地段厚达 3 872 m(汝阳)。马家河组代表又一个火山巨旋回，为一套中基(偏碱)性熔岩组合，以灰绿色安山岩、玄武安山岩为代表，上部出现粗安岩，普遍有凝灰岩夹层，局部夹长石石英砂岩、透镜状白云岩，分布范围同鸡蛋坪组，在外方山区形成多个喷发中心。眼窑寨组岩性主要是紫色—紫红色流纹斑岩、英安斑岩，部分为安山质英安斑岩、英安岩，在区内呈带状、串珠状展布，分布范围有局限，次火山相特征很明显，有些资料中的龙脖组与之相当。

熊耳群同位素年龄，大古石组 K~Ar 1 778 Ma，许山组 Rb~Sr 1 675 Ma。

2)宽坪群

宽坪群分布于栾川叫河至嵩县白河一带，西延入卢氏，东延入南召。自下而上划分为广东坪组、四岔口组和叫河组。广东坪组以石榴黑云(二云)片岩、暗绿色斜长角闪片岩、绿泥钠长阳起片岩为主，夹薄层大理岩、变粒岩；四岔口组以二云石英片岩、黑云片岩为主，夹斜长角闪岩、大理岩、变粒岩；叫河组主要是黑云大理岩和石英大理岩，夹绿泥钠长片岩、斜长角闪片岩。

宽坪群为一套浅变质的海相火山—沉积岩系。已获同位素年龄值较多，最老的年龄在1 974 Ma(陕西)。

侵入叫河组的斜长角闪岩年龄1 404 Ma(K~Ar)。

2. 蓟县系

1)汝阳群

汝阳群分布在新安、宜阳、偃师、伊川和汝阳及嵩县北部，与下伏熊耳群或晚太古界登封群呈角度不整合接触关系。自下而上分为兵马沟组、云梦山组、白草坪组和北大尖组，其中分布于偃师的这套地层原称下五佛山群。

(1)兵马沟组：仅出露于伊川吕店兵马沟一带，由紫红色砾岩、砂砾岩、砂岩夹页岩组成，不整合于登封群之上，底部含有似熊耳群的安山岩砾石。

(2)云梦山组：为一套暗红色、灰紫色中厚—巨厚层状石英砂岩夹紫红色砂质砾岩，底部有砾岩、砂砾岩，夹火山凝灰岩，与下伏熊耳群或登封群、太华群不整合接触。底部有厚薄不等的透镜状鲕粒赤铁矿，伊川石梯一带形成含铁磷块岩，已达中型规模。

云梦山组以极发育的交错层、龟裂、波痕为特征。

(3)白草坪组：紫红、灰绿色泥质页岩、薄层中细粒石英砂岩为主，夹白云质石英砂岩，底部为粗—中粒长石石英砂岩。

(4)北大尖组：主要为灰白色、肉红色石英砂岩、长石石英砂岩、海绿石石英砂岩夹少量灰绿色页岩，砂岩中含黄铁矿，以其风化后醒目的锈斑为特点。

汝阳群为一套三角洲—滨海—浅海砂洲相连续沉积岩系，总厚>1 057 m。云梦山组中安山岩Rb~Sr年龄1 267 Ma，北大尖组海绿石K~Ar年龄1 215 Ma。

2)官道口群

官道口群分布于栾川，向西延入灵宝、卢氏地区，呈角度不整合覆于熊耳群火山岩系之上。自下而上划分为高山河、龙家园、巡检司、杜关、冯家湾五个组。

(1)高山河组：分布于栾川马超营断裂以北，为一套滨海—浅海相石英砂岩、砾岩、黏土质板岩组合，中夹灰绿色粗面岩、粗面斑岩、粗安岩和安山岩，与下伏熊耳群呈不整合接触，栾川以东尖灭。

(2)龙家园组：为一套浅海相沉积的镁质碳酸盐岩组合，主要岩性为含硅质条带或条纹的结晶白云岩夹黏土质板岩薄层，以底部的藻礁白云岩为标志层。

(3)巡检司组：底部出露滨海相碎屑岩，主体为含硅质条带或团块状白云岩，以发育硅质团块和条带为特征。

(4)杜关组：以浅灰—紫红色泥钙质白云石板岩夹绢云千枚岩、硅质条纹白云岩为主，底部以灰黑色含硅质角砾千枚岩及硅质角砾岩为标志。

(5)冯家湾组：下部为淡紫红色薄层泥质白云岩，上部为砖红色燧石条带白云岩及同生角砾状白云岩。

官道口群为一套水下三角洲—滨海、浅海相沉积建造，厚 1 880 m 以上，其下高山河组中的火山岩代表熊耳期火山活动的尾声，而巨厚的镁质碳酸盐岩代表火山期后的一个相对稳定时期。同位素年龄 1 394 Ma，叠层石化石组合相当天津蓟县金钉子剖面的铁岭组，与北部的汝阳群同归蓟县系。

(三)新元古界

包括青白口系和震旦系。

1. 青白口系

青白口系分为洛峪群和栾川群。

1)洛峪群

洛峪群零散分布于汝阳、嵩县、偃师、宜阳、新安等地，整合于汝阳群之上，自下而上划分为崔庄组、三教堂组、洛峪口组(偃师地区原称葡萄峪组、骆驼畔组和何家寨组)。崔庄组以杂色页岩(伊利石黏土岩)夹细砂岩、海绿石砂岩为主，是洛阳主要的含钾沉积岩。三教堂组为厚层中、细粒石英砂岩。洛峪口组为厚层状含叠层石白云岩夹砾屑白云岩和页岩。洛峪群属滨海—浅海相碎屑—碳酸盐沉积建造，依其中丰富的微古和叠层石化石划归青白口系。洛峪群厚 329 ~ 553 m，上限年龄 900 ~ 800 Ma。

2)栾川群

栾川群仅分布于栾川县，西延卢氏境内。与下伏官道口群整合接触，自下而上划为白术沟组、三川组、南泥湖组、煤窑沟组、大红口组和鱼库组。白术沟组下部由炭质千板岩、绢云石英片岩与长石石英片岩互层，中部为厚层钾长石英岩，上部为板状炭质千枚岩、含炭绢云石英岩、大理岩组成，原岩为砂页岩互层，属于类复理石沉积建造。三川组由下部细变砾粗砂岩，中部砂岩、千枚岩，上部黑云母条带状大理岩组成，形成一独立的沉积旋回。南泥湖组则为砂岩—片岩—大理岩的又一独立沉积旋回。煤窑沟组的旋回性与南泥湖组近似，但中部出现厚层镁质碳酸盐岩，上部变为白云质大理岩、石英岩。大红口组是以粗面岩、粗面斑岩为主，夹碱性火山碎屑岩和大理岩，代表水下的火山喷发—沉积。鱼库组以厚层石英白云石大理岩和白云石大理岩为主，含较多的硅铝镁质，变质后为阳起石、透闪石。

栾川群的沉积特点，代表着由从陆源碎屑—火山碎屑—碳酸盐岩相的滨海—浅海沉积，形成了栾川地区一种特殊的类复理石沉积建造。有关栾川群的同位素年龄数据分析，其下限年龄 1 000 Ma，上限年龄 900 ~ 800 Ma，归新元古界青白口系，与洛峪群相当。

2. 震旦系

分布在北部的震旦系称罗圈组，南部的称陶湾群。

1)罗圈组

罗圈组有特定层位，零星分布于新安、宜阳、偃师、伊川、汝阳等地，平行不整合于洛峪群之上，层序完整时下部为一套冰碛泥砂砾岩，含砂砾冰水沉积泥岩，中部为含冰碛砾石页岩夹钙质石英砂岩，上部为冰期后沉积的紫红、黄绿色页岩，含海绿石粉砂岩，区内厚度变化较大，一般仅几米到几十米。

2)陶湾群

陶湾群出露在栾川陶湾及其以西地区，自下而上分为三岔口组、风脉庙组和秋木沟组。三岔口组为一套灰黑色变质含炭钙镁质砾岩、含砾大理岩或含砾钙质片岩、石英大理岩夹变质铁矿层，平行不整合于栾川群鱼库组之上。风脉庙组为含赤铁炭质千枚岩、二云片岩、钙质片岩、石英大理岩。秋木沟组为条带状白云母大理岩和透闪石大理岩、石英大理岩。陶湾群代表了由粗碎屑—细碎屑—碳酸盐的一套完整的沉积旋回，底部三岔口砾岩中含有栾川群的砾石，侵入该层位的正长斑岩同位素年龄为571 Ma。陶湾群属未找到化石的哑地层，依据同位素年龄和其与栾川群的不整合或超覆关系，综合区域资料，推断其形成时代在震旦早期的罗圈冰碛层之前，属下震旦系(？)。

三、古生界

古生界地层分为下古生界和上古生界两部分。

(一)下古生界

1. 寒武系

寒武系分布在新安、宜阳、偃师、伊川、汝阳等地，自下而上分为下、中、上三个统9个地层组。

下统包括辛集组、朱砂洞组和馒头组。辛集组为一套含磷的滨海—浅海相碎屑沉积，底部为砂岩、粉砂岩，上部为砂质白云岩。新安曹村为含砾砂岩、白云岩、灰质泥岩，汝阳、汝州等地见到含磷块岩的薄层砂岩，厚仅几米到几十米。朱砂洞组普遍发育，岩性为花斑状灰岩、条带状结晶白云岩为主，含食盐假晶、硬石膏和燧石团块。馒头组为猪肝色页岩、黄绿色泥灰岩，含三叶虫化石。

中统分为毛庄组、徐庄组和张夏组。毛庄组以紫红、黄绿色页岩、砂质页岩夹泥灰岩为主，含海绿石砂岩，顶部出现薄层豆鲕状灰岩。徐庄组主要是页岩、薄层鲕状灰岩和泥质条带灰岩互层，含丰富的三叶虫化石。张夏组为厚层鲕状灰岩、豆鲕状灰岩、致密灰岩，夹薄层生物灰岩和砾屑灰岩，底部以竹叶状灰岩为标志，顶部为白云质花斑灰岩。

上统分为崮山组、长山组和凤山组。崮山组为厚层状白云岩、白云质灰岩，底部以一层角砾状白云质灰岩和张夏组分界。长山组为灰白—深灰色含燧石团块白云岩，鲕状、块状白云岩。凤山组为灰黑、灰白色白云岩，白云质灰岩夹泥质、白云质灰岩，中上部含燧石和泥质团块。长山组和凤山组仅分布在偃师府店和新安石井地区，新安一带称三山子组和炒米店组。

区内寒武系总厚小于226 m。

2. 奥陶系

奥陶系分布局限于新安李村以北，偃师佛光以东，仅见中奥陶统马家沟组，岩性为深灰色灰岩、泥质灰岩、豹皮状白云质灰岩、白云岩。以新安北部西沃、石井地区剖面为代表。总厚42～125 m。

(二)上古生界

由石炭系、二叠系地层组成，分布地区与寒武系一致。

1. 石炭系

缺失下、中石炭统，主要由上统本溪组和太原组组成。

1)本溪组

本溪组平行不整合于寒武系、奥陶系之上，主体岩性为高岭土质黏土岩、铝质黏土岩、铝土矿和赤铁矿层，统称"铁铝层"，下部为鸡窝状褐铁矿或含黄铁矿铝质泥岩，中部一般发育铝土矿，上部为耐火黏土岩，顶部有煤线(一₁煤)和高岭土质泥岩(焦宝石)，本溪组仅厚 10～40 m。在新安石井地区铁铝层下形成洛阳唯一一处大型农用化工沉积型黄铁矿。

2)太原组

太原组一般由三部分组成：下部发育 1～4 层薄的生物灰岩夹薄煤 1～4 层；中部为灰色薄—中厚层透镜状细粒石英砂岩夹灰黑色泥岩和生物灰岩一层，含煤一层；上部为灰黑色泥岩、透镜状菱铁岩、生物碎屑灰岩和燧石灰岩，含煤 1～3 层，属一煤段，厚 39～140 m。

2. 二叠系

二叠系和石炭系整合接触，由山西组、石盒子组和石千峰组组成。

1)下二叠统

(1)山西组。底界为老君堂砂岩，向上由二₁煤层段、大占砂岩、香炭砂岩和小紫泥岩 4 个岩性段组成，其中大占砂岩为二₁煤层顶板。二₁煤为本区主可采煤层，大占砂岩、小紫泥岩为标志层。总厚 10～85 m。

(2)下石盒子组。底界为砂窝窑砂岩，顶界为田家沟砂岩，向上划分出三、四、五、六 4 个含煤地层段，四、五煤段发育局部可采煤层。每一含煤段大体由砂岩—粉砂岩—泥岩—煤层组成一个或若干个沉积旋回。其中的砂窝窑砂岩、四煤底砂岩和大紫泥岩为标志层，大紫泥岩段夹沉积型高岭土矿层。区域厚 43～137 m。

2)上二叠统

(1)上石盒子组。底部为田家沟砂岩，顶部为平顶山砂岩之底，由七、八(九)2～3 个含煤段组成。同下石盒子组各含煤段一样，每个含煤段都是一个或若干个小的沉积旋回，其中七煤底的田家沟砂岩，八煤底的大风口砂岩为标志层，另在七、八煤的上部各有几层硅钙质页岩，含海棉骨针，称硅质海棉岩，也是本区的标志层。厚 150～180 m。

(2)石千峰组(相当原石千峰群的孙家沟组)。新安南部及宜阳—伊川—登封一带比较发育。煤田地质资料划为平顶山段和土门段两个岩性段。

平顶山段：主体为平顶山砂岩，岩性为灰白、浅灰色厚层状中粗粒长石石英砂岩，底部夹透镜状砾岩；中、上部夹薄层状黄绿色、紫红色、灰绿色细砂岩、砂质页岩。硅质胶结，发育交错层理，地表形成长长的山脊，地貌特征明显，为煤系地层的顶板，也是区域地层划分对比的标志层。厚 70～143 m。

土门段：下部岩性为灰绿色中厚层细粒长石石英砂岩，粉砂质泥岩；中上部为黄绿色细粒长石石英砂岩，砂岩中发育大型交错层理，含砾屑灰岩，局部有石膏；顶部为灰色细粒石英砂岩与紫红色泥岩互层，含钙质结核，有硅化木化石，厚 188 m。

四、中生界

区内中生界地层由三叠系、侏罗系、白垩系组成，均属不连续的孤立盆地沉积。

(一)三叠系

由下统刘家沟组、和尚沟组，中统二马营组和上统延长群组成连续沉积，其上大部地区缺失侏罗系。

1)下统刘家沟组、和尚沟组

(1)刘家沟组。亦称金斗山段，下部为紫红色钙质胶结的石英细砂岩，与下伏三叠系石千峰组为连续沉积。上部为紫红色厚层长石石英砂岩，中夹薄层细砂岩和黏土岩，厚>75 m。

(2)和尚沟组。下部为紫红色黏土岩夹砂岩，砂岩中发育交错层理。中部为中细粒长石石英砂岩、泥岩互层。上部为紫红色砂质泥岩、泥质粉砂岩夹灰绿色泥岩。该层的特点是紫红色砂岩和页岩成对出现，韵律性标志明显，以红层中出现黄灰色砂岩为另一标志，厚大于 160 m。

2)中统二马营组

中统二马营组下部为灰绿色、肉红色、砖红色中细粒长石石英砂岩，中部为黄绿、土黄色细砂岩，含植物化石，顶部为肉红色厚层长石砂岩。以黄绿色、灰绿色砂页岩中残留红色岩层为标志。厚大于 332 m。

3)上统延长群

上统延长群由下而上划分为油房庄组、椿树腰组和谭庄组。油房庄组岩性主体为砂、页岩，上部有湖相灰岩，下部透镜状灰岩，夹灰质页岩。椿树腰组仅分布在新安、宜阳一带，为黄褐色长石石英砂岩、粉砂岩、夹煤线，属陆源碎屑沉积。谭庄组分布在嵩县、伊川盆地，岩性为长石石英砂岩、粉砂岩、粉砂质页岩夹炭质页岩、油页岩、白云岩和多层煤线并以后者为特征。

(二)侏罗系

侏罗系由义马组和马凹组组成，区内仅出露中统马凹组，分布于洛阳吉利区。岩性为紫红、灰绿色砂质页岩，灰白色砂岩夹多层透镜状砂砾岩，平行不整合在三叠系之上，为残留湖相沉积。厚 170 m 左右。

(三)白垩系

本区白垩系分两部分，一为火山型，二为沉积型，分别称为九店组和秋扒组。

1)九店组

九店组主体分布于嵩县田湖—九店—汝阳柏树—上店一带，零星分布在宜阳董王庄、嵩县古城、伊川酒后南部。主体部分划为上、下两个岩性段：下段为含砾灰白、紫红色岩屑、晶屑凝灰岩，夹多层透镜状砾岩，下部普遍见有紫红色底砾岩；上段为灰白、紫红相间晶屑、岩屑凝灰岩，具明显水平层理，洼地中底部蒙脱石高者形成膨润土矿。总厚 855 m。

2)秋扒组

秋扒组仅见于栾川潭头盆地，岩性为褐红色砂质泥岩夹灰褐色、青灰色砾岩，不整合于熊耳群之上，发现有恐龙及恐龙牙齿化石，定名为栾川盗龙、栾川霸王龙，属晚白垩世。厚 175.3 m。

五、新生界

(一)古近系

洛阳地区出露的古近系分布于宜阳、洛宁、栾川、嵩县、伊川诸盆地中，相互不连续，多在盆地边缘出露。以往的研究工作分别划分了大章组、陈宅沟组、潭头组、蟒川组和石台街组，现由老而新综述如下。

1. 古新统大章组、陈宅沟组

大章组发育在潭头、大章盆地。压盖在秋扒组和原划为高峪沟组的紫红色黏土岩、杂色砂质砾岩之上，为灰红色—灰黄—灰杂色粗碎屑型巨厚层—厚层状砂砾岩、砾岩、砂质砾岩、泥质砂砾岩、砂泥岩组成，顶部有泥质灰岩及有机质薄层。厚度大于 634 m。

陈宅沟组出露于宜阳、洛宁、伊川、汝阳等地，岩性为紫红色砂砾岩、砾岩与紫红色、砖红色、灰色黏土岩互层，上部黏土岩变薄，砖红色黏土岩中含钙质结核，分选性差，属山麓河流冲积扇堆积。厚 248～435 m。

2. 始新统潭头组、蟒川组

潭头组发育于栾川潭头盆地，主要是灰绿、灰白、灰黑色泥岩、页岩、泥质岩、油页岩一类的湖相沉积，下部发育厚层砾岩，底部以一层黄绿色砂岩与下伏大章组分界。总厚大于 458 m。

蟒川组以汝州蟒川定名，分布于汝阳、伊川、宜阳、洛宁盆地。岩性为紫、棕红色泥质岩夹薄层石膏，向上为泥岩、泥灰岩(白垩)和粉砂岩，蟒川组为湖泊—河流相沉积。宜阳盆地厚 543.6 m。

3. 渐新统石台街组

渐新统石台街组分布于宜阳、伊川、汝阳一带，为河流相沉积，下部为砖红色厚层砾岩与中细粒含砾砂岩、钙质砂岩、砂质泥岩、粉砂岩，上部为灰、黄、白色含砾砂岩、粗砂岩、砂砾岩。厚 299 m。

需要强调指出的是，自 2007 年以来，汝阳刘店沙坪刘富沟、洪岭村一带原划为陈宅沟组和蟒川组的紫红色砂砾岩、砖红色含钙质、具交错层的砂砾岩，砂岩中已先后发现汝阳黄河巨龙、洛阳中原龙等大型恐龙类化石群，与栾川潭头盆地新发现的恐龙化石群遥相呼应，经中科院鉴定，时代为晚白垩世早期。这一发现已否定了原划分的部分陈宅沟组和蟒川组的地层时代，给区域内新生界古近系地层的研究、对比、划分提出了新的课题。

(二)新近系

新近系主要是中新统洛阳组和大安玄武岩。

洛阳组：洛阳组分布于洛阳、伊川、嵩县，沿洛河、伊河下游分布，下部为砂砾岩、粉砂岩、泥岩，上部为泥灰岩、砂岩、红色黏土岩，顶部粉砂质黏土岩之上一般发育具标志层性的钙质淋滤层。

大安玄武岩：岩性以气孔、杏仁状橄榄玄武岩、辉石橄榄玄武岩为主，有上下两层，下层分布在临汝镇附近钻孔中，夹泥灰岩及黏土质岩石，上层分布在大安—白元一带，主要为多旋回喷发的橄榄玄武岩，盖在含姜结石的黄土(已红土化)上，据大安玄武岩产出特征，时代定为新近纪—第四纪，属穿时性火山岩系。厚 27.68～81 m。

(三)第四系

第四系包括更新统和全新统。

1. 更新统

(1)下更新统午城黄土。分布于洛宁、宜阳及新安、孟津一带，为一套具水平层理的紫红、粉红、棕红色、灰白色砂岩、细砂岩及黏土层，偶夹泥灰岩，底部有砾石层，为近湖或湖盆边缘相沉积。

(2)中更新统离石黄土。分布广泛，平行不整合于午城黄土和洛阳组之上，为一套具近水平节理的厚层状土黄色亚砂土夹略具水平节理的土红、褐红色亚黏土，内发育多层淋滤成因的钙质结核(料姜石)。

(3)上更新统马兰黄土。为一套厚达 83 m 的土黄色厚层状亚砂土层，含水平耕植土层和植物根茎，具非常发育的垂直节理，主要分布在黄河和洛河两岸，分别组成黄河三级阶地和洛河二级阶地。

2. 全新统

全新统包括残积、坡积、洪积多种类型，主要分布在黄河、洛河、伊河、汝河等主要河流及其沿岸，组成河漫滩和广布的山坡、丘陵区的耕植土。

第二节 构 造

洛阳地处华北地台(陆板块)南缘，南跨秦岭地槽(洋板块)，槽台两大板块边界为黑沟—栾川断裂带。印支—燕山运动改造了本区古老的构造格架，基本上形成了现在的构造形态。自太古界到新生界，由不同时代构造层组成的地壳，被一些不同时期发育的深大断裂带分割，形成不同的构造单元，而每一单元的那些构造层上又发育着次级、更次一级不同方向、不同时期的褶皱和断裂构造，展现的是一个极为复杂的地质构造环境。

一、褶皱和断裂构造

(一)褶皱

洛阳地区褶皱构造特征，从大的方面可分为地台型和地槽型两大类。从褶皱形态上可以划分为基底型、盖层型、台缘褶带型和局部褶断型四种类型；从构造旋回的发育历史、结合褶皱形态、联系成因，又划分为嵩阳—中岳期、熊耳期、晋宁—少林期、加里东—华力西、印支—燕山期等发展阶段。

1. 嵩阳—中岳期褶皱

分布于区内由太古界和下元古界基底结晶岩系组成的地层中，嵩阳期表现为近东西向的短轴褶皱形态，外形多为穹窿状，反映了原始地壳的古陆核结构。中岳期为轴向近南北的紧闭褶皱，被嵩阳期褶皱横跨叠加，这些褶皱构造在登封群分布区内典型而有区域意义者有嵩山复背斜、玉寨山复向斜、石牌河复背斜、根子河复向斜、何家沟复背斜等，洛阳境内的江左、吕店一带构造研究程度很低。在熊耳山太华群分布区，则发育了南北向的四道沟向斜(形)、草沟倾伏背斜、瓦庙沟向斜和庙沟—五龙沟倒转背斜构造。这些褶皱一般多以近直立或倒转的紧闭形态出现，极其发育的片理和断裂又加大了其复杂性，明显反映了地壳生成早期以塑性形变为主的地壳构造形变。

2. 熊耳期褶皱

主要表现在熊耳群火山岩系中，形成一些轴向东西、两翼宽缓的背斜(隆起)和向斜(拗陷)，本区比较明显的主要褶皱为北部的熊耳山背斜，南部的大青沟—摘星楼背斜，中间是一个宽阔的向斜，称眼窑寨—王坪向斜。

熊耳山背斜，西端自洛宁南部东延宜阳董王庄附近，轴部走向北东东，大体和熊耳山走向一致，长 80 km，核部出露晚太古界太华群，中段被岳山、花山花岗岩基侵位，北翼为洛宁山前断裂断陷，南翼保留完整，主要出露熊耳群大古石组和许山组，地层倾角 30°～40°。该背斜在宜阳董王庄以东形成向东的倾伏端。熊耳山背斜与洛河北岸的崤山背斜对应。

大青沟—摘星楼背斜由栾川大青沟东南延至嵩县车村以南的摘星楼一带，东西两段轴部出露太华群变质岩，中部几乎全为合峪、太山庙和长岭沟三大花岗岩基所占据，栾川大清沟—鸭石街段(狮子庙南)轴部出露太华群，两翼出露熊耳群许山组，地层组合同熊耳山区。嵩县南部摘星楼区为混合岩化的古老基底。

眼窑寨—王坪向斜实际是熊耳群火山岩的一个宽阔的由几处喷发中心组成的火山盆地。喷发中心以巨厚的火山岩地层为标志，其中杂有多层火山碎屑岩，并有后期次火山相酸性岩呈岩丘产出。西部的喷发中心以眼窑寨组的产出为标志，形态为带状，东部的喷发中心以环状火山碎屑岩为标志。

3. 晋宁—少林期褶皱

主要指元古界及其下伏地层的褶皱，这种褶皱分为南北两种形态。

1)北部为单面山型

发育在太古界登封群和熊耳群火山岩系之上，形成一些宽缓的背斜和穿窿状短轴背斜，包括新安岱嵋寨倾伏背斜，新安向斜，宜阳祖师庙背斜，李沟向斜，杨店背斜，伊川、偃师境内的嵩山背斜，大金店向斜，汝阳、嵩县境内的虎岭—九皋山背斜和洛峪向斜、云梦山背斜等。这些褶皱一般多为宽缓的背斜和向斜，褶皱轴走向多为东西向，但因后期构造干扰，多发生不同程度的走向偏移，另外这些褶皱又大部分被东西向断裂破坏而不完整。需提出的是，组成这些褶皱的元古界地层多表现为与后来古生代地层褶皱的同步性，其形成的原因和时间还需进一步探讨。这类褶皱多横跨在嵩阳—中岳期褶皱之上，形成反接横跨关系，以伊川境内嵩山背斜西段的拉马店背斜为代表。

2)南部为倒转、平卧或紧闭的褶皱束

这些褶皱系主要分布在地台南缘的台缘拗陷带内，由陕西经卢氏延入栾川境内。被卷入这一褶皱系统的地层包括熊耳群、官道口群和栾川群、陶湾群。褶皱轴向近东西或北北西走向，较大的褶皱系有香子坪—赤土店褶皱束和叫河—陶湾褶皱束。每一个褶皱束都由一系列高角度乃至平卧、倒转的背斜和向斜组成，其褶皱幅度越近地台边缘越强烈，显示了这里地应力的高度集中。区内褶皱的标志性特征是栾川群的褶皱多因极发育的走向断层破坏，使之层序不完整，并破坏了地层的连续性，但陶湾群分布区则因断层较少，保持了褶皱束的完整性。

陶湾群褶皱束的形成，标志着华北地台的边缘拗陷在元古代末已经全部褶皱回返隆起。之后则受到了特殊构造应力场的改造和复杂的形变。

4. 加里东—华力西期褶皱

发育在下古生界、上古生界及其下伏层中的褶皱，在地台区表现为宽缓的背斜和向斜，褶皱形态与元古界构造层同步，标志着对晋宁和少林旋回构造应力方向的继承，构造线方向也呈东西向，但褶皱的幅度较小。

在南部秦岭褶皱系的褶皱，以二郎坪群火山岩系及下伏秦岭群的褶皱为代表，这里的褶皱不仅表现为高角度的挤压和揉皱，而且还伴随着岩浆岩的侵入和区域变质作用，显示了具洋底扩张作用、壳幔物质对流、区域挤压扭动等极为复杂地质环境下的地壳形变，与北部地台区形成极大的反差。

5. 印支—燕山期褶皱

印支—燕山期褶皱表现为发育在三叠系、侏罗系、白垩系及其下伏层之上的褶皱形态。由于洛阳地区缺失侏罗系，该期褶皱集中表现在三叠系地层中，其形态有三种：一是发育在秦岭褶皱系中呈北西走向展布的串珠状山间盆地中，这里三叠系的褶皱多形成一些与元古界、古生界地层同步的倒转背斜和向斜，并有轻微的变质；二是发育在地台区的构造盆地中的三叠系，它们形成的褶皱轴线多与沉积盆地的形态一致，如义马盆地、大金店盆地和东孟村盆地；三是一些地区同下伏地层一起被卷入由西南指向北东推覆构造的推覆岩席中，形成走向北西的褶皱(如宜南地垒)。以上三种情况说明，代表印支旋回的三叠系构造层，在洛阳各地呈现出不同的形变，这足可显示出洛阳一带的印支运动不仅表现为全区的抬升(仅存的义马盆地缺失下侏罗统沉积)，而且也发生了强烈的挤压和位移。

燕山运动是以产生大规模构造岩浆活动和成矿作用为特色的大地构造运动，区内代表燕山旋回的构造层主要是九店组火山岩，依九店组的分布和火山岩的轻微褶皱，标明燕山期岩浆活动不仅在构造展布上继承了印支期北西构造线方向，而且也受到来自南西的推覆构造作用的影响。但是燕山期的褶皱，更多地表现为北北东方向的宽缓隆起(如新安北部)，或下伏构造层因受北东和北北东向断裂带伴生的拉动而产生的局部褶皱形变，这不仅说明了燕山期构造是在印支期构造的基础上发生和进一步转化的，也说明燕山运动更多的是因应力方向改变而发生的大规模脆性形变。

(二)断裂

洛阳不同规模、不同序次、不同时期形成的断裂带极其发育。有关的研究工作将它们划分为具缝合线作用的岩石圈断裂、岩石圈断裂、推覆断裂、基底断裂和盖层断裂等不同类型：列为具缝合线作用的岩石圈断裂者包括栾川断裂、瓦穴子断裂；列为岩石圈断裂者包括马超营断裂、木植街断裂、五指岭断裂等；列入推覆断裂的包括三门峡—田湖—鲁山断裂、龙潭沟—新安—温泉断裂等，这些断裂不仅是Ⅰ级、Ⅱ级构造单元划分的边界，而且多系区域岩浆活动的导向构造，也决定着区内的成矿作用。其他如基底断裂、盖层断裂一般指切割地层比前者相对较浅、规模也相对较小的断裂，它们或因生成于不同地质时期，或因不同的隶属关系，或因发育在不同的地壳部位(不同构造单元)，具有不同的表现形式。以断裂构造方向而定，包括东西向断裂，北西向、北东向 X 型共轭断裂以及北北东向断裂等，现分别简述。

1. 具缝合线作用的岩石圈断裂

1)栾川断裂

由陕西经卢氏—栾川延入方城维摩寺以东地区，为华北地台和秦岭褶皱系的重要的边界界限。北侧西段分布新元古界震旦系陶湾群，东段为栾川群、官道口群、太华群或直接与燕山期花岗岩断开，南侧分布中元古界宽坪群。北侧地层断失较多，又极不连续，南侧宽坪群受强烈挤压，南北两侧构造景观、岩浆活动、成矿作用都有极大的差异。断裂带宽20~40 m，最宽处 100 多 m，具多期次活动性质。地震测深资料显示北侧有三个波速层，属典型地台型结构；南侧除莫霍面外，地壳内未发现反射层。另据航磁延拓计算，切深地壳 29~35 km，接近地幔层，推断其发展早期为古秦岭洋板块向华北陆板块下俯冲的接合带，后期演变为向北高角度倾斜、深部向南倒转的推覆逆冲性质。

2)瓦穴子—明港断裂

该断裂由陕西经卢氏瓦穴子、越嵩县白河、经南召延入信阳明港以东。北侧为中元古界宽坪群，南侧为古生界二郎坪群。断裂带宽 10~30 m，为一束平行裂面组成，形成一组劈理、片理化都十分强烈的挤压带，区域上沿断裂有温泉和花岗岩体分布。有关研究成果证明，该断裂为加里东地槽北缘的一条俯冲带，切割地壳达及地幔控制了早古生代细碧角斑岩系的海相火山活动。

2. 岩石圈断裂

1)马超营断裂

马超营断裂由卢氏以东延入本区，经栾川马超营、潭头，嵩县前河、蒲池，至汝阳后为太山庙岩体侵位，东南延向车村断裂。大体以该断裂为界，北部广泛分布熊耳群火山岩，其中眼窑寨东西一线形成熊耳后期的次火山活动带，伴生北东向上宫、焦园断裂，南部熊耳群火山岩接近边缘。多项观察研究成果证明，该断裂带具多期活动特征：

(1)中元古代熊耳期形成，具有古板块对接俯冲的岛弧火山机制，表现为对熊耳期火山活动的控制作用。

(2)加里东期以强烈韧性变形为特点，形成宽达数米至数十、数百米的糜棱岩和构造片岩带。

(3)印支—燕山期以伸展脆性变形为特征，叠加改造了早期韧性变形带，形成低序次平行次级断裂束和碎裂岩系，受拉伸作用北部旁侧发育了羽状的上宫和焦园断裂。

(4)喜山期拉开了次级断裂，控制了潭头—嵩县新生代断陷盆地，木植街南局部发现有新生代玄武岩喷出。

马超营断裂带及其低序次构造的形成、发展和演化，是洛阳地区一条重要的贵金属、多金属、非金属以及农用矿产的成矿带。

2)木植街断裂

木植街断裂呈北东 60°走向，分布于木植街—十八盘一带，形成近于平行的几条断裂带，总长大于 30 km，倾向北西，倾角 75°～80°，断裂南段切断马超营断裂，伸入太山庙花岗岩内部，中段发育在熊耳群中，北段为北西向断裂截切。沿断裂带走向有华力西期(？)闪长岩和石英二长岩贯入，并有不同程度的硅化蚀变。

3)崇阳—张坞断裂

崇阳—张坞断裂俗称洛宁山前大断裂，控制洛宁、宜阳新生代盆地的南东边界，呈折线状产出，总体走向北东 50°～60°。北部出露古近系，南部出露太古界、熊耳群和花山花岗岩，形成一系列断层三角面和角砾岩带，属正断层。

3. 表壳断裂

表壳断裂又称盖层断裂，泛指地表出露、切穿沉积岩火山岩盖层和侵入岩的断裂，区域内分布十分广泛。

该断裂划分为近东西向断裂、X 型共轭断裂和北北东向断裂三组。

1)近东西向断裂

出现于不同地段，规模大小不等，生成时间、表现形式、体系属性都有很大差异，代表性断裂有嵩县的车村断裂，黄庄吕沟—鸟桑沟断裂，汝阳三元沟—油路沟断裂，油房沟—王长沟断裂，龙泉寺—九皋山(田家沟)断裂，宜阳的锦屏山—龙门断裂，偃师、孟津的邙岭断裂，新安的峪里断裂等。可以认为这些断裂多系复活了的区域性深大断裂的派生构造，或是夹于后面将要阐述的区域性 X 型构造旁侧的拉张裂隙，一般都具多期活动性。

2)X 型共轭断裂

X 型共轭断裂为发育在华北地台南缘的北东向和北西向的两组相对出现的断裂构造，北东向断裂走向 30°～50°，北西向断裂则为 300°～330°，主要发育在华北地台南沿黑沟断裂带的北侧，其主要特点是北东向和北西向两组构造成对出现，并仅限于断裂的一侧。这类构造在汝阳、嵩县南部极其发育，显示了地台边缘因地应力高度集中而形成的脆性形变。它们往往因后期应力方向的改变而加剧或复杂化，如前述的木植街断裂，除断裂沿走向的伸展和与其他北东向断裂的对接外，沿断裂还有闪长岩、石英二长岩的侵入。除此之外，在马超营断裂的北侧，也发育着这类共轭断裂，同样因应力方向的改变，北东向断裂得到加剧和复杂化，那里形成了后期成矿的卢氏三门—洛宁下峪断裂，上宫断裂、焦园断裂等。对应北东向断裂的北西向断裂，以汝阳南部的板庙—王坪断裂，嵩县的黄庄断裂，白土塬—红瓦房断裂，以及栾川的白岩寺—石印沟断裂，祖师庙—庙子断裂等。这两组断裂的特点是在地台南缘两组断裂的交角多大于90°，呈钝角关系，在地台内缘多为90°，显示地台南缘的多期活动和经受的强烈挤压作用。另一个特点是北西向构造多发展为由前面所述的西南向东北推覆的推覆构造带。

　　3)北北东向断裂

　　北北东向断裂在区内普遍分布，但规模一般较小，多成群成带分布，并截断北东、北西向断层。新安西部该组断裂发育与北北东向褶皱有关，为北部太行拱断束延入本区的部分；栾川北部该组断层与北西走向断裂相交，为小花岗岩体侵入提供了通道；该组断裂在洛阳北部比较发育，宜阳、伊川、偃师、新安切断煤层，多成为井田划分的边界。

第三节　岩浆岩

　　岩浆岩包括火山岩、侵入岩和脉岩三大部分。火山岩从喷发形式上分为陆相火山岩和海相火山岩两大类，从变质程度上分为变质的和未变质的、浅变质的三类，前面已在地层部分叙述。洛阳地区的火山岩除包括在变质较深的登封群、太华群、宽坪群、二郎坪群外，还包括中元古界熊耳群、晚元古界栾川群大红口组，白垩系九店组及新生界大安玄武岩，另在汝阳群和官道口群底部也有火山岩夹层。除变质火山岩外，各时代火山岩出露总面积 $3200\ km^2$，占全区总面积的21%。各时代侵入岩包括大的花岗岩基和小的超铁镁质侵入岩体，大于 $0.03\ km^2$ 各类岩体约88个，出露总面积 $2509.811\ km^2$，占全区总面积的16.5%。脉岩类主要发育在前寒武系变质岩分布区和熊耳群火山岩分布区，岩性为辉绿岩、辉绿玢岩、闪长玢岩、细晶岩、石英斑岩、伟晶岩、云母煌斑岩、正长岩、正长斑岩等。

　　洛阳地区岩浆岩在区内广泛出露，岩石类型齐全，包括了超基性、基性、中性、酸性、碱性以及一些过渡性岩石，不仅表现了火山岩区喷出和次火山侵入的统一，也表现为大花岗岩基、小斑岩体乃至各类脉岩与区域岩浆活动的对应关系。表明每一次岩浆活动，都代表着地壳乃至地幔物质发生的对流，往往也是一次重要的成矿作用。岩浆岩的各种研究成果证明，洛阳地区的岩浆岩分布上的广泛性、类型的多样性，主要决定于活动时间上的持久性(包括阶段性)，即每次岩浆活动，又都与地区大地构造发展的巨旋回相对应，所生成的岩浆岩主要分布在大地构造旋回所产生的构造带和所波及的范围内。这些岩浆岩为我们贡献了丰富的多金属矿产，也蕴藏了大量的非金属和农用矿产，但由于以往对后者的认识问题，很多类型矿产还没有进行相应的评价工作。如沸石、膨润土、含钾岩石、稀土等等。

　　大地构造巨旋回的研究成果说明，印支运动和燕山运动由于地应力的方向不同，它在地球各个部位的表现形式也不同，在洛阳一带印支运动的表现程度较明显，可以认为系大规模燕山运动的序幕，同样，因为构造的导向作用，印支期的构造也为大规模燕山期的岩浆活动作了奠基，因此在认识和划分岩浆旋回时，印支期和燕山期的岩浆活动与岩浆岩及其成矿性研究就显得非常重要，下面特作简要说明。

一、火山岩

目前，还没有资料报道过印支期的火山活动。已确立的燕山期火山岩有发育于宜阳董王庄、嵩县田湖、九店、汝阳柏树、下店一带，沿田湖断裂带分布的白垩系九店组火山岩，总分布面积约 72 km²，不整合覆于二叠系山西组(钻孔资料)及其以下地层之上，上为原划归古近系的陈宅沟组不整合覆盖。岩性以灰白色蚀变晶屑、岩屑凝灰岩，含火山角砾晶屑、岩屑凝灰岩夹紫红色砾岩。九店一带厚 855 m，汝阳城西煤矿区厚 500 m 左右，目前尚未发现熔岩类。

同时期的火山岩还见于潭头盆地东北部秋扒地区，在该区发育的一套褐红色的砂质泥岩夹砾岩，地层中含火山物质，与灵宝盆地的南朝组相当，时代定为白垩系上统，说明白垩纪在田湖—九店地区发生的火山活动也波及到其他地区。九店组火山岩含有 20% 的沸石矿物，底部已发现膨润土矿。火山岩地区以盛产优质烟叶、花生和红薯闻名，尚待开展其地球化学研究工作。

二、侵入岩

(一)印支期侵入岩

印支期侵入岩表现为正长岩类侵入，主要分布在卢氏潘河、栾川白土—三川一带，呈岩墙、岩脉侵入熊耳群和官道口群，走向东西或北西西，主要岩性为含角闪石、黑云母或绢云母的正长斑岩，次为歪长、正长细晶岩，粗面或斑状结构，矿物成分主要为钾长石(条纹长石及正长石)，含量 65%～70%，K_2O 含量达 11%～20%，是洛阳重要的含钾岩石资源。最大的岩墙长十几千米，宽几百米，延伸稳定，形成脉体群，受区域构造控制，呈等间距分布。同位素年龄 224 Ma。

(二)燕山期侵入岩

燕山期侵入岩指的是时限在 195～67 Ma 的各类侵入岩体，它们在形成时间上分为燕山早期(195～155 Ma)和燕山晚期(155～67 Ma)，拥有大小岩体 70 多个，出露面积 2 845 km²，代表本区岩浆活动的鼎盛时期。

1)燕山早期侵入岩

本期侵入岩在岩性上分为中性和酸性两大类，以酸性为主，在成岩条件上分为深成侵入相和浅成侵入相两类。中性岩分布在西部卢氏、陕县地区，岩性主要是石英闪长岩和石英闪长玢岩，洛阳地区有无该期岩体尚待进一步研究。酸性岩体以嵩县李铁沟—安沟脑黑云二长花岗岩为代表，岩体侵入到太古界太华群和熊耳群火山岩中，并为燕山晚期的花山花岗岩侵入。有关花岗岩的研究资料认为，这类岩体一般都系中生代多期侵入的花岗岩基的早期产物。

燕山早期侵入岩的主体为浅成、超浅成侵入岩，包括一些爆发角砾岩体在内，这些岩体在分布上几乎全部集中在黑沟—栾川断裂带以北的地台边缘，并严格受北西西向和北北东向两组断裂的交汇点控制，形成中部岩浆岩带，分别在卢氏、灵宝、栾川、嵩县等地形成小岩体群。以栾川为例，小岩体比较集中地分布于栾川赤土店至三川一带，主要岩体有老庙沟、上房、南泥湖、黄背岭、鱼库、菠菜沟、石宝沟、大坪、大清沟等十几个小岩体，出露面积最大者为 3 km²，有的仅 0.1 km²，大部分呈近于柱体的岩筒、岩管状或尖锥体，地表形态为椭圆状、浑圆状、岩脉状、岩墙状，侵入栾川群、陶湾群及其以下地层中，岩性以钾长花岗斑岩、斑状二长岩、黑云母二长花岗岩为主。中粒斑状结构，基质为霏细显微文象结构，隐晶结构；细粒半自形粒状结构及微粒结构，常含钾长石等矿物的岩屑和晶屑。

燕山早期小斑岩类岩体与洛阳地区的钼、钨、金多金属矿化以及非金属、农用矿产关系密切。有关专题性科研成果指出，其中的南泥湖、郭店、大坪、火神庙、老庙沟等小岩体，因包含大于 195 Ma 年龄值，认为有相当一部分岩浆在印支期就已开始活动。

2)燕山晚期侵入岩

燕山晚期侵入岩和燕山早期侵入岩相同，从岩性上也分为中性和酸性两大类，产出形态上也分为爆发角砾岩相和深成相侵入岩两大类，与前者不同的是深成相侵入岩所形成的一些大岩基占了主要部分，它们分别分布在北带和南带中。北带包括洛阳金山庙黑云母二长花岗岩、花山二长花岗岩、好坪巨斑状二长花岗岩及斑竹寺斑状黑云花岗岩等，其中好坪岩体侵入燕山早期李铁沟岩体，而后又被花山岩体侵入，显示这些大花岗岩基的复成因特点。南带的大花岗岩体分布在栾川大断裂的南北两侧。断裂以北以合峪和太山庙两个大岩基为代表，断裂带以南以老君山岩体、龙池幔(伏牛山)等岩体为代表。这些岩体都以其规模大为特征，不同的是断裂以北的岩体多为多期岩浆活动的复式岩体，而断裂南的岩体相对比较单一。

燕山晚期的浅成相侵入岩主要分布在嵩县、洛宁及灵宝等地，和早期发育的小侵入体比较，分布比较分散，主要岩性为花岗斑岩类，岩性基本大同小异，形成浅成、超浅成爆发角砾岩体，以嵩县祁雨沟岩体群、门里、梅家沟及洛宁西竹园岩体为代表，矿化类型以金矿化为主。在嵩县西北部的 20 多个爆发角砾岩分布区的找矿和黄金矿山开采证明，该区的角砾岩体多数成为金、钼的重要的找矿靶区。

(三)脉岩类

燕山期的脉岩类在大的花岗岩基中有以细晶花岗岩和伟晶岩脉为主的岩浆活动，如花山岩体中的伟晶岩脉宽达几十米，内部分带甚好，产钾长石，老君山花岗岩的伟晶岩脉产水晶，另在一些爆发角砾岩体边部，还发育钾长花岗斑岩和石英斑岩脉。此外，在远离花岗岩体的宜阳南部宜洛煤田的高崖井田，钻孔中见有煌斑岩脉，脉岩活动已使煤层变质，推测也为燕山期。

以上大规模的岩浆—热液活动，不仅形成了洛阳以金、钼、银、铅锌为主的多金属矿产，也形成了洛阳以萤石、重晶石、水晶、硅灰石等非金属矿产，也形成了黄铁矿、黄铜矿、毒砂等农用矿产资源。

第四章 农用矿床及其找矿方向

矿床系指在地壳中由地质作用形成的，其所含有用矿物的质和量符合当前经济和技术条件，并能被开采和利用的地质体。

矿床的概念包括地质方面和经济技术方面的双重含义。就其地质意义来说，矿床是地质作用的产物，矿床的形成应服从于地质规律；就其经济技术意义来看，矿床的质和量应符合一定的经济技术条件，能被开发和利用，即矿床的概念是随着经济技术的发展而改变的。依此定义，农用矿床包含了地质作用、特定的地质时空、可利用性这三方面的含义，同属矿床学范畴，系矿床学中一个很宽的领域，从事农用矿产工作，必须了解和研究矿床学。

矿床学是以矿床为研究对象的地质科学，它的基本任务是研究各种矿床的地质特征、成因和分布规律，为矿产预测和找矿勘查工作提供理论基础。洛阳农用矿产今后发展的任务之一，首先是从单纯的资源管理，尽快转化到组织各类地质勘查的目标上，为此也必须研究矿床学，对每一种矿产，都要力求弄清它的形态、产状、规模、物质组成、形成条件、控制因素、成矿物质来源、成因类型、工业类型等，为地质勘查提供系统资料，进而要求我们系统了解和掌握矿床学的系统知识。因此，本章将以成矿作用、矿床类型为重点，按概念与领域、矿床特征、成矿条件等方面择要加以论述，并结合洛阳已知的农用矿床情况来巩固上述认识。

自然界的能源、金属、非金属和农用矿产都不是孤立的，它们往往共生在一起，处在同一成矿作用、同一成矿系列之中，形成特定的矿物组合，一些农用矿物不仅可以单独形成矿床，而且往往作为"脉石矿物"而成为一些金属矿的找矿标志，因此在阐述农用矿床时自然联系到能源、金属和非金属矿产，一些对农用矿的成矿条件、成矿规律和找矿方向的研究，对研究金属矿和非金属矿也是有价值的。

第一节 农用矿床成矿作用

成矿作用是指在地球的演化过程中，分散在地壳和上地幔中的化学元素，在一定的地质环境中形成矿床的作用。成矿作用是地质作用的一部分，因此矿床的形成作用和地质作用一样，按作用的性质和能量来源可以分为内生、外生成矿作用和变质成矿作用，相应形成内生、外生矿床和变质矿床。

同能源、金属、非金属矿床一样，农用矿床的成矿作用可归纳为内生成矿作用、外生成矿作用和变质成矿作用三大类，也有人将包括内生—外生的火山成矿作用列为另一大类。每一种成矿作用都可以形成不同类型的矿床。

一、内生成矿作用

内生成矿作用主要指地球内部热能导致矿床形成的各种地质作用，即内营力作用下产生的热能所导致形成矿床的各种地质作用。内生成矿作用的成矿物质，除了以火山、温泉、射气孔方式到达地表外，都是在地壳不同深度、不同压力、不同温度特别是较高温度和不同构造条件下在地壳深处复杂的地质作用下进行的。按照这些作用所处的地球物理和地球化学条件，内生成矿作用从岩浆阶段开始到岩浆期后，先后经历了岩浆期、岩浆汽化期、接触变质期和岩浆期后热液期几个阶段，随不同阶段产生了由岩浆结晶、升华作用、汽化作用、汽化—热液作用、交代作用等成矿方式构成的岩浆成矿作用、高挥发分熔浆成矿作用、接触交代成矿作用和热液成矿作用等不同形式的，它们分别形成了金属、非金属矿产和农用矿产。

内生成矿作用是十分复杂的地质作用，它包括了大陆碰撞、洋陆碰撞作用，在碰撞造山带来自上地幔部分的玄武岩浆、超基性岩浆、硅铝层重熔的花岗岩岩浆、安山质岩浆和碱性岩浆等，所形成的各类岩浆岩型金属、非金属、农用矿产，也包括了这些不同岩浆在位移过程中由岩浆内结晶分异、汽化、接触变质、岩浆期后热液、火山喷气和次火山热液形成的金属、非金属、农用矿产，还包括大气环流在深部环流区受热，溶解围岩中的成矿元素又在地壳内适当构造部位形成的农用矿床。它们也往往与内生金属、非金属矿床共生和伴生在一起，研究内生农用矿床对认识金属、非金属矿床有重要意义。

二、外生成矿作用

外生成矿作用是指发生于地壳表层，在外营力作用即在太阳能的作用下，在岩石圈上部与水圈、气圈、生物圈的相互作用下，在地壳表层形成各种矿床的地质作用。外生成矿作用主要是太阳的热辐射能，也有相当一部分生物能、化学能、水能、风能，在有火山活动的地区还有地球内部的热能，以火山气液而繁衍的生物能等。外生成矿作用和内生成矿作用不同的是它基本是在常温常压下进行的。

外生成矿作用的物质，来自由内生成矿作用形成而暴露于地表的岩石、矿物和矿床，也有生物的遗体、火山喷发物，还有少量的宇宙尘。这些物质暴露在地表，在外营力作用下经风化崩解为碎屑，一部分碎屑经水、风动力搬运在低洼部分变为沉积碎屑岩，一部分经风化分解为黏土矿物和盐类，进而在生物和化学作用下，形成细碎屑和化学、生物化学包括胶体类沉积物，经过蒸发作用、胶体化学作用、生物作用等成矿方式，在各种不同沉积物的沉积过程中形成不同类型的沉积矿床。

外生成矿作用按成矿机理和矿床特点分为风化成矿作用和沉积成矿作用两大类：

(1)风化成矿作用。指在原岩的风化壳部分，由原岩风化物在原地聚集形成的矿床。这类矿床也有两种情况，一种属残留原地形成，没有外来成分，基本不经水力搬运，称风化残余矿床；另一种经近距离搬运，含少量外来成分经水参与并产生淋滤层的风化壳矿床，称风化淋积矿床。

(2)沉积成矿作用。指地表各类原岩风化物被水、风、冰川、生物携带、搬运到海、湖泊、泻湖、沼泽、河谷等低洼沉积环境，在水等介质体中，在有利的沉积条件下，经过机械的、化学的、胶体化学以及生物作用下，由机械沉积形成各种砂矿，蒸发浓缩结晶形成化学盐类矿床，化学和生物化学沉积形成碳酸盐类矿床，生物沉积作用形成磷块岩及有机盐类矿床以及由火山物质形成的火山期后火山沉积矿床。

三、变质成矿作用

变质成矿作用是在特定的地质和地球物理、地球化学条件下，温度和压力状况大体介于内生作用与外生作用之间,成矿物质基本上是在固态状态下经置换作用的迁移富集过程。依据地质环境的不同,产生的变质成矿作用划分为以下三种类型:

(1)接触变质成矿作用。指由于岩浆侵入,受岩浆热力作用引起围岩的温度升高,使围岩发生脱水和重结晶而形成的矿床,例如石灰岩重结晶形成的大理岩,高铝岩石形成的红柱石,烟煤变成的无烟煤、石墨等,接触变质又称热力变质,它和接触交代作用的不同之处是不发生化学元素的置换,也不改变原岩的空间形态或体积。

(2)区域变质成矿作用。指在一个区域环境中,受区域大地构造运动的影响,在高温高压下,使原来的岩石和矿石发生改组与改造,产生有用矿物的堆积,或使原来的矿物和岩石重熔,产生重熔热液交代、充填作用形成区域变质矿床。这种区域变质矿床由于有变质热液的作用,往往使有用矿物富集、结构构造改变、经济价值提高,是变质矿床的大类。如黑云母变成蛭石,富铝岩石生成的蓝晶石,富镁岩石生成的滑石和菱镁矿矿床。

(3)混合岩化成矿作用。指在深变质作用下,由地壳深部上升的富含钾、钠、硅的熔浆和变质热液的交代作用而发生混合岩化的过程中,促使围岩中的有用组分活化迁移,在有利的地质条件下发生成矿作用,形成混合岩化矿床。如古老变质岩中的含钾混合花岗岩、伟晶岩等。

同研究程度很高的金属、非金属矿床一样,不同农用矿床的形成也都经历着不同的成矿作用,就成矿阶段而言,它们可以是一次成矿作用形成的矿床,也可以是多种成矿作用叠加的结果;与围岩的关系可以是同时形成的,也可以是后来加入的;可以产生化学成分的交换,也可以不产生交换;可以与金属矿床共生和伴生,也可以单独形成矿床。总而言之,成矿作用是一个复杂的地质过程。在研究矿床类型,识别矿床成因,特别是在指导地质找矿工作中,都具重要意义。下面的章节中将按照不同成因、不同成因类型的矿床分别加以探讨。

第二节　内生矿床

内生矿床在矿床学中包括岩浆矿床、伟晶岩矿床、气水溶液矿床、接触交代矿床和热液矿床几个大类,不仅能形成重要的金属、非金属矿床,也形成了重要的农用矿床。

一、岩浆矿床

(一)概念与包括的领域

岩浆矿床泛指地壳内部由高温熔融体或半熔融体的硅酸盐体系中形成的矿床,包括由深部玄武岩浆分异的正岩浆矿床,也包括那些非岩浆成因,而具岩浆岩面貌的岩石中的矿床,都属于岩浆矿床。岩浆矿床的领域较宽,它包括了岩浆运行过程中,随环境条件改变由岩浆本身的温度、压力、化学成分等的变化所形成的结晶分异、岩浆分凝矿床,岩浆熔离矿床,岩浆自变质矿床,岩浆爆发矿床,岩浆喷溢矿床等,岩浆矿床的每一种成因类型又都因岩浆岩的种类、成矿环境和矿床种类的不同又分若干亚类。岩浆矿床在成矿条件和成矿作用方面是个较宽的领域,形成的矿床类型较多,除了一些主要的铬、镍、铁、铜、钒、钛、钴、钨、锡、铍、铌、钽、稀土等金属矿床外,也包括了金刚石、磷灰石、橄榄石、钾长石、磁黄铁矿等矿物型非金属和农用矿床,还包括了由岩浆冷凝形成的岩石型非金属和农用矿床，在农用矿床中占有重要地位，其中如超铁镁质岩、蛇纹岩、碱性岩以及具有特色的各类稀土、含钾花岗岩都是农用矿床中的重要矿床。

(二)岩浆矿床的特点

(1)成矿和成岩作用同时进行，其形成过程和岩浆冷却的时间大体一致，属同生矿床，有用矿物的形成不超过岩浆的冷凝期。

(2)矿体一般产在岩浆的母岩体内，或者说岩体就是矿体。一般情况下，属于矿物型的矿床，所指的矿体仅仅是岩体中有用矿物富集达工业品位的那一部分，成矿作用代表了矿体与岩体的时空统一。

(3)除部分贯入式矿体外，大部分是矿体和母岩呈渐变或迅速的过渡关系，除产在蚀变花岗岩顶部的稀有元素矿床外，矿体围岩蚀变作用不明显。

(4)矿石的矿物成分与母岩的造岩矿物成分基本相同，一些金属、非金属或少数农用矿床，表现为有用矿物(如铬尖晶石、钒钛磁铁矿、磷灰石)的相对富集，或者其本身就是岩浆岩的一部分(如橄榄岩、蛇纹岩、花岗岩、辉绿岩、碱性岩等)。

(5)由于成矿作用是在岩浆熔融体中发生的，多数岩浆矿床的成矿温度较高(700~1 500 ℃)，形成的深度除火山矿床外一般较大。

认识岩浆矿床的特点，有利于准确地研究矿床地质，把握找矿方向和对矿石的综合利用，特别在寻找和评价岩石型农用矿床方面有重要意义。

(三)成矿条件和找矿方向

岩浆矿床的形成，决定于岩浆条件、构造条件，也包括与岩浆运移过程中的同化混染作用、气液作用以及多期次岩浆活动时岩浆本身的自变质作用，其中主要的是岩浆和构造条件及有挥发分参加的同化作用。

1. 岩浆条件

对于大部分农用矿床来说，岩浆是成矿物质的携带者，如与苦橄玢岩有关的橄榄石，与碱性斑岩岩浆有关的钾长石和霞石，或者岩浆岩本身就是一种矿产，如橄榄岩、辉绿岩、玄武质浮岩岩，均称为岩石型农用矿床。不同的岩浆类型是成矿的基本条件，如气液阶段的岩浆形成磷灰石农用矿产。

显然，岩浆岩的类别是形成一些岩浆矿床的先决条件，因此在寻找这一类矿床时必须把握三个要素：一是认识和掌握不同岩浆岩类型矿床的岩性特征，把握找矿的岩浆岩标志；二是了解有用矿产和岩浆岩的关系，有用矿物在该岩浆岩中的部位；三是充分运用区域地质、基础地质、区域成矿规律的研究成果，全面部署地质找矿工作，结合一些矿床的特定找矿方法和手段，以取得理想的找矿效果。

2. 构造条件

构造是控制岩浆矿床形成的重要条件。不同的大地构造单元控制了不同时代、不同类型岩浆侵入体的形成和分布，不同的大地构造发展阶段，控制了岩浆的活动规模、活动期次和有关的成矿作用，而不同的大地构造部位又控制着不同的岩性、类型和岩体规模，此外构造格架中的各种构造形迹，还为岩浆活动提供了空间和通道，并决定了岩体的产出形态。

按照一个地区的大地构造格架或构造地质特征，依据不同类型岩浆岩出现的特定的大地构造部位，去发现与其有关的矿床，是有效的找矿方法。例如基性、超基性岩，主要分布在地缝合线、地台、地槽带中的深断裂带附近，与洋板块俯冲带有关；与红色花岗岩有关的稀土花岗岩是农用稀土矿产，主要分布在古老的花岗质地块中；而形成钾长石、钠长石、霞石的碱性花岗岩，主要分布在增生造山带内侧的陆内裂谷和碰撞造山带转换断层、走滑断裂附近的碱性岩带中。

3. 同化、挥发分等其他作用

同化作用是岩浆矿床的重要成矿作用，可以形成具特色性的矿床。岩浆在运移过程中，由于不断同化围岩物质，也就不断捕收围岩中的化学组分，从而更加丰富了岩浆本身的化学组分，形成组分复杂的岩浆岩。这种岩石经风化作用后，它的化学组分部分溶于水中，部分保留于岩石中，成为可以萃取的元素。我们的先人在利用自然创造生存条件时，发明了麦饭石这一药用、农用矿物。经现代科学证实，麦饭石岩石中的这些组分很多是作物或人体特别需要的有益元素，因此研究这些元素的浸出条件，是利用和开发这种矿产的途径。由此兴起了开发利用麦饭石资源的热潮，根据这一特点又可开发为多元硅肥，开创或延拓了麦饭石开发利用的又一领域。

岩浆中的挥发分对岩浆起着稀释作用，称之为矿化剂。挥发分主要是水和氟、氯、硼、硫、砷、碳、磷等元素，它们的熔点低，挥发性高，除能促进岩浆自身的分异、流动和同化作用，能够与金、银、铂、钯、钨、锡等元素结合后形成易熔络合物，使之残留于岩浆之外，还能形成磷灰石、磁黄铁矿等农用矿物。

大多数岩浆岩体的研究成果证明，它们多是多次岩浆活动的冷凝体，尤其火山岩区喷出的不同熔岩岩浆，它们可以因含有过量气液的泡沫状熔岩冷却形成农用浮石矿床，也可因在水溶液、钙、钠、钡、钾元素参与下形成分子筛类的各种沸石，还可以发生自变质作用形成岩石类矿产。

(四)洛阳地区的岩浆型农用矿床

主要是岩石型，另外还包括矿物型和元素型两类矿床或矿点，参见表4-1。

表4-1 洛阳地区岩浆型农用矿产分类表

分 类		矿床(产)类型	应 用 领 域	产 地
岩浆型农用矿床	岩石型	超基性—基性岩石 — 蛇纹岩	化肥、净水剂	宜阳张午、董王庄、洛宁凉粉沟
		超基性—基性岩石 — 玄武岩、浮石岩	公路抗滑剂、岩棉、土壤改良剂等	汝阳、伊川
		酸性岩 斑状二长花岗岩	板材、石材、钾肥	栾川、洛宁、嵩县
		碱性岩 正长岩、正长斑岩	钾复合肥、化工	嵩县
	矿物型	钾长石(斑晶)	钾肥原料、化工	栾川合峪、洛宁
		磷灰石	磷肥、农药	栾川庙子上河
	元素型	古老花岗岩风化壳型(麦饭石)	保健药石 多元硅肥	伊川江左塔沟
		富稀土花岗岩	提取稀土元素、微肥	栾川长岭沟岩体

表中所列岩石型矿床中的超基性—基性岩类，主要分布在洛宁下峪崇阳沟和宜阳张午—上观的太古界太华群的两个超基性岩带中，部分产于嵩县西北部，前者做过 1/5 万地质测量，后者在进行铬矿详查时，除对岩带进行过系统工作外，还进行了钻探验证，均因岩体多，且小而分散，成矿条件不好而工业价值不大。中性岩主要指中元古代熊耳群火山岩，这类岩石在区内分布最广，岩石类型以安山岩为主，次为流纹岩，其中的闪长岩多属侵入熊耳群的次火山岩。酸性岩中的花岗岩主要分布在南北两个花岗岩带中，以花山、合峪、老君山、太山庙四大岩基为代表，部分为斑状二长花岗岩。碱性岩以嵩县纸坊—黄庄一带的十几个钾质碱性岩体群为代表，它们的共同特点是以其高达 14% 的 K_2O 含量和集中出露的岩体群并对围岩有蚀变作用，是一种很有开发价值的含钾岩石，对此后面还要专门阐述。

矿物型的农用矿列出了两例，磷灰石本是花岗岩的副矿物，栾川庙子的磷灰石发现于花岗岩体中，易识别，但含量很低，当地曾土法开采利用。钾长石为产于合峪等斑状二长花岗岩中的钾长石巨斑晶，含量大于 20%，含 K_2O 11.84%、Na_2O 2.65%，风化富集后形成规模巨大的风化壳型钾长石矿床，这类矿床在国外早被开发利用。另外一些地区还发现了与玄武岩有关的沸石矿。

元素型农用岩浆矿床仅举两例：伊川江左塔沟麦饭石矿床代表了一种对人体有益元素高含量、高浸出率的古老花岗岩风化壳矿床，对这种有用元素的应用将使人们汲取的无机元素更贴近自然，新的研究成果还将扩大到绿色农业领域，成为新型农肥——多元硅肥的原料。栾川长岭沟—龙王礁花岗岩原岩为富铁钠闪石碱长花岗岩，富含挥发分，由变质作用使稀土元素铈、钇、镧局部富集，有的地段稀土总量已达工业要求，可提取农用稀土矿。

二、伟晶岩型矿床

伟晶岩矿床是岩浆发育过程中，因水、二氧化碳、氟、氯、硼、硫等挥发分集中，形成伟晶岩浆后而伴生的成矿作用，这类矿床的有益矿物以不同形式富集于伟晶岩中。其特点是矿物颗粒粗大，具有独特的矿物组合和结构特征。矿体形态呈岩墙状、脉状或不规则透镜状。大多数伟晶岩矿床在成因上与一定类型的岩浆岩有关，或为各种成分的侵入岩在特定地质条件下的生成物，部分伟晶岩矿床的形成与混合岩化作用形成的岩浆有关。世界上大多数稀有元素、稀土元素矿床产于伟晶岩中，大多数重要的农用矿床如磷灰石、白云母(黑云母、金云母、锂云母)、钾长石、钠长石、电气石、水晶、绿柱石、黄晶与伟晶岩的成矿作用有关。由于认识和其他因素，对洛阳地区伟晶岩型农用矿床的地质工作做得较少，发现的矿床种类不多，但从区域地质条件分析，洛阳具备优越的伟晶岩型矿床成矿条件，因此有必要较全面系统地探讨这类矿床的相关问题。

(一)矿床特点

1. 产出条件

与岩浆岩有关的伟晶岩矿床多产在侵入体内，或充填在侵入体边缘及侵入体顶部的构造裂隙中；与混合岩化作用有关的伟晶岩，产于混合杂岩的伟晶岩化带内。它们的成矿组分多来自围岩，前者来自侵入岩体，后者来自片麻岩。在古老的地台，特别是地台活化区以及优地槽的褶皱隆起带(如秦岭地背斜)，巨大的花岗岩基出露区，都是伟晶岩比较发育的地区，在那里常常形成伟晶岩带。在各类火山喷发岩，特别是熊耳群火山岩的分布区，包括那里出露的太华群地层区，基本不出现或很少出现伟晶岩。

2. 化学成分和矿物成分

富含挥发分的岩浆，由于温度较高、流动性大，不仅运移的距离大，而且能够较多地同化围岩，储集和捕收各种化学元素，化学元素多种多样(大约40种以上)，成为伟晶岩原始岩浆的一个特点。这些元素中的主要元素是亲氧元素，还有稀有、稀土、稀散和放射性元素及挥发性元素，也含有锡、钨、钼、钛、铁、锰等金属元素，稀有、稀土和放射性元素富集是伟晶岩矿床的突出特点。

由于伟晶岩浆所含的化学元素多种多样，这些元素在气液熔浆中所进行的成矿方式也千差万别，因此伟晶岩中的矿物组成也丰富多彩，除了形成硅酸盐类造岩矿物(长石、石英、云母、霞石)外，还形成了稀有、稀土、放射性和挥发分及部分金属矿物，其中含稀有、稀土的非金属和农用矿物有锂云母、锂辉石、锂电气石、透锂长石、铯榴石、磷钇矿、绿柱石、硅铍石、硅铍钇矿，形成的含挥发分矿物有萤石、电气石、磷灰石(氟磷灰石、氯磷灰石)、黄玉等。

由伟晶岩中形成的各类农用矿物，由于包含了其他化学组分，除了能增加这些共生组分的经济价值外，大部分农用矿物由于这些元素的加入而改变了它们的物理和化学性能，使之增加了特殊的应用价值。

3. 结构、构造

伟晶岩的结构、构造决定于它们的共生矿物组合，出现于伟晶岩的特定部位，反映了组成伟晶岩岩浆的化学成分、特定的地质背景、物理化学因素以及在侵入岩、混合岩不同部位的成矿特点。研究伟晶岩的结构、构造对指导寻找伟晶岩矿床有重要意义。

一般常见的伟晶岩结构主要是巨晶结构、文象结构、似文象结构、粗晶块状结构和伟晶岩边缘的带状细粒结构。巨晶结构表现为矿物单体远远超过原岩中矿物的形体大小，形成一些有价值的云母、磷灰石、绿柱石、电气石矿床。文象结构主要是长石、石英在共结条件下形成，常见于一些发育完好、对称分带明晰的伟晶岩脉中。粗晶和似文象结构也由长石、石英组成，有时含有绿柱石等其他矿物晶体。此外，伟晶岩中由于气液作用，还常出现交代结构，表现为早期形成的矿物边缘被交代、溶蚀或呈交代残留体被包裹在新生的矿物中。

伟晶岩的构造主要表现为它的分带现象而形成的带状构造，由以上不同结构的岩石分别形成边缘带、外侧带、中间带和内核部分。边缘带为细粒结构，为伟晶岩体的冷凝边，特点是结晶细小，和围岩界限清晰，宽度也不大；外侧带结晶较粗，主要呈粗粒结构和文象结构，一般在脉体两侧形成对称，矿物主要是长石和石英形成的文象岩，亦称文象带；中间带矿物颗粒结晶更加粗大，并出现交代结构，该带矿物成分比较复杂，也常常是稀有、稀土金属矿化发育的地段；内核部分矿物往往达巨晶状，多分布在伟晶岩脉的膨大部分中央，往往伴生有晶洞，在晶洞中最多见的是水晶晶簇和碧玺(电气石)、祖母绿(绿柱石)等宝石类矿物产出。

4. 形态、规模、产状

伟晶岩形态多种多样，常见的有脉状、囊状、透镜状，还有串珠状、枝杈状、马蹄状等，规模大小不等，厚度几厘米到几十米，沿走向长几米到几千米不等，并常有分枝、复合、膨胀、收缩，但往往成群、成带出现。伟晶岩的产状与其形态和产出背景有关，一般在侵入岩体中的伟晶岩形态复杂、规模较小；片麻岩构造带中的伟晶岩规模大，多沿片理和构造带侵入，形成与片麻岩走向一致的伟晶岩带。伟晶岩脉的倾角有陡有缓，延深情况一般与脉体规模有关。

(二)成矿条件和找矿方向

形成伟晶岩矿床的先决条件是必须具备成矿的伟晶岩浆，这种岩浆的形成首先决定于温度和埋藏深度。根据组成伟晶岩矿物的分析资料，伟晶岩矿床形成的温度范围应在 300～1 000 ℃，主要阶段应在 400～600 ℃，表现为大量伟晶岩矿物的晶出。一般认为它的边缘带先结晶的温度要高，中间和内部带的结晶温度要低些。另从这些组成矿物形成所需要的压力条件和保持矿物结晶时所需的恒定温度条件分析，伟晶岩矿床形成的深度，一般应在距地表 3～9 km 的范围内，而且应处于保持伟晶岩形成时挥发分不致散逸的封闭环境。

伟晶岩矿床形成的另一因素决定于伟晶岩的岩浆条件，即决定于伟晶岩的成因类型。与岩浆岩型有关的伟晶岩在成因上和空间上与侵入岩的岩性和规模有关，从超基性岩到酸性岩和碱性岩，一些大的侵入岩基，都可以形成伟晶岩，但一般孤立的小侵入体形不成伟晶岩。最多见的伟晶岩矿床与花岗岩类有关，多形成国内外一些大的伟晶岩型矿床，特别是一些含稀有、稀土类的伟晶岩矿床。与混合花岗岩有关的伟晶岩，与混合岩化的强度和规模关系密切，矿化特征明显地受围岩条件和地质构造控制，主要形成以钾长石、钠长石为代表的脉型矿床，以登封群分布区的伟晶岩为代表。

伟晶岩矿床是在伟晶岩浆形成后的不同演化阶段形成的，这是个非常复杂的过程。伟晶岩的成矿作用类似岩浆矿床，也包括重结晶作用，母岩重结晶对围岩物质的混杂作用等，在这些作用中最起决定作用的是挥发分，挥发分组分主要是 H_2O、F、Na、Cl、P、B 等，它们增加了岩浆的活度，提供了伟晶岩浆的热能并延长了冷却时间，使之位移到岩浆的顶部或侵入到母岩边部的围岩中，并能和稀有、稀土、分散元素结合形成络合物，在液体中富集成矿，挥发分形成的气水溶液还对早期晶出的矿物起交代作用，如白云母化、钠长石化、锂云母化等。

伟晶岩成矿作用演化的过程一般分为岩浆阶段、后岩浆阶段、气成阶段、热液阶段和表生阶段，形成了大部分非金属和农用矿床。岩浆阶段和后岩浆阶段的成矿作用主要是结晶作用，形成电气石、独居石、磁铁矿；后岩浆阶段主要是形成文象带(文象岩)，一些大晶体矿物也随之晶出；气成阶段是主要成矿期，黑电气石、白云母、绿柱石、黄玉、钾长石、水晶，含有稀有、稀土的电气石、铌铁矿、磷灰石、锂云母、锂辉石也都在这时晶出；热液阶段是个封闭系统，主要是长石的水云母、水白云母化，锂绿泥石化，并产出氟化物(萤石)、硫化物和碳酸盐。最后进入表生阶段，产出次生石英和次生方解石。总体来说，伟晶岩的成矿作用同岩浆岩成矿作用一样，代表的是伟晶岩浆由高温到低温的演化过程。很多重要的农用矿产产于伟晶岩中。

伟晶岩型矿床找矿时要注意以下四点：

(1)分清伟晶岩的类型。母岩的性质不同，成矿专属性也不同：花岗伟晶岩型矿床主要是长英质矿化，形成文象岩、块状钾长石、云母、钠长石，伴生稀有金属和放射性元素；基性和超基性伟晶岩，主要是钒、钛磁铁矿、铬铁矿和蛭石；碱性伟晶岩以霞石、磷灰石为主，形成稀土矿床；与混合岩化伟晶岩有关的矿床主要是钾长石、白云母、绿柱石和稀土矿床。

(2)研究矿床和构造、岩相的关系。大部分伟晶岩矿床分布在古老隆起或褶皱带中，围岩是古老地台的结晶基底或由混合岩化作用形成的混合花岗岩，伟晶岩分布与区域构造线的方向一致，往往形成伟晶岩脉体群，这种脉体群大都指示着区域构造形迹。另一种是一些大岩体中的伟晶岩，它帮我们了解到岩体形成时的受力情况以及岩体发育的不同期次。

(3)掌握伟晶岩发育的地质空间。与各类岩体有关的伟晶岩主要发育于大花岗岩基的顶部或侧部，剥蚀程度较低的岩体基本保留着被伟晶岩脉充填的原始裂隙；与混合花岗岩带有关的伟晶岩，多产于区域性地背斜的轴部，并形成于一定的深度，剥蚀程度较深的变质岩带一般都呈现出密集的伟晶岩体群。

(4)要认真研究伟晶岩的分带性。不同有用矿物都分布在特定的伟晶岩带中，除石英核心外，两侧的岩石和矿产都有明显的对称性。运用大比例尺填图和精测剖面，研究和划分伟晶岩的分带，进而进行矿物和化学成分研究，是找寻伟晶岩型矿床的主要手段。

(三)洛阳地区的农用伟晶岩矿床

洛阳各县现已发现的伟晶岩矿床主要是钾(钠)长石、文象岩、熔炼石英(含水晶)和白云母。一类产于片麻岩、混合片麻岩中，以北部登封群、部分太华群中的伟晶岩为代表，主要是钾(钠)长石、文象岩、白云母；另一类产于大的花岗岩体中，以花山、老君山花岗岩为代表。

钾(钠)长石、文象岩分两种类型，一类为产于变质岩中的伟晶岩。其中又分为两种：一种产于太古界登封群石牌河组，主要为钾长伟晶岩型，有近南北向、近东西向两组，最大脉体宽在 10 m 以上，断续延长达数千米，形成伟晶岩带，带中岩脉呈分段复合现象。矿物成分主要由微斜长石、条纹长石和石英，多具文象结构和对称的带状构造。伊川吕店老君山伟晶岩，走向近南北，由伊川延入偃师境内，单脉脉体长 800～1 000 m、宽 5 m、厚 4.5 m，代表样品含 K_2O 9.40%、Na_2O 3.5%。其他矿区还有伊川江左闫窑、三峰寺、歪嘴山、相寨、马蹄凹、吕店橡子岭、三尖岭、偃师寇店水泉大瓦沟等地。另一种产于宜阳南部太华群地层中，走向北西(和太华群地层产状一致)，矿脉长 200 m、宽 5～10 m，矿物成分以微斜长石和石英为主，块状或文象结构，含 K_2O 7.68%～12.78%、Na_2O 2.33%～4.72%，和登封群中伟晶岩不同的是形成文象结构的文象岩不甚发育，可能因为大部分太华群的剥蚀深度较浅，深部的伟晶岩未出露，所以尚未形成这类矿床。另一类是产于花岗岩基伟晶岩中的钾(钠)长石和文象岩，以洛宁花山为代表，含 K_2O 14.10%、Na_2O 2.34%、TFe 0.17%。这类伟晶岩一般可形成优质钾(钠)长石矿。

三、接触交代(矽卡岩)型矿床

该种矿床系指产于火成岩(侵入岩、火山岩)体与碳酸盐岩或火山—沉积岩系接触带，由火成岩的热力作用促使二者之间发生热变质和成矿物质交代置换而形成的矿床。由于在接触交代作用中形成了具有标志性特征的石榴子石、透辉石、透闪石、阳起石、符山石、硅灰石等矽卡岩矿物组合(瑞典采矿工人俗称 Skarn)，故称之为矽卡岩矿床。这种矿床的形成是侵入体侵入时具备的热能、化学交代和置换作用产生的含矿气水溶液联合作用的结果，并依此区别于热变质矿床和热液矿床。

矽卡岩矿床是一种重要的矿床类型，国内外很多有价值的工业矿床，特别是一些富铁、富铜以及铍、锡、钼、钨、铅、锌等金属矿床多属于这一类型。有直接形成的砷、硼、石棉、压电水晶、金云母、硅灰石、大理石矿床，也有与一些金属矿床伴生的黄铁矿、萤石、砷、石榴子石、透辉石、硅灰石矿床。

矽卡岩矿床的矿化范围很宽，矿床中矿物组合复杂，并往往与其他矿床类型如岩浆型、气成热液型乃至与海相、陆相火山—沉积型矿床，组成一个相互联系的多阶段成矿系列，形成复合型矿床。因此，它不仅是金属矿床的重要类型，也是非金属和农用矿床的重要部分。另外，由于火成岩的蚀变和外接触带碳酸盐的热力变质与交代作用，一些重要的花岗石、大理石石材矿床，也都与这种类型有关。

(一)矿床特点

(1)矿化产于中酸性岩浆岩与碳酸盐岩类的接触带，矿化除热力圈内的热变质外，主要是含矿气水溶液的交代作用。交代作用中的旧矿物溶解和新矿物的形成具同时性和等体积特征，在固体状态下经渗滤和扩散方式下的交代作用形成于特殊的地质环境，不同的交代蚀变矿物分带和典型的矿物组合是交代作用成矿的标志。

(2)交代作用产生于内、外接触带之间 400～600 m 的范围内，矿床中的有用矿物在矽卡岩带中富集，即矿床的围岩是各类矽卡岩，矿床形态受接触带的形态、碳酸盐岩的产状及交代作用的强弱控制，矿体形状多为不规则状、似层状、透镜状、巢状、柱状、脉状等，矿体大小、规模不等，但多属几米、几十米到几百米的富矿体。

(3)由接触交代作用形成的矽卡岩，是识别这一矿床类型和作为找矿标志的特征性矿物岩石组合，由于围岩分属于钙质和镁质碳酸盐岩，因此生成的矿物组合也有较大的区别(见表 4-2)。

表 4-2 钙、镁矽卡岩中主要的典型矿物

矿物组合	钙矽卡岩主要矿物	镁矽卡岩主要矿物
硅酸盐	辉石(主要是透辉石—钙铁辉石)、石榴石(主要是钙铝榴石和钙铁石榴石)、硅灰石、方解石	镁橄榄石、透辉石、一次透辉石，在深成条件下有顽火辉石及紫苏辉石，在次深成条件下有钙镁橄榄石
含水硅酸岩	角闪石、符山石、绿帘石、黑柱石、绿泥石、阳起石	硅镁石、蛇纹石、韭角闪石、金云母、透闪石
硼酸盐		硼镁铁矿、斜方硼镁石、硼镁石、氟硼镁石
氧化物	磁铁矿、赤铁矿、锡石、石英	磁铁矿、赤铁矿、尖晶石、水镁石、锡石、石英
硫化物	黄铁矿、磁黄铁矿、黄铜矿、闪锌矿、方铅矿、辉钼矿、毒砂	黄铁矿、磁黄铁矿、黄铜矿、闪锌矿、方铅矿
其 他	方解石、萤石、重晶石、白钨矿	方解石、菱镁矿、菱镁铁矿

由表 4-2 可以看出，矽卡岩的矿物组合主要为钙矽卡岩和镁矽卡岩两大类，但形成的矿物种类有别，一般围岩的成分越复杂，形成的矽卡岩矿物的种类也越多。

(4)矽卡岩型矿床的另一特点是具分带性，内带形成的温度较高，形成的矿床如磁铁矿、铅锌矿、辉钼矿等，伴生矽卡岩矿物主要是石榴子石、透辉石、方柱石和硅灰石。近围岩一侧为外带，以钙、镁、硅酸盐矿物和含水矽卡岩矿物为主，外侧随温度的降低主要为次生硅化和生成大理岩，一些有价值的大理岩、透辉石化大理岩、蛇纹石大理岩(斑花大理岩)都是外带的主要矿床。

(二)成矿条件和成矿机理

接触交代型矿床的形成，决定于岩浆岩、围岩和构造三个先决条件，岩浆岩是成矿物质的主要携带者，属成矿母岩。岩浆岩条件决定于形成时的温度、分解出的含矿溶液和形成的变质圈的大小。大量资料表明，形成矽卡岩的岩浆岩，主要是中酸性小侵入体，按岩性分为中酸性系列(花岗岩—闪长岩)和碱性系列(花岗正长岩—石英二长岩—二长岩)，不同岩浆岩系列具备不同的成矿专属性。围岩条件是成矿物质沉淀的场所，也影响成矿作用的方式、规模和矿体成分，除了围岩的岩性(钙质、镁质)、结构、构造外，构造条件特别是接触带的构造，即侵入体和围岩产状的关系，围岩的层理、断裂、褶皱、捕掳体等因素，乃至接触带的陡缓产状，都直接决定着矿体的形态、规模和大小。

接触交代矿床，由于与一些重要价值的工业矿床密切地联系着，因此对其中重要矿床成矿作用的研究程度较高，总结出了不少与其相关的可以指导实践的成矿理论，其中的成矿阶段说、渗滤—扩散说都是这些成矿理论的主要支撑点。成矿阶段说将矽卡岩划分为早期矽卡岩阶段和晚期石英硫化物阶段，矽卡岩阶段又划分为早期干矽卡岩(或称简单矽卡岩阶段)和晚期矽卡岩(即复杂矽卡岩阶段和后期氧化物)阶段。石英硫化物阶段也分为早、晚两个不同的成矿期。早期简单矽卡岩阶段所形成的非金属和农用矿有硅灰石、透辉石和石榴子石，其化学反应为：

$$CaCO_3 + SiO_2 \rightarrow CaSiO_3 + CO_2 \uparrow$$
$$\uparrow$$
硅灰石

$$CaCO_3 + MgCO_3 + 2SiO_2 \rightarrow CaMgSi_2O_6 + 2CO_2 \uparrow$$
$$\uparrow$$
透辉石

$$3CaCO_3 + Al_2O_3 + 3SiO_2 \rightarrow Ca_3Al_2Si_3O_{12} + 3CO_2 \uparrow$$
钙铝榴石

$$3CaCO_3 + Fe_2O_3 + 3SiO_2 \rightarrow Ca_3Fe_2Si_3O_{12} + 3CO_2 \uparrow$$
钙铁榴石

晚期矽卡岩即复杂矽卡岩(主要是 OH^-、CO_2、H_2S 类矿化剂的加入)阶段，发生了强烈双交代作用，主要是形成金属矿产如富铁、富铜、富钼、钨、铅、锌矿，产生的矿物主要是阳起石、透闪石、符山石。

硫化物阶段主要是金属硫化物的成矿期，和前期不同的是，SiO_2 不再和钙、镁、铁、铝起作用，而表现为硅化(生成石英)，形成次生石英岩。硫化物阶段早期的铁铜硫化物阶段形成的农用矿物有毒砂和黄铁矿，伴生有萤石、石英、绿泥石、绿帘石，主要是在高—中温热液条件下进行的。后期主要是绿泥石、碳酸盐和绢云母等交代早期的硅酸盐矿物、石英及方解石、铁白云石等碳酸盐矿物明显增多，形成与方铅矿、闪锌矿伴生的黄铁矿、黄铜矿和毒砂。

$$Fe^{3+} + As + H_2S \rightarrow FeAsS + 2H^+$$
毒砂
$$Fe^{2+} + 2H_2S \rightarrow FeS_2 + 4H^+$$
黄铁矿

(三)洛阳地区的矽卡岩型非金属和农用矿床

洛阳地区以栾川南泥湖、上房沟和三道庄斑岩—矽卡岩型钼矿伴生矿为代表，以硅灰石、透辉石—钙铁辉石、石榴子石、透闪石、阳起石、金云母、蛇纹石、磁黄铁矿、黄铁矿、硅镁石等与辉钼矿、白钨矿、钨钼钙矿形成矽卡岩的共生矿物组合，部分可以圈定为矿体，大部分矿物可以通过矿石综合利用加以选别。除此之外，在岩浆岩的热力圈外围，受热力作用的石灰岩和硅质灰岩，形成了单独的硅灰石、透闪石、大理石矿床。

矽卡岩共生组合的黄铁矿分布最广，类型较多，仅栾川县境内就有南泥湖、上房、三道庄、骆驼山、大坪、竹园沟等数处，它们的成矿地质特征见表4-3。

表 4-3　栾川县接触交代型硫铁矿床简表

矿区名称	母岩岩性	围岩岩性	矿体规模	硫含量	成矿时代	备 注
三川南沟	斑状角闪石英二长岩	栾川群三川组条带状大理岩	矽卡岩带 200 m ×60 m，矿体 50 m ×15 m	17.32%~23%	燕山期	伴生铜、钼、钨
冷水骆驼山	花岗斑岩岩墙	栾川群三川组、南泥湖组大理岩	主矿体长 800 m，厚 2~50 m，矿石 673.1 万 t	平均 19.06%	燕山期	伴生铜、钨、锌、铍萤石(中型)
冷水硫璃沟、碳窑沟	花岗斑岩岩墙	栾川群煤窑沟组、南泥湖组大理岩	分 450 m×25 m，800 m×20 m 二个矿带，矿体长 40 m×4 m，60 m×7 m	27%~28.47%	燕山期	附近有花岗斑岩
石庙乡、竹园沟	石宝沟斑状黑云二长花岗岩	栾川群白术沟组、三川组大理岩	蚀变带规模长 1 700 m，宽 100~350 m，内有 10 个硫化矿体	12.75%~15.92%，估算矿石量 0.88 万 t	燕山期	共生水晶 2 300 kg，伴生钼、钨
赤土店乡大坪	斑状黑云二长花岗岩	栾川群三川组、白术沟组大理岩、角岩	黄铁矿产于矽卡岩中，可见长 50 m，与围岩产状一致	12.64%~31.14%	燕山期	伴生铁
赤土店乡、三道庄	斑状黑云母花岗闪长岩，斑状花岗岩	栾川群三川组、南泥湖组大理岩	单矿体长 100 m，厚 15~20 m	伴生硫平均品位 0.74%，储量 394.19 万 t	燕山期	钼、钨、矿体伴生硫
冷水乡南泥湖	斑状黑云母花岗闪长岩，斑状花岗岩	栾川群三川组、南泥湖组大理岩	主矿体长 800 m，厚 2~50 m，含硫 19.06%	平均品位 0.62% 伴生硫 673.1 万 t	燕山期	钼、钨、矿体生硫

四、热液型矿床

热液型农用矿床是热液型矿床的组成部分，或者是一种特定矿物组合。它所指的是包括侵入岩浆期后热液、火山活动的喷气—热液、地下水循环热液、变质作用—花岗岩化热液等各种成因的热水溶液，把地下深部的成矿物质，分散在各种岩石中的成矿元素，通过捕收溶解作用而转化为含矿热液，进而在一定的温度、压力和介质条件下，以硫化物、卤化物、胶体或络合物等不同形式搬运、富集，最后在各种有利的构造或围岩裂隙空间中沉淀而形成具有工业意义的矿床。

热液矿床是很宽的成矿领域，大部分金属、贵金属、农用矿床的成矿与之有关，所形成的农用矿床相当丰富，主要包括以下三种类型：

(1)与侵入岩浆型有关的热液矿床。这是一个很宽的成矿领域，又可分为五个亚类：一是与云英岩型钨、锡、铋、钼矿床伴生的石英、白云母、钾长石、电气石、绿柱石、黄玉、萤石、绢云母矿床；二是与脉型金、铜、铅、锌、银矿有关的黄铁矿、萤石、石棉、滑石、菱镁矿和水晶、重晶石矿床；三是与细脉浸染型铜矿有关的黄铁矿、石英、绢云母矿床；四是与碱性花岗岩有关的稀土—磁铁矿床伴生的黄铁矿、磁黄铁矿、石英、重晶石、金云母、钠长石矿床；五是与超基性岩的蛇纹石化所形成的蛇纹石、石棉、滑石、蛭石矿床。需要说明的是，与侵入岩浆型有关的农用矿物很多，它们可以单独形成矿床，也可以通过综合利用达到矿床规模，列入复合型矿床。另外，由于热液蚀变作用，比如酸性岩的钠长石化、钾长石化、中性岩的青磐岩化、超基性岩的蛇纹石化等，因其改变了原岩的化学性质和物理特性，也可产生一些新的农用矿床，并形成了不同色彩、多个品种一些相当珍贵的花岗石类石材矿床。

(2)与火山喷气—热液作用有关的矿床。这类矿床也是一个大的领域。它包括与陆相火山—喷气作用形成的自然硫、雄黄(AsS)、雌黄(As_2S_3)、萤石和硼酸盐；与陆相火山—热液多金属硫化物型矿床有关的萤石、明矾石、冰洲石、高岭石、重晶石、叶蜡石、沸石；与陆相次火山—热液作用所形成的玢岩铁矿、斑岩铜矿、斑岩钼矿有关的石榴子石、透辉石、磷灰石、黄铁矿、石英、高岭土矿等；与海相火山—气液矿床有关的黄铁矿、磁黄铁矿、白铁矿、石膏、硬石膏、重晶石矿等。其中海相火山—气液型矿床多形成一些大规模的火山喷气—沉积矿床。陆相次火山(爆发角砾岩)—热液作用往往形成品位较高的铁、铜、钼矿和金矿。

(3)地下水循环热液矿床。这类矿床的特点是远离火成岩体，矿床受地层层位和岩性控制，一般不具明显的围岩蚀变，分布呈带状和片状。以往称这类矿床为低温或超低温热液矿床，例如碳酸盐岩中的层状铅锌矿、菱铁矿床伴生的黄铁矿、白铁矿、重晶石、萤石、方解石、霰石、白云石矿；与层状砂岩铜矿、砂岩铀—钒矿伴生的石膏、方解石、白云石、萤石、重晶石矿，与碳酸盐中的汞、锑矿床有关的雄黄、雌黄、重晶石、萤石等，除此而外，最常见的是在碳酸盐岩地层中的脉状方解石、霰石，硅酸盐地层中的含晶石英脉，以及脉状方解石晶洞中的水晶等。

除以上三种热液矿床外，还包括后面还要阐述的变质热液型农用矿床。总而言之，热液矿床是一个非常宽的成矿领域，由这种成矿作用形成了自高温→中温→低温，由硅酸盐→硫化物→卤化物盐类的一系列农用矿物，它们可以是一些重要金属矿床的伴生矿物，也可单独形成工业矿床。认识这类矿床的特点，研究它们的成矿作用，既是金属矿产勘查中的重要任务，也是非金属和农用矿产找矿开发中的重要课题。

(一)矿床特点

热液型农用矿床除了前面介绍的含矿热液的多种来源，形成的矿床类型较多，与一些重要金属矿床的关系密切等这些特点外，还包括以下特点：

(1)含矿热液的特点。含矿热液的成分主要是 H_2O 和多种挥发组分(硫、碳、氯、氟、硼等)，形成的温度一般在 $50 \sim 400 ℃$，深度在 $1.5 \sim 4.5 km$ 乃至接近地表。由于矿液的多源性，它的物质成分很复杂，成矿的领域很宽，不仅能够形成一些重要的铁、铜、金、银、铅、锌等金属矿床，也形成一些大型的黄铁矿、萤石、重晶石、明矾石、雄黄、雌黄、叶蜡石、水晶等农用矿产。

(2)矿床宏观特征。热液矿床成矿时间晚于围岩，属后生矿床，成矿方式以充填和交代作用为主，矿体受构造空间控制，形成的矿物或矿石沉淀于岩体或岩体外围的围岩断裂和各种裂隙中，矿石结构构造以脉状、网脉状、角砾状、浸染状为主，受热液的温度、成分和围岩的性质决定，与矿化作用相关而产生的围岩蚀变有云英岩化、绿泥石化、绢云母化、黄铁矿化、硅化、长英岩化等。

(3)矿石物质成分以重金属硫化物、砷化物居多，有部分金属氧化物和含氧盐等，脉石矿物多为碳酸盐、硫酸盐及含水硅酸盐矿物，矿石物质成分中除石英外，很少岩浆岩中如长石、云母等造岩矿物，也很少围岩中的矿物成分。

(4)热液矿床的形成是从高温到低温的一个复杂的成矿过程，具有明显的多期性、多阶段性，从岩浆岩到沉积岩、变质岩，具有很宽的成矿领域。在高温、气成交代阶段，具有气成伟晶矿床和接触交代矿床的一些特点，也有所谓"超低温"层控矿床的近似于沉积矿床的一些特点。

(二)成矿作用及找矿方向

1. 气水溶液的性质

关于气水溶液的性质，由于人们不能直接观察，一直是个探索的问题。当含矿溶液中存在挥发分时，能够形成金属络合物，统称热液为气水溶液。从包体温度和矿物合成试验提供的数据，气水溶液的温度变化在 50~550 ℃。其化学性质一般认为随温度、压力和流经围岩的性质而变化，由岩浆形成的溶液具碱性特征，但其成矿时多是在弱酸、弱碱或中性条件下进行的。

2. 气水热液的组分

综合各种研究成果，气水热液的组分如表 4-4 所示。

表 4-4　气水热液组分

主要组分	基本组分	金属成矿元素			溶解的气体	其他微量元素
		亲硫元素	过渡型元素	其他		
H_2O (水)	钠、钾、钙、镁、溴、钡、铝、硅、磷、氯、SO_4^{2-}(含氧元素)	铜、铅、锌、金、银、锡、锑、铋、汞	铁、钴、镍、锰	钨、钼、铍、钽、钒、铟、铼、钛	硫化氢、二氧化碳、氯化氢等	锂、铷、铯、钫、碘、硒、碲等

由表 4-4 中可看出，气水溶液的基本组分主要是含氧元素，是形成主要农用矿物的基本组分，均属于亲石元素。由于这些元素的丰度较大，它们容易与氧、硫及各种卤化物离子结合，在自然界中容易形成农用矿物和矿床。

3. 成矿物质的搬运

归纳起来有硫化物、卤化物、胶体、络合物等搬运形式。一般认为硫化物的搬运形式的假说依据不足，卤化物的搬运形式只能存在于高温热液阶段的真溶液中，而胶体形式则仅在低温热液阶段。应强调的是由于大部分热水溶液中含有挥发分，这些挥发分延长了溶液的冷却时间，并形成金属络合物，所以大部分成矿元素是以络合物形式搬运的。

4. 成矿物质的沉淀

一般情况下，热液由深而浅在运行过程中随温度、压力的降低以及熔剂的蒸发，溶液中的某些溶质发生过饱和而沉淀。但在自然界中，运行的溶液不单单存在着蒸发浓缩作用，往往由于外来物质的加入或改变溶液的性质，或发生化学反应，促使一些矿质以不同形式发生沉淀，例如由于溶液 pH 值的改变，促使一些原来在碱性介质中溶解的矿物在酸性介质中沉淀，或由于 CO_2、SO_2 等气体的加入，促使络合物分解而发生沉淀，或者因溶液中一些气体的挥发，随溶液成分的改变而发生矿物的晶出或沉淀等等。

5．热液矿床的找矿方向

(1)深入研究热液矿床的成矿专属性，预测可能形成的矿床和矿物组合，结合找矿任务，制定找矿规划。

(2)运用大地构造研究成果，按照热液矿床的成矿专属性，部署地质找矿工作，有针对性地在特定地区，寻找特定的农用矿床。

(3)加强对找矿靶区内各种构造形迹，尤其是控矿断裂和断裂体系的研究，包括研究有关矿床的形态、产状、规模和深部的变化。

(4)研究由热液作用发生的各种围岩蚀变，查明不同围岩蚀变和成矿的关系，作为间接找矿标志。

五、洛阳地区的热液型农用矿床

洛阳境内热液型非金属和农用矿是个大类，包括硫铁矿、萤石、伊利石、重晶石、蛭石、脉石英、脉状方解石、沸石等，各矿种概略情况如表4-5所示。

表4-5　洛阳地区热液型农用矿床统计

矿　种	数量	矿质来源	围岩性质	矿体形态	伴生矿种	主要产地
硫铁矿	>6	岩浆气液型 火山气—液型	栾川群 熊耳群	团块、巢、带、脉状	与小侵入体有关，伴生 Pb、Zn、Mo、W	栾川、汝阳、嵩县
萤　石	>28	岩浆气液型	花岗岩、熊耳群 火山岩、变质岩	脉状、网脉状	石英、玉髓，少量 Mo、Pb、Zn、	栾川、嵩县、汝阳、洛宁
伊利石	2	火山气—液型	熊耳群	似层状、脉状	硫铁矿	嵩县黄庄、德亭
重晶石	>10	火山气—液型	主要为熊耳群	脉状、网脉状	毒重石	宜阳、嵩县、汝阳、洛宁、栾川
蛭　石	9	地下循环水低温热液型	片麻岩、超基性岩	脉型、不规则型	黑云母、金云母	宜阳、栾川、洛宁
脉石英	>10	火山气—液型	熊耳群	脉状		嵩县、宜阳、洛宁
脉状方解石	3	地下循环水低温热液型	寒武系、熊耳群	脉状	冰洲石	宜阳、汝阳
沸　石	2	火山气—液型	熊耳群、第四系玄武岩	面型壳状	安山岩、玄武岩	宜阳、嵩县
石　棉	6	变质热液型	中元古界白云岩	脉状、网脉状	滑石	栾川
蛇纹岩	2	变质热液型	橄榄岩	不规则状		洛宁、宜阳

(一)黄(硫)铁矿

热液型黄铁矿以其热液的来源和围岩的性质主要有两种类型：一是产于花岗岩侵入体外围裂隙中的热液型，二是与熊耳群火山岩有关的浸染或细脉浸染型。前者以栾川赤土店乡银和沟硫铁矿为代表，黄铁矿产于栾川群三川组大理岩和南泥湖组角岩中，矿体呈透镜状，产状大体与地层一致，长 100 m、厚 4～6 m，主要矿物为磁黄铁矿、黄铁矿，含少量黄铜矿、闪锌矿，围岩蚀变主要是黄铁矿化和硅化，硫品位 15.94%～20%。类似的热液型黄铁矿床在栾川地区分布较广，但它们多伴生着有价值的钼、铅、锌多金属矿床，而划入有色金属矿床。后者在熊耳群火山岩中分布相当广泛，以嵩县木植街石盘硫铁矿和汝阳付店王来沟硫铁矿为代表。石盘硫铁矿矿床产于熊耳群鸡蛋坪组流纹斑岩中，矿化带受 NW—SE 向断裂控制，矿化带长 1 060 m，宽 3～8 m，最宽 10 m，区内分别形成 20×(0.78～1.18) m，15.14×5.9 m 两个矿体，形态为似层状、透镜状，组成矿物为磁黄铁矿、闪锌矿、黄铁矿、方铅矿，脉石矿物主要是石英，次为钾长石、黑云母，伴生组分有铜、镍、金、银等，局部含金较高。矿体产状 86°∠27°，含硫分别为 10.45%～19.47% 和 14.02%(平均)，估算硫远景储量 31.02 万 t。汝阳王来沟矿化带产于熊耳群鸡蛋坪组英安流纹岩和安山岩中，矿化受北西向断裂控制，产状 30°∠75°，矿化带长 200～300 m，宽 5 m，矿化岩石为蚀变闪长岩，矿化形式以浸染状、稠密浸染状、细脉状为主，形成的矿体呈团块状、巢状、带状及脉状，矿体长几米到几十米，厚 0.5～2 m，矿石矿物为磁黄铁矿，次为黄铁矿，脉石矿物为绿泥石、石英等，化学成分 S 16.91%、Au 0.08 g/t。与栾川地区一样，汝阳、嵩县一带的熊耳群火山岩中，热液成因的黄铁矿分布较广，但也多伴生着有价值的钼、铅、锌和金，所以也列入有色金属矿床。另在栾川、嵩县南部宽坪群四岔口组的二云石英片岩中，黄铁矿分布也相当广泛，局部也可圈定出矿体，并伴生有金和多金属硫化物，但矿床工作程度很低。

(二)重晶石

洛阳地区重晶石矿产资源相当丰富，有代表的重晶石产地有宜阳赵堡、董王庄，伊川酒后，嵩县田湖黄闸、饭坡八道河、黄庄东坡，洛宁浔峪，汝阳陶营、小店，新安曹村、峪里，栾川白土、段树、叫河牛栾等地。重晶石呈单脉、复脉状，主要产于熊耳群火山岩中，侵入的最高地层层位为蓟县系云梦山组石英砂岩(酒后、黄闸、陶营)，规模最大的脉体长达 500 m 以上(宜阳上黑沟)，宽(厚)一般 1 m 左右，复合膨胀的脉体最宽处达 3～4 m(宜阳街南坡、汝阳陶营)，脉体一般较陡，或近于直立，组成矿石主要是重晶石，含少量毒重石，矿石以块状、假角砾状、网脉状为主，$BaSO_4$ 含量高达 96.4% 以上，典型矿床以宜阳赵堡为代表。区内重晶石的产出和分布极具规律性，除单一的围岩条件外，主要产于大断裂带的附近，明显受三门峡—田湖—鲁山推覆断裂带的内缘腹地推覆体控制，形成重晶石成矿带，但因地质工作程度低，缺乏较详细的地质资料。

(三)蛭石

蛭石为洛阳地区重要的热液型矿床之一，主要产于宜阳西南部，部分产于洛宁、嵩县、栾川等地，有三种类型：①太古界太华群变质岩型，岩性与黑云斜长片麻岩中基性—超基性岩带有关，以横岭、周家、三岔沟、太山庙、马蹄沟及栾川潭头重渡为代表，呈带状、鸡窝状，矿化不均匀，但矿体规模大，如宜阳横岭蛭石矿远景规模达 500 万 t；②太华群中伟晶岩型，以宜阳上观、下观为代表，矿体规模小，但蛭石块度大，膨胀系数高；③产于花岗岩和碱性岩外接触带及裂隙中，前者以栾川王坪蛭石矿为代表，后者以嵩县纸房为代表。

(四)脉状方解石

脉状方解石主要产于寒武系石灰岩分布区和熊耳群火山岩中，多与断裂带有关。前者以宜阳樊村安古为代表，脉体产于寒武系中、上统地层中，走向295°，长300 m，宽3 m，估算矿石量6.48万t。其他矿点有宜阳城关崔村、汝阳柏树、偃师佛光(霰石)、新安暖泉沟。后者以汝阳孤石、嵩县黄庄为代表，但一般规模不大。

第三节　外生矿床

一、风化矿床

(一)概念与领域

地壳表层的岩石和矿物，在以水、氧、二氧化碳、各种酸类、各种生物以及温度、湿度、酸碱度等地球外营力的地质作用下，经破碎崩解，脱落分离，发生物理、化学变化，改变原来岩石结构构造，形成以黏土类等为主体的新矿物，在原地或经短距离搬运、堆积所形成的新的矿物堆积体，凡符合工业矿体要求者称风化矿床。风化矿床可以分两大类，在原地以风化残余物为主所形成的矿床称残余矿床；在原地或经短距离搬运，在风化壳下部形成的矿床称淋积矿床。风化矿床表现为四大特点：一是组成这类矿床的物质，是在外营力条件下，化学性质比较稳定的元素和矿物，例如铁、镍、锰、铝、铀、高岭土、磷、硫、重晶石等，一般不会形成化学溶液和胶体进行远距离搬运；二是形成的地质时代较新，主要是古近系、新近系和第四系；三是成矿环境与现代地貌十分接近，分布范围与原生岩石不远，埋藏深度较浅，主要决定于自由氧渗透的深度，与各地的地形、地理和气候条件有关；四是可以形成较大规模矿床，易于露天开采，矿石易于加工，开发利用经济效益较高。

风化矿床的领域比较广，金属类矿床包括红土型铁矿、红土型镍矿、红土型铝矿、离子吸附型稀土元素矿、残余型金矿、淋积型铀矿、硫化物多金属矿床矿脉浅部氧化带发育的铁、锰帽等。农用类矿床中比较具典型意义的有风化壳型高岭土矿床、风化壳型膨润土矿、风化壳磷块岩矿床、风化壳型黏土矿、残积斑岩型钾长石矿等，其中高岭土等黏土矿在国内占有重要地位，斑岩型钾长石矿属于新的类型。另外，一些古老花岗岩体风化壳型麦饭石矿床，新近系和古近系顶部的淋滤碳酸钙质层(钙结岩)也属此类。

尤应要指出的是，已列入沉积和生物化学沉积类的古风化壳型矿床，如发育于嵩箕地区太古界顶部的叶蜡石矿，发育于豫西地区中元古界蓟县系和长城系之间不整合面上的铁矿、锰矿、磷铁矿，发育于寒武—奥陶系和石炭系之间的铁矿、硫铁矿、铝土矿和沉积高岭土等，都是具有经济价值的古风化壳矿床，通过研究风化壳型矿床形成的地质条件和成矿机理，对于研究、认识和发现近代风化壳矿床很有意义。

(二)成矿条件和成矿机理

1. 成矿条件

成矿条件主要受地质营力、地质条件、地理条件三个方面控制。

1)地质营力

地质营力主要是外部营力，包括水、氧、二氧化碳、各种酸类、生物、温度、湿度等，其中水和生物是主要因素。水具有介电、解离等性质，能溶解风化壳中的许多物质，水的作用包括水化、水解、氧化、去硅、阳离子的带出，以及原生造岩矿物分解后，残余组分的相互作用，水是地表最重要的风化营力，特别是当有游离氧、CO_2、SO_2、NO_2等各种气体和水经化学反应，形成酸性水的条件下，水的作用更为重要。生物作用仅次于水，各种细菌的繁衍可以产生 O_2、CO_2、H_2SO_4 和有机酸，成为促进岩石和矿物分解的主要营力，生物可以维持促进岩石分解的酸性介质条件，也可以吸附富集各种分散的金属、农用离子，形成矿床，也可以排出如磷酸盐、SiO_2、$CaCO_3$ 等矿物而富集为矿床，有的情况下生物对母岩的分解甚至起了决定作用。

2)地质条件

原岩条件无异是风化矿床的物质基础，或谓主要条件。超基性岩形成了红土型钼和镍矿，富铝少硅的碱性岩、基性岩形成了红土型铝矿，长英质岩石形成高岭土矿床。除了由碱性岩形成的钾长石矿规模不大外，一些大型的钾长石矿实际上是以巨斑状花岗岩风化壳中风化脱落的斑晶堆积体，而优质的麦饭石矿又是重熔地壳、综合富集地壳中各种化学元素的重熔型花岗岩的风化壳。

地质构造是风化矿床的成矿客观条件。大地构造不仅与后面要讲的地理和地貌条件有关，而且决定了该类矿床的赋存空间，古风化矿床多在地壳运动巨旋回的不整合风化夷平面上展布，现代的风化矿床，同样分布在被剥蚀的地台区，尤其是相对稳定上升、各种地质作用进行充分的地区成矿条件较好。成矿前的褶皱、断裂、裂隙、破碎带导致地下水的活动，形成了面型的成矿区和线型的成矿带，而成矿后的构造又指示了裸露和被掩埋了的矿体所存在的大致范围。

水文地质条件是另一地质因素，风化矿床中的残余矿床产生于潜水面上的渗透带(充气带)中，潜水面的深度、渗透带中岩石的水文地质条件直接决定着成矿条件，不透水和透水性差的黏土岩不利于成矿，过于透水的砂砾岩也对成矿不利，有利的条件是岩石有适当的孔隙率和裂隙度而易于吸收地表水并使之稳定下渗。

3)地理条件

地理条件包括地形、气候两大因素。岩石风化受地形的影响很大，地形的起伏决定于地壳构造运动，特别是新构造运动。地形条件划分了发生侵蚀和堆积的地区，决定了地表和地下水的动态及风化壳的地球化学特征，物理风化作用强的陡峻高山区、强烈夷平作用使潜水面不断变动的地区、水流不畅的平原积水区，都不利于成矿，而高差不大的丘陵和山区、微细的地形起伏区，则是易于形成风化矿床的场所。巨厚的风化壳矿床的形成，一般是在地形缓慢上升、风化淋滤速度相对稳定条件下进行的。

气候条件即风化矿床所需要的温度、湿度是形成风化矿床重要的媒体条件。高纬度地区的冻土带，化学作用弱，不形成风化矿床；中纬度地区的温带形成发展到一定阶段的风化壳，即主要形成水云母、黏土型的风化壳，在蒸发量和物理风化作用为主的沙漠地区主要形成卤化物、硫酸盐、盐渍黏土—砂土类特殊性风化壳；而在低纬度的热带、亚热带地区，则形成了成熟度较高的红土型风化壳型矿床。湿度也起着相当重要的作用，极寒冷不利于风化壳矿床的发育，干热的荒漠戈壁，风化矿床的类型独特，成矿范围局限，只有在湿度较高的热带、亚热带区才有利于这类矿床的形成。

在研究风化矿床形成的地理因素时，其中的气候条件不是永恒不变的，在地质历史上，随地球自转轴倾角的变化，常会改变两极和赤道的位置，随之气候也发生变化，因而也改变了风化矿床的地理分布。它提示我们应按风化矿床的生成机理去研究和寻找古风化矿床，对此，首先要结合沉积建造，研究分析各地质时期的古地理，另外还要注意，随着近代环境的不断恶化，也在改变着近代风化矿床的成矿作用。

2. 成矿机理

风化矿床的形成，实际上涉及了化学元素从原岩中分解、迁移的规律，风化壳剖面类型、分带，风化壳剖面的形成以及风化壳中一些主要成矿元素的性状等问题。对此，我们可以从一些主要元素的迁移和形成过程，包括原岩分解、元素迁移及一些主要元素的化学性质分析中，大体了解这一成矿作用过程。

1)原岩分解

原岩的分解，主要反映的是在水参与下，原岩中主要造岩矿物水化水解的过程。如第一节所述，地壳中的主要造岩矿物是石英、长石(钾长石、斜长石)、云母、角闪石、辉石、橄榄石等。由这些矿物分解后所产生的新矿物，是形成风化矿床物质的基础。因此，从地球化学角度，认识这些主要矿物分解的过程和分解后所产生的物质，是从本质上对风化矿床的认识。

石英(SiO_2)是化学性质稳定的矿物，在风化壳中主要是机械性迁移，但随气候条件的变化，pH 值的升高，SiO_2 也能够被水溶解，并随水而迁移、沉淀，形成新的二氧化硅(即次生石英)和蛋白石类沉淀。

$$SiO_2+nH_2O \rightarrow SiO_2 \cdot nH_2O$$

   石英   蛋白石

长石是另一类主要造岩矿物，以钾长石为例，水解后生成了高岭石、伊利石(水云母)和蛋白石，代表了硅铝矿物的主要水解产物。在无氧参与下，生成高岭石和蛋白石

$$K_2O \cdot Al_2O_3 \cdot 6SiO_2+nH_2O \rightarrow Al_2O_3 \cdot 2SiO_2 \cdot 2H_2O+4SiO_2 \cdot nH_2O+2KOH$$

  正长石   高岭石   蛋白石

在有氢离子的参与下，生成伊利石

$$KAlSi_3O_8+nH_2O+nH^+ \rightarrow KAl_2[(Al \cdot Si)Si_3O_{10}] \cdot (OH) \rightarrow \cdot nH_2O+nH_4SiO_4+2K^+$$

  钾长石 (氢离子) 伊利石(水云母)

在氧和二氧化碳参与下，黑云母可以分解成微晶高岭石、褐铁矿、二氧化硅、碳酸氢钾及碳酸氢镁，代表了铁镁质暗色矿物的水解产物。

$$2K(Mg、Fe)_3[AlSi_3O_{10}][OH]_2+nH_2O+O_2+nCO_2 \rightarrow$$

     黑云母

$$Al_2[Si_4O_{10}][OH]_2 \cdot nH_2O+Fe_2O_3 \cdot nH_2O+SiO_2+2KHCO_3+Mg(HCO_3)_2$$

  微晶高岭石   褐铁矿   石英

由矿物从岩石中脱落到矿物水解后形成新矿物的过程，代表了风化矿床形成的第一步。从这里可以看出，组成地壳主要成分的长英质即硅铝质矿物和铁镁质矿物，风化物的主要成分是石英和蛋白石类即硅的氧化物，其次是高岭石、伊利石一类黏土矿物和褐铁矿、碳酸盐以及包含于上述硅铝质、铁镁质岩石中的金属和农用矿物。总而言之，由原岩的分解代表了一切外生矿床成矿作用的初始。也由此揭示了包括机械沉积、蒸发岩，化学、生物化学沉积等外生条件下的成矿作用，是由原地到异地、由近而远的一个外生成矿系列的序幕。

2)元素迁移

由岩石和矿物风化分解后的物质，可以与地表水混合和被水溶解而迁移，其迁移的方

式可呈悬浮状、胶体状和真溶液状三种，呈悬浮体状迁移的距离小，胶体状迁移的距离较大，真溶液状搬运的距离更远，因此为了了解该类矿床成矿的物质来源，首先要弄清有哪些元素、哪种迁移方式有利于这种成矿作用。

有关的研究成果证明，Cl、Br、I、S容易形成真溶液属强烈迁出的元素，在风化壳中很难存在，即风化壳中不存在这些元素形成的矿床。Ca、Na、Mg、K(?)、F可以形成化学盐类，但因容易迁移，在风化壳中仅微量存在这些矿物。SiO_2、P、Mn、Co、Ni、Cu、可以呈胶体状态迁出一部分，另一部分在风化壳中比较大量地残留，属可移动元素，而Fe、Al、Ti等则属化学性比较稳定，不容易迁出的元素，能够形成大的风化壳型矿床。由上可知，形成风化矿床的元素主要是第三类、第四类比较稳定和不含有长距离迁移的元素，因此不同元素的地球化学性质，是风化矿床成矿作用的又一关键问题。

3)风化壳剖面和分带

风化壳的形成代表了原生岩石在风化作用过程中依次分阶段得到改造的一个过程，由此形成了风化壳的垂直剖面，称风化壳剖面。按照原生岩石硅酸盐造岩矿物的分解程度，自下而上依次形成了风化壳的不同分带(见图4-1)。

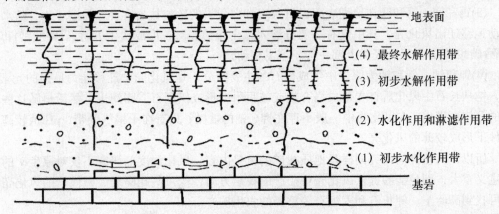

图4-1 风化壳剖面素描图

(1)初步水化作用带：为接近原岩以崩解作用为主的一个带，含一定数量的原生残余物，生成的矿物以云母、绿泥石、水绿泥石为代表，也有少量从上面沿裂隙由淋滤作用带来的物质，pH值8.5～9或更大。

(2)水化作用和淋滤作用带：以水云母、水绿泥石大量发育为特征，也有从上部带淋滤下来的复杂碳酸盐和水硅酸盐，pH值为7.5～8.5。

(3)初步水解作用带：以发育绿高岭石和高岭石为特征，风化程度较(1)、(2)深，发育一定的淋滤带。pH值近于5～8。

(4)最终水解作用带：以氢氧化铝(三水铝矿)、氢氧化铁、氢氧化锰的发育为特征，pH值低于5。

以上各带代表了风化壳剖面的一般情况，由下而上从风化程度较低的铝硅饱和的水云母型，经硅铝不饱和的黏土型，到以氧化铝为主的红土型，反映了风化壳发育的成熟度。所以风化壳剖面的厚度即代表了风化渗入的深度，随深度的增加，各个带尤其上部水解作用较深的红土带的厚度也就越大。对风化壳的研究是认识风化矿床的关键。

4)风化壳发育中一些主要元素的活动特征

风化壳发育过程，代表了元素的分解迁移和聚集过程，其中活动量最大的是硅、铝、铁、钙、镁、钾、钠、锰这些在地壳中丰度较高的元素，由这些元素迁移富集所形成的风化壳矿床除了金属矿床中的铁、锰、镍、铀外，大部分是由硅、铝、钙、镁、钾、钠元素组成的，因此认识这些元素迁移的特征，对认识风化壳型农用矿床的成矿作用有特别重要的意义，现举例说明如下：

(1)硅：由硅元素组成的氧化物是风化壳的主要成分。一般情况下，硅的化学性质稳定，迁移能力较弱，但其溶解度随 pH 值升高为碱性环境而加大，故在初步水化的碱性介质条件下首先发生去硅作用，二氧化硅溶于水后而迁移，后在适宜的条件和部位沉淀为石英、玉髓、蛋白石和水铝英石等硅铝氧化物。

(2)铝：铝是地壳中组成硅酸盐矿物的另一主要元素，也是风化壳的主要成分。铝是风化壳中迁移性最弱的元素之一。在弱酸—弱碱环境下以不同矿物形式发生溶解迁移，在风化壳发育的不同阶段，分别以水云母、水绿泥石、高岭石、多水高岭石、蒙脱石等含铝矿物产出，在风化很深的剖面中形成三水铝石。

(3)钙和镁：钙和镁在地壳表面以石灰岩和白云岩的碳酸盐岩存在，易溶于水，随水的活动运移迁出风化壳，其中仅有一部分渗入风化壳的底部，形成次生方解石(碳酸钙)和白云石(碳酸镁)，在风化壳的上部一般不容易保留。

(4)钾和钠：钾和钠为原岩中组成长石的主要组分，是风化壳中迁移能力最强的元素，钾、钠从长石中风化后首先形成络合物或被吸附，形成伊利石、膨润土，然后再随这些矿物的分解而带出，在风化壳中一般不存在钾、钠的盐类，只有在干旱气候带，pH 值较高的条件下形成较薄的风化壳。

所以，风化壳的研究同样是地质找矿的重要内容，风化深度的研究不仅对原生矿的勘查意义重大，而且能够提供风化壳中矿产的找矿方向，像一些花岗岩、碱性岩的风化壳往往可找到高岭土、钾长石和麦饭石等重要的农用矿产。

(三)洛阳地区的风化壳型农用矿床

洛阳地区的古风化壳型农用矿床，以寒武—奥陶系顶部古侵蚀面上形成的上石炭统本溪组底部的山西式铁矿、结核状黄铁矿、黏土、铝土矿、沉积高岭土矿为主，其次有熊耳群顶部、汝阳群底部的铁磷矿，另在登封群、太华群顶部的古风化壳中也发现有叶蜡石、膨润土矿。

洛阳地区的风化壳矿床，包括以下几种类型：

(1)风化壳型高岭土矿床。洛阳地区发现的这类矿床产地有三处，可划分为两种类型。一类为产于火山岩系中，与古火山机构有关的高岭土化石英斑岩风化壳残余—淋积型矿床，该矿床以嵩县纸坊白土塬—支锅石高岭土矿床为代表。矿床规模大、裸露易采，原以瓷土矿进行过普查，并进行过陶瓷工业试验，后经矿石、矿物研究证明为高岭土矿。另一处为花岗岩和正长岩的风化壳残积型矿床，花岗岩的风化壳产于宜阳木柴关花山花岗岩基顶部凹地中，地名斑鸠峪，民采瓷土售给陶瓷厂，并作黏土矿办理地质勘查登记。正长岩的风化壳型见于栾川三川，高岭土质量较好，但厚度薄，规模小。

(2)斑岩风化壳型钾长石矿。为组成巨斑状二长花岗岩、钾长花岗岩中由钾长石斑晶提供的钾长石资源。成矿机理为斑岩风化后钾长石斑晶(钾微斜长石)首先从原岩中脱落，经地表水流搬运，自然分选，在地表残积层中富集或经自然短距离搬运富集为钾长矿体，成为钾长石的一种新的工业类型,在国内钾长石矿中占有重要地位,我国最早勘查开发的有浙江东阳大爽大型钾长石矿。

栾川合峪和洛宁、宜阳、嵩县三县交界处的花山花岗岩,都是出露面积达数百平方千米的大花岗岩基,这些岩基均为复式岩体,其中大斑、巨斑状钾长花岗岩多分布在外围,并占相当大的比例。合峪花岗岩中巨斑晶体积达 $6\,cm \times 4\,cm \times 4\,cm$,在岩石中局部含量达20%以上,分选后的斑晶含 K_2O 11.84%、Na_2O 2.65%,目测疏松易采易选的风化壳厚度一般在 $2\,m$ 以上,其中陡壁下部,小沟汇流处形成富集带或富集体,厚度达 $3 \sim 5\,m$,经筛选可以利用。该矿床规模较大,易采易选,加之交通条件较好,具有很好的找矿前景和开发经济价值,可以部署正规地质勘查工作。

(3)麦饭石矿床。麦饭石又称嵩山药石,系一种具多种保健功能的药用矿物。明李时珍《本草纲目》记"麦饭石山溪中有之,其石大小不等……状如握一团麦饭……"故名麦饭石,依据药物形态,史料和民间传闻,考之发现于伊川江左塔沟一带,属产于太古界古老变质地层中的混合岩化英云闪长岩及斜长花岗岩的风化壳,实际上是一种特殊类型的风化壳矿床,其药用价值和药理、矿床特征、开发利用价值等,将另外加以专门介绍。

(4)砂礓、钙质淋滤层。洛阳一带的大部分地区为松散的第四系黄土所覆盖,黄土中的钙质与含有二氧化碳的雨水结合为碳酸钙,然后沿黄土垂直下渗,在黄土层下部的界面附近形成砂礓(钙质结核),由砂礓逐渐集结,形成钙质淋滤层。淋滤层进一步形成钙结岩。这种淋滤层在洛阳北部的黄土分布区非常普遍,主要层位在离石黄土(Q_2)与午城黄土(Q_1)或新近系洛阳组(N)之顶部。砂礓层最厚处达 $4 \sim 5\,m$,主要成分为碳酸钙,含量达 54%以上。在无基岩出露的平原丘陵区,以前广泛用于铺路和房屋基石,成为当地的主要建材原料。其中汝阳北部陶营和宜阳董王庄贾村一带,钙质层发育于新近系黏土层之上,钙结层厚度稳定,质纯而白度较高,可以作填料、涂料开发利用。

需要强调说明的是,洛阳、宜阳境内已在九店组火山岩底部发现了由蒙脱石黏土组成的膨润土矿床的找矿线索。按照膨润土矿床的成因和洛阳所具备的成矿条件,在中元古界熊耳群火山岩系中,特别是火山岩下部的古风化壳中,都存在形成膨润土的可能,现有的找矿线索应引起注意。

二、机械沉积矿床

(一)概念与领域

由风化作用的崩解、磨砺,使脱落于原岩、所产生的各种大小不等的碎屑物质,在水力、风力和冰等介质的搬运、迁移过程中,不经化学作用,而仅按矿物颗粒大小、比重、形态、成分等因素并受重力和搬运介质、地形地理条件所制约,进行分异沉淀,分别形成了砾、砂、粉、泥类松散沉积物和符合工业要求的有用矿物堆积体。形成这种沉积物的方式谓之机械分异作用,形成的这种矿床称为机械沉积矿床或砂矿。这些松散的沉积物经成岩作用形成了砾岩、砂岩、粉砂岩、黏土岩,它们可以称为"古砂矿"。由现在正在进行的机械沉积作用来认识古砂矿的形成机理在地质学中很有意义。

由机械沉积作用形成的砂矿种类很多,金属、贵金属类矿产中有金、铂、锡石、黑钨矿、金红石、独居石、铌钽铁矿、磁铁矿等,其中的砂金矿、砂锡矿很重要。农用类矿床中,既包括了一些昂贵有经济价值的磷灰石等现代砂矿和古砂矿,也包括了列入一般建材矿产的砂、砾、黏土，列入建筑、水泥配料等方面的矿种有海滩沉积型，有用组分含量较高、用途特殊的机械沉积物，如磷块岩、海绿石、黏土岩等，其中一些含有特殊组分，而某一组分又较高的岩石，如钾长石砂岩、陶粒页岩等都可成为重要矿床或古砂矿。

(二)成矿作用和矿床特点

(1)形成机械沉积矿床的矿物来自于原生矿床，也可来源于岩浆岩和其他岩石中的副矿物，其分布的范围与其物质来源有密切的联系，受地理和古地理条件限制，多形成有规律的重矿物分散流。研究这些分散流的特点和规律，溯源追索，既可扩大机械沉积矿床的分布范围，又是发现这类矿床原生矿的途径。

(2)砂矿中的有用矿物是在以水为主的介质内，在开放的氧化环境下进行搬运的，因此组成砂矿的矿物必须是化学性质、物理性质稳定，不易发生氧化、分解的矿物，例如石英，虽然比重不大，但化学性质稳定，是砂矿中最多见者，在现代的砂矿中多形成天然石英砂，在地质历史中形成石英砂岩。利用砂矿的这一特性，可以对不纯的原矿进行化学处理，以增加其纯度。

(3)砂矿是在以水介质为主的环境内进行搬运，并在重力作用下分级沉积而成，因此它必然具备沉积岩类特有的层、序特征，形成有规律的粗粒在下、细粒在上的沉积韵律层。把握该类矿床的这一特点，能够比较准确地确定其形成时代，进行层位对比以及确定其富集矿段的层位和部位。对于古砂矿，特别是成岩后的岩石型古砂矿，把握这一特点尤为重要。

(4)按照形成砂矿搬运介质的不同，该类矿床的成因类型可以分为水成砂矿、风成砂矿和冰成砂矿三种成因类型。这三种作用都可形成农用矿床，风成的漠原相可以形成巨厚的建筑砂岩矿床，冰川期后的冰水沉积物中可以形成有价值的伊利石黏土岩，而纯净的天然石英砂，保留于地层层序中的石英砂岩，都是在水介质，尤其海湾潮坪相经海水分选的硅石矿产。

(5)机械沉积型矿床的形成对成矿环境有明显的选择性；干旱的漠原环境以物理风化为主，岩石容易崩解，但因缺少水介质，岩石组分分离较差，不易形成砂矿；只有在潮湿多水的环境中，在化学和生物化学作用协助下，岩石才能得到分解，有用的重矿物才能在母岩中脱离出来，经水搬运，最后富集为砂矿床。借助沉积物的组合、沉积韵律和层理构造，特别是不同的交错层理构造，是识别机械沉积矿床成矿环境和成因类型的主要手段。

(三)洛阳的机械沉积类农用矿床

洛阳的这类矿床主要是古砂矿，也包括属于机械沉积形成的砾岩、砂岩、黏土岩，现举例如下：

(1)20世纪70年代，在流经大安玄武岩的杜康河谷中，利用系统天然重砂，发现金刚石一颗，判定来自玄武岩区与潜火山通道有关。该项勘查工作虽中途停止，但提供了寻找玄武质浮岩的重要信息。

(2)石英砂岩是洛阳重要的矿产资源之一，属于地质历史上形成的古砂矿，并在此基础上形成了全国最大、建厂开采最早的洛阳平板玻璃系列产业，成为"洛阳硅"的重要原材料型矿产基地。现确定的石英砂岩矿床有两个层位，一为中元古界蓟县系北大尖组，以偃师寇店水泉石窑门、佛光五佛山和宜阳城关周村为代表，主矿层产于该组上段，厚20～40 m，变余砂状结构，块状构造，含 SiO_2 95.68%～98.73%、Fe_2O_3 0.084%～0.35%、Al_2O_3 0.14%～0.30%。二为新元古界洛峪群三教堂组，以新安甲子沟、方山、宜阳八里堂为代表，方山矿

厚 $16 \sim 47\mathrm{m}$，含 SiO_2 $96.8\% \sim 98.8\%$、Fe_2O_3 $0.62\% \sim 1.7\%$、Al_2O_3 0.7%。洛阳石英砂岩矿产分布于新安、宜阳、伊川、偃师和汝阳、嵩县各县，有巨大的资源潜力。

(3)伊利石黏土岩，为产于新元古界震旦系罗圈组冰碛砾岩上部的一种灰白、灰绿色泥岩，成分主要是伊利石。平顶山市鲁山县叶营矿区已做过地质评价并建厂开发利用为塑胶补强剂。按照成矿的特定层位，1997 年河南省区调队发现于伊川常川和宜阳樊村乡交界地区，采样分析，含 SiO_2 61.88%、Al_2O_3 17.65%、K_2O 7.7%、Fe_2O_3 4.49%、Na_2O 0.81%、MgO 1.76%、CaO 0.82%，与鲁山叶营相近，但未做进一步勘查工作。

(4)含钾长石砂岩：目前发现并投入开采利用的以新安曹村乡山查村的长石砂岩为代表，含矿层位在中元古界蓟县系北大尖组上部，岩性为长石砂岩、海绿石砂岩，长 $2\,000 \sim 4\,000\mathrm{m}$，厚 $10 \sim 15\mathrm{m}$，含 K_2O 9.98%、SiO_2 76.58%、Al_2O_3 10.85%、Fe_2O_3 0.09%，该矿作为含钾岩石已为地方开采利用。

三、蒸发沉积矿床

(一)概念与领域

蒸发沉积矿床又称盐类矿床，指的是易溶于水的盐类物质，如钾、钠、钙、镁的卤化物，硫酸盐、碳酸盐、硝酸盐、硼酸盐等，在与海洋基本隔绝或仅有狭窄通道与海洋相通的大陆棚海湾、泻湖、残余海以及内陆湖被封闭的范围内，当处于干燥气候环境时，因经受长期蒸发作用，水体浓缩，水中盐分不断聚集，达到饱和程度时，盐类分别沉积，形成石膏 $(CaSO_4 \cdot 2H_2O)$、硬石膏 $(CaSO_4)$、岩盐 $(NaCl)$、钾盐 (KCl)、光卤石 $(KCl \cdot MgCl_2 \cdot 6H_2O)$、钾盐镁矾 $(KCl \cdot MgSO_4 \cdot 3H_2O)$、泻利盐 $(MgSO_4 \cdot 7H_2O)$、芒硝 $(Na_2SO_4 \cdot 10H_2O)$、无水芒硝 (Na_2SO_4)、天然碱 $(Na_2CO_3 \cdot NaHCO_3)$、硼砂 $(Na_2B_4O_7 \cdot 10H_2O)$、钠硼解石 $(NaCaB_5O_9 \cdot 8H_2O)$ 等盐类，称蒸发沉积矿床。经典的矿学中，一般不把方解石 $(CaCO_3)$、白云石 $(CaMg[CO_3]_2)$ 这两种主要的碳酸盐矿物列入蒸发沉积矿床，但自然界中，由方解石组成了占沉积岩相当比例的碳酸盐岩类的石灰岩、泥灰岩地层和由白云石组成了另一类碳酸盐岩类的白云岩地层，并由这两类地层提供了同样具工业价值的水泥灰岩、化工灰岩、熔剂灰岩、改良土壤用灰岩等各种石灰岩类矿床和冶金用白云岩、化肥用白云岩、改良土壤用白云岩、建筑用白云岩等白云岩类矿床，在农用矿床中都占有重要的位置。

在自然界里，一些大型石灰岩、白云岩矿床和石膏、岩盐矿床具有密切的联系，因为它们同处于一个蒸发岩的成矿系列中。按照盐类矿床的蒸发沉积过程，首先是溶解度较小的碳酸盐类如方解石、白云石沉淀，形成石灰岩和白云岩，其次为钙钠的硫酸盐和它们的复盐，如石膏、硬石膏、芒硝、无水芒硝和钙芒硝等，再其次为石盐，最后为钾镁的硫酸盐、氯化物和它们的复盐，如光卤石、钾石盐等，实际上自然界很少存在这样稳定的泻湖或封闭良好的化学沉积盆地，但就任何一个发育的硫酸盐或卤化物沉积盆地，它们首先依存于由石灰岩、白云岩包括湖相泥灰岩组成的泻湖盆地，并形成共生组合，这种组合分别见于河南鲁山辛集叶县由寒武系辛集组、朱砂洞组形成的石膏矿区，在山西晋南等地由雪花石膏形成的石膏矿床，在中奥陶统地层中有着稳定的层位。本区寒武系底部的朱砂洞组一般普遍含硬石膏，说明了蒸发的古地理盆地也有相当规模。

(二)形成条件和成矿机理

盐类矿床的形成过程主要是在一定封闭程度的地表水体中，处在这样的地质环境中，溶解于水的盐类物质，或因水体蒸发浓缩在水体中沉淀，或因毛细管作用将溶于岩层中的盐类带出地表而沉淀，前者形成于蒸发盆地的水体中，后者则多见于沙漠戈壁，都可成为现代正在进行着的一种成矿作用，另外一些潜水水位很高地区土壤盐渍化的过程，也与后一种成矿作用密切地联系着。

形成这种矿床的基本条件首先是干旱的气候，蒸发量超过补给量，水体不断浓缩，水中的盐类因过饱和而发生沉淀。造成这种水体浓缩环境，必须具备水体的封闭条件，浓缩的海(湖)水不致外泄。决定这两个条件的因素有二：一是与古地理、古气候条件有关。地球的自转可以造成古磁极的变更，能够在不同地质时期形成不同的赤道位置，或因不同的大地构造变动而形成不同的海陆变迁，除了在低纬度区形成干热的气候外，地形的高低、海岸线的位置、洋流信风带的作用，乃至宇宙事件、火山活动，都会造成干旱气候，这些干旱气候在大地构造运动的配合下，在地球历史的某个时期，在处于凹陷的沉积环境中，造成了盐类矿产的沉积条件；二是盐类矿产沉积的岩相和岩性条件，也就是地层特征。地层是地壳运动(水平运动和垂直运动)的记录，表现为岩性和岩相的变化。作为含盐岩系，这种记录有两种：一种为咸化的泻湖相，形成白云岩—石灰岩—泥灰岩，简称碳酸盐相；另一种为海相或内陆湖相的红色碎屑岩系。前者形成的盐层厚度稳定，成分均一，后者相反。成盐盆地的沉积建造，在垂向上表现为由粗到细的碎屑物质—碳酸盐—硫酸盐—氯化物—钾镁盐类，在横向上从盆地边缘到盆地中心，则为外圈的碳酸盐相，向内的硫酸盐相，中部的氯化物相，最内部为钾镁盐相。

含盐建造的碳酸盐层序中，相当普遍地分布着生物灰岩、泥灰岩、角砾状碎屑灰岩以及泥钙质碎屑岩中的盐类矿产，它们和化学沉积的石灰岩、白云岩、泥灰岩共同形成了巨厚的海相碳酸盐岩地层，其中属于硫酸盐、卤化物(食盐)等单一的盐类矿产出现于碳酸盐岩层的特定部位，顶板岩石因盐类溶解，石膏底辟形成角砾岩，在这种含矿层序中，上述特征性的生物石灰岩、白云岩或泥灰岩则成为找矿的标志层。其中的泥钙质碎屑岩中的盐类矿床，一般是机械沉积和化学沉积同时存在，在岩石组合上，可以是由粗、细不同的碎屑岩和薄层碳酸盐岩互层，形成较复杂的岩性组合和多层盐类的分层，但这类矿产一般较贫，经济意义较差。

关于蒸发沉积矿床形成的机理，历来就有源于海水蒸发浓缩成盐的"沙洲说"和依干旱区由淡水湖变化为内陆盐湖，由盐湖形成盐类矿产的"沙漠说"两种假说。前者针对碳酸盐相盐类矿产，后者则指碎屑岩相矿产。实践证明，已发现矿床的巨大规模使泻湖和沙洲说都不好解释，而复杂的盐类矿床的化学成分，也超过了仅仅是海水浓缩的假说。新的研究成果证明，盐类物质不仅来自海水，也来源于地壳深部的热卤水、地下的含盐岩系及火山作用或深断裂带。这些来自不同方面的盐分，在迁移过程中不断演变转化，最后以不同矿物组合在地层中富集，形成不同的盐类矿床。

(三)洛阳地区的盐类矿床

洛阳地区发现的盐类矿产不成规模，仅是找矿线索，主要是三个层位，一为寒武系底部，二为奥陶系中奥陶统，三为新生代古近系。

1. 寒武系盐类矿产层位

大地构造位于华北地台二级构造单元渑临台坳，含盐层位有两个，其一为寒武系下统辛集组二段—辛集含膏岩段，是鲁山辛集大型石膏—硬石膏矿床的赋存层位，成矿环境系海相碳酸盐台地潮上带的膏盐湖；其二为下统馒头组中、下部的局部有含膏层，但不稳定，早寒武世含盐系为海相镁质碳酸盐—石膏、硬石膏建造，其下为辛集组的砂质磷块岩。

辛集含膏盐段工业膏层呈多层状，层数 1～17 层不等，一般 3～11 层，呈层状、似层状、透镜状，矿层厚 15～126 m，一般 30～80 m，与白云质石膏(硬)石膏盐，含膏微晶白云岩及白云岩交替重复出现，组成多韵律层，产状与围岩基本一致，浅部出现膏溶角砾岩，工业矿体 6400 m×(400～1200)m，单层厚一般 1.5～5 m，工程累计厚 2.16～82.04 m，一般 6～30 m，矿石有石膏、硬石膏两种自然类型，以硬石膏为主，矿石含膏总量($CaSO_4$·$2H_2O$+$CaSO_4$)55%～85%，一般 60%～70%，平均品位 64.18%，夹石层含膏总量一般 20%～50%，与矿石呈渐变关系。

在石膏层之上的膏溶角砾岩和白云岩中，普遍发育石盐假晶，说明该区存在着一个比较完整的蒸发岩含矿层序。以辛集组剖面为例，下部为砂质磷块岩、磷砂岩，底部有砾石，反映近滨海—陆棚相堆积，中部为含磷砂岩，发育交错层理，上部为泥灰岩和泥质灰岩，发育膏盐角砾、石盐假晶，过渡为潮坪—泻湖相，再上为豹皮灰岩。

洛阳北部各县和鲁山、叶县的成盐盆地同处于一个大地构造带中，发育相同的含盐地层，具备相似的古气候、古地理条件和相似的岩相与岩性，采得朱砂洞组白云岩薄片中硬石膏含量达 30%～35%，区内是否有形成膏盐矿床的可能，目前尚无资料，但却是值得注意的问题。

2. 奥陶系含盐层位

据《新安县工业志》，新安北部拴马、竹园石炭系地层中产石膏，厚 0.5～20 cm。据考，该区出露地层为奥陶系马家沟组，岩性由白云质泥灰岩和厚层豹皮灰岩组成，其下泥灰岩段在山西、河北、豫北普遍含硬石膏，山西襄汾、太原、翼城皆形成大型石膏矿床，岩层中硬石膏水化后形成具区域特征的膏溶角砾岩和纤维石膏，本区多处见同层位中的石膏假晶，未形成矿床。

3. 新生代盐类矿产

新生代的盐类矿产主要是石膏和盐，地层层位为古近系陈宅沟组顶部(相当沙河街组)，但因洛阳的几个盆地不连接，加之各个盆地的成盐条件也不一样，工作程度又不足，对各地的认识程度也不一致。

(1)宜阳盆地。石膏以宜阳盆地工作程度较高，但经专项普查未形成矿床。发现的含膏层位于古近系陈宅沟组上部和蟒川组中下部，岩性为紫红色钙质砾岩，夹猪肝色钙质砂岩，砂质、粉砂质泥岩，白云质泥岩及白云岩。该套地层在区内分布较广，含盐层较稳定，施工的 ZK1、ZK2、ZK3、ZK4 四个钻孔都见到矿层，层位属陈宅沟组，下段含脉状、薄层状石膏厚达 45 cm，上段含薄层状及脉状石膏与砂岩互层，含矿岩系总厚达 650 m；上部蟒川组下段石膏与砂岩、紫红色泥岩、粉砂岩互层，石膏为纤维状多水石膏，少数为白色粗粒状石膏。含膏岩系赋存的厚度较大，宜阳城东沈平 1 孔见于井深 25.6～191.86 m，沈平 2 孔为 231.5～374.9 m，宜阳盆地资料可为洛阳、洛宁盆地参考。

(2)潭头盆地。据潭头盆地资料，相当于陈宅沟组中部的紫红色、褐红色粉砂质黏土岩中也有石膏，但仅厚 0.2～2 cm，长仅 1～5 m，其上之蟒川组也仅是薄层石膏。与前者不同的是潭头盆地主要是油页岩沉积，说明该区虽也具备蒸发岩形成的气候条件，但沉降幅度较大，不利于石膏矿产的形成。

(3)嵩县盆地。盐岩矿产的成矿有利地区为嵩县盆地,该盆地分布古近系、新近系地层,地表圈定三个氯离子异常带,一为宋岭异常带,分布于北部,呈近东西向,东西长达 6 000 m,平均宽 1 500 m,其中大于 50 mg/L 的异常大于 4 500 m,宽 600 m,含量最高达 877.84 mg/L;二为南李村—马村—上西河异常,近东西向,长 6 500 m,宽 1 000～2 000 m,含量 20～178.19 mg/L;三为段庄—马村—王楼—武林异常,分布在盆地南,长 12 000 m、宽 1 000～1 400 m,分东西段,含量 27.65～34.15 mg/L。目前尚未进行钻探验证。(资料引自洛阳地区地质矿产局矿产卡片)

4. 碳酸盐类

包括石灰岩、白云岩矿床,是洛阳地区最丰富也最具经济价值的蒸发—沉积矿床,形成这类矿床的地质时代自太古宙晚期到中新生代,沉积条件自海相到陆相,岩性包括石灰岩、白云岩、泥灰岩,分布范围遍及洛阳各县,现分别介绍如下:

石灰岩类主要是寒武系、奥陶系、青白口系栾川群和石炭系太原统 4 个层位。寒武系石灰岩,主要产于中、下统,以中统的徐庄组和张夏组为代表,CaO 品位 45%～51.4%,是洛阳地区水泥灰岩的主要原料(见后)。奥陶系以中统马家沟组豹皮灰岩为代表,但洛阳的这套地层较薄,分布仅限于新安、偃师,又因含白云质、硅质花斑和团块较高,价值不大。栾川群的石灰岩以白术沟组和煤窑沟组中段为主,但厚度较小,CaO 含量 45%～46%。石炭系太原统一般发育三层灰岩,其中最底部的一层灰岩厚 2.15～9.04 m,平均厚 4.07 m,CaO 含量 53.91%,是区内 CaO 含量最高的一层石灰岩。石灰岩除用于水泥、化工、熔剂、外,还用于石料、石材和烧制石灰,在农用领域烧制石灰已成为改良土壤和植保类矿产。

白云岩类主要是三个层位。一为寒武系上统崮山组,全区大部分白云岩矿床产于这一层位,主要由深灰色白云岩、白云质灰岩、泥质白云岩组成,厚 30～50 m,MgO 含量 20.80%～21.43%。二为中元古界官道口群龙家园组和冯家湾组,MgO 含量 21%～21.72%。三为个别矿区的白云岩产于奥陶系中统顶部,如新安杨岭山、毛头山,MgO 含量 18.52%～21.30%。白云岩主要用做熔剂、耐火材料和建材,优质者可以提炼金属镁。在农用领域制作微肥和饲料,同时也作为酸性土壤的中和剂。

泥灰岩类主要分布在三叠系及古近系地层,同样可作为土壤改良剂。三叠系泥灰岩以上统延长群顶部谭庄组上段青灰色泥灰岩为代表,多见于钻孔中,据煤田地质资料,该层泥灰岩有多层、单层,厚达数米,但未做相应研究工作。地表出露的主要是古近系,属湖相沉积,有的资料称湖相泥灰岩,有的称白垩。洛宁盆地兴华一带为陈宅沟组顶部和蟒川组底部,宜阳盆地见于陈宅沟组中段和上段,伴生薄层石膏。

除此之外,一些第四系盆地的第四系底部普遍含钙质淋滤层,个别地区也达工业利用要求。宜阳栗封区钙质层厚 5～10 m,含 $CaCO_3$ 94.25%、Fe_2O_3 0.02%、MgO 0.55%,已被利用于矿物饲料。

四、化学、生物化学沉积矿床

(一)概念与领域

在以外营力为主的地表条件下,由化学和生物化学作用,促使地球表面的岩石和矿物分解,形成各类有机和无机的成矿物质,后在水、风等介质的搬运作用下,在适宜的水盆地中沉积、聚集下来,经成岩作用而形成的矿床称为沉积矿床。由于这类矿床的形成不仅包含了真溶液、胶体溶液的化学沉积，也包含着生物作用，所以又叫生物化学沉积矿床。

较之前面所介绍的蒸发沉积矿床而言，这类矿床无论是成矿物质来源，还是搬运和沉积方式都很复杂，各种假说和争论较多，是矿床学上比较复杂的部分，但这类矿床包含的矿种较多，成矿的领域很宽，国内外的很多种矿床如沉积铁矿、沉积锰矿、沉积铝土矿(包括耐火黏土)、磷块岩、自然硫、硫铁矿、黑色页岩(含钒、铀、镍、钼、钴、锰)、硅藻土、白垩、碧玉岩，以及沉积高岭土、伊利石黏土岩、海绿石砂岩等，都属于这类矿床，对它们的研究和认识，在矿床勘查开发中都具重要意义。

特别要指出的是，国内外一些相当重要相当知名的农用矿产属于这一类型。前面在蒸发岩中所谈到的石灰岩、白云岩，包括含有黏土类矿物的泥灰岩矿床，实际上大部是由蒸发岩晶出的碳酸盐—方解石、白云石单晶，后在生物作用、沉积作用和成岩作用下，形成巨厚的层状石灰岩、白云岩，泥灰岩矿床，确切地说它们是介于蒸发作用和沉积作用之间或谓联合作用形成的矿床。除此之外，一些介于机械沉积和化学沉积之间的各类黏土岩—高岭石黏土岩、伊利石黏土岩、蒙脱石黏土岩、水铝石黏土岩等矿床，也都属于这一成矿领域。因此，认识这类矿床的特点、成矿作用，乃至剖析不同的矿床类型，就显得十分重要。

(二)矿床特征

1. **成矿于大地构造运动后的海进序列底部**

沉积矿床成矿作用的起因，首先决定于地球自身的矛盾运动。一次大的地壳运动，不仅形成了地壳表面的隆起区和凹陷区，也导致了剥蚀搬运和沉积的区间及场所，还可以将地下深部的岩石翻卷上来，为成矿作用带来更多的成矿物质。大量的矿床研究成果显示，一次大的成矿作用，大都形成于一次区域性大地构造运动之后，即地壳运动由强到弱的海进序列的沉积旋回的底部。如熊耳运动(1 350 Ma)结束了豫西熊耳期大规模火山喷发的历史，在熊耳火山岛弧的南北，分别形成了弧前、弧后的碳酸盐盆地，在盆地中分别形成了石灰岩、白云岩、海绿石砂岩、沉积磷块岩(含铁)、伊利石黏土岩矿床。又如加里东运动(3.75 Ma)造成了华北地台的全面隆起，形成了自上奥陶世到下石炭世的古陆风化壳，致使后来中石炭世海侵，在海进序列中形成了以铁铝层为主的铝土矿(高铝黏土)、耐火黏土、高岭石和伊利石黏土、沉积型黄铁矿等一系列的非金属和农用沉积矿产。

2. **形成了层位稳定的层状矿体**

由以上海进序列所形成的一些矿床，常产于一定时代的沉积岩系或火山沉积岩系中，具特定的沉积层位和由单层组成沉积序列。这些矿层实际上是化学或胶体、生物化学沉积地层的一部分，岩性和层序具有由含碎屑的化学岩(如泥灰岩)—化学岩、生物化学岩(如质纯的石灰岩)—具蒸发岩+碎屑岩的完整的沉积旋回特征，多具地层标志层属性，可以用做地层对比，甚至这种成矿序列在成矿时代上也有明显的标志。例如，寒武系石灰岩层序中的鲕状灰岩、豆鲕状灰岩，奥陶系灰岩层序中的豹皮灰岩、硅藻土等。

3. **矿体形态特征以层形为主**

矿体形状多为层状和扁豆状，产状与沉积岩层一致，这些不同形态的矿层排列方式，既反映出明显的古地理关系，也反映出与古气候的关系。形成于海侵系列的矿床，矿层位于海侵岩系的底部，由其组成层状和扁豆状矿体，向深海一侧作叠瓦状淹覆，岩相类型简单，以磷灰岩矿床为代表(见图 4-2)。另以铝土矿和黏土矿为代表，形成矿体不仅具有垂向旋回特征,而且在横向上表现了对下伏石灰岩凹凸不平古侵蚀面均衡代偿的填平补齐作用,或者是高铝耐火黏土(铝土矿)和耐火黏土的有规律的替代关系(见图4-3)。

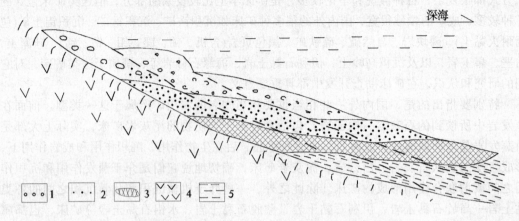

1—砾岩; 2—砂岩; 3—黏土岩; 4—火山岩; 5—叠瓦状磷块岩

图4-2 伊川石梯磷矿的叠瓦状沉积构造

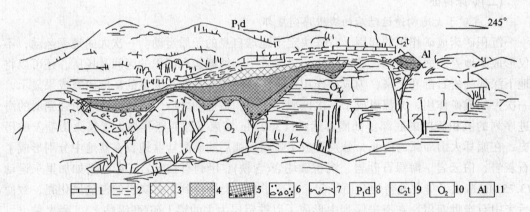

1—石炭系太原统生物灰岩; 2—耐火黏土; 3—块状铝土矿; 4—鲕状铝土矿; 5—含铝赤铁矿、铁矾土;
6—矿渣; 7—不整合面; 8—大占砂岩; 9—太原统; 10—中奥陶统; 11—铝土矿层

图4-3 新安青石岭铝土矿分布与中奥陶统顶部古洼地素描

形成于海退系列的矿床,则表现为与前者相反的叠瓦关系,并以蒸发岩的出现而结束,一些地区的白云岩矿床即属其例,而大部分白云岩矿床与石膏伴生。

4. 矿石结构构造特征

矿石结构一般为鲕状、豆状、肾状、结核状、致密块状、花斑状、豹皮状以及生物礁状、竹叶状、假角砾状等,由此形成了薄层状、厚层状、透镜状、棱角状、交错层状等不同的层状体,为化学沉积岩和生物化学沉积岩特有的结构构造。其中鲕状、豆鲕状、肾状结构尤具典型性,前者不仅见于赤铁矿、硬锰矿、铝土矿等金属矿产,也见于磷块岩、石灰岩、白云岩等农用矿产,尤其在石灰岩、白云岩包括一些黏土岩矿床中的这类结构非常普遍。鲕状的形态结构、矿物组合又往往相当复杂,包括正常鲕、薄皮鲕、偏心鲕、假鲕、变形鲕等,鲕粒构造常与生物碎屑(如生物骨粒)及生物礁伴生,反映了这种岩石是在动荡的水体或在豆、鲕粒沉落于海底软泥中经生物和成岩化学作用形成的，这种结构成为这类矿床的独特特征，并成为矿层对比的一种标志。

5. 分布广、规模巨大

该类矿床之所以分布广，一是它的成矿时代与地球表面适于成矿沉积的水体环境的形成和地球上早期生物的繁衍有关。最早的碳酸盐类形成于晚太古宇，而大规模的化学、生物化学类矿床形成于中元古代，在我国则为晋宁或吕梁运动之后；二是矿床不仅形成于海相环境，也形成于陆相环境，不仅是化学作用，而且还有生物作用。该类矿床之所以能够形成大的矿床，是因为它们与大地构造、古地理、古气候乃至生物的繁衍有着密切的联系，并作为一种特定的地质环境下的特定沉积相而存在，所以由此形成的矿床往往不是孤立的，而多是以大的成矿区存在，由此也显示其巨大的工业价值和经济意义。

由于成矿的物质来源和成矿的方式不同，一些纯粹由有机物源和生物作用形成的矿产如煤、石煤、油页岩、石油、天然气类矿产划归能源类沉积矿产，包括与这类矿床伴生的泥炭、腐质煤以及沉积高岭土、伊利石黏土、陶瓷黏土、结核状自然硫、沉积黄铁矿床在内，它们都不同程度地表现了以上的矿床特征，因此也将这些农用矿床归于化学、生物化学类沉积矿床，对它们的成矿作用也将同时进行探讨。

(三)成矿作用

成矿作用的探讨，是对矿床特征的理性认识，加强这种理性认识是研究这类矿床成矿规律、指导勘查和找矿工作最重要的内容，主要探讨以下4个方面内容。

1. 成矿物质来源

成矿物质来源有陆源、海底火山喷发来源(或岩浆来源)及宇宙来源三种，其中大陆风化物是主要来源。大陆地表的岩石类型很多，有火成岩、沉积岩，也有变质岩，这些岩石在经受风化(包括物理风化和化学风化)之后，就能为成矿作用提供丰富的成矿物质，并呈自然分散流状态被水搬运到低洼地带沉积下来形成矿床。因此，任何一类沉积矿床的形成，都有着特定的物质来源。

以华北地区广泛分布的寒武系、奥陶系古侵蚀面上的铝土矿、耐火黏土和山西式铁矿为例，其物质来源的探讨就一直是各家探索的问题。占统治地位的说法是来自古陆风化壳论，认为铁、铝物质是由古老片麻岩中角闪石、云母、长石类矿物风化分解而来，但实际上一些铝土矿床分布区距结晶片麻岩系的古大陆甚远，因此难以自圆其说。另一种说法是来自下伏寒武系、奥陶系石灰岩的风化物，但从这类岩石的化学成分分析，这个地层中不可能提供如此多的铁铝质。还有一种说法是源于奥陶纪、石炭纪的海底火山提供的硅酸盐类，而这方面的争论也不少。

成矿物质是该类矿床形成的基础，成矿物质来源是成矿规律研究首先要解决的问题，因为只有丰富的物质来源才能形成大的矿床。另外要说明的是，不同矿种需要不同的物质条件，而不同的物质条件，不仅决定于古陆地区的岩石性质，也决定于风化的程度和当时的地形、气候和生物条件，一般而言风化最强烈的地区是处于地形平坦、气候温湿和植物繁茂的地区。

2. 成矿物质的搬运

古陆地区经风化作用分解了的岩石，以机械悬浮物、溶于水的化学离子和不溶于水的胶体状态进入天然溶液中进行搬运迁移，其搬运形式有地表径流说和陆源汲取说两种看法。

地表径流说中的河流是风化物的主要搬运者，搬运的形式主要是细粒悬浮物或胶体溶液，胶体是一种细分散的微粒质点，介于粗分散系的碎屑物质与离子分散的真溶液之间，属二相系统。胶体溶液形成于岩石的化学风化、生物活动、水化、水解作用或机械作用等各种因素，胶体的所有质点都带有同一电荷，有较大的比表面积，不溶于水，在腐殖质的护胶作用下，能够长距离的搬运。

陆源汲取说是叶连俊(1963)提出的另一假说，这个假说认为海侵之前大陆已经在侵蚀基准面上堆积了含有成矿元素的风化物，这些风化物在海水侵入后经海解作用得到溶解，使海水中充满了含矿物质，当这些海水被封闭在泻湖、沼泽环境时，含矿物质沉淀下来，形成了矿床。陆源汲取说比较合理地解释了寒武系、奥陶系顶部不整合面之上依次形成的褐铁矿、结核状黄铁矿、铝土矿、耐火黏土、煤以及煤层顶、底板和其夹层中的沉积高岭土矿产的形成。

3. 成矿物质的沉积分异作用

成矿物质是怎样从溶液中沉淀下来，主要是化学作用和机械作用、吸附作用、生物作用以及 pH、Eh 值影响这四种作用。

化学作用和机械作用主要是通过胶体的凝聚作用或碎屑悬浮的机械作用而完成的。这里的机械作用包括物质搬运过程中的重力分异，这种分异一般在静止的水体中最彻底。化学作用主要是引起分散质点电性中和的凝聚作用，它包括胶体溶液中离子溶液(电解质)的加入，不同电性胶体相遇时的中和作用以及围岩介质的作用或胶体溶液自身的凝聚作用等。自然界的条件千变万化，任何一种胶体都是不能永恒存在的。

生物作用是促进沉积分异作用的另一种因素。生物可汲取液体中的有益元素在体内浓集，这些生物大量繁衍，它们死亡后大量遗体堆积而成为矿体，如植物和一些动物可以使碳和碳氢化合物富集形成煤、石油、泥炭及油页岩等可燃矿产，海生底栖生物可以将海水中的钙、镁形成白垩或介壳灰岩，生物中的硅藻对 SiO_2 的浓集形成了硅藻土，而一些生物对磷的富集又可以形成磷块岩和鸟粪层。

吸附作用主要是有机质胶体、黏土质胶体、二氧化硅溶胶等的成矿作用。由于胶体有较大的比表面积，胶体的吸附作用也显得特别重要。一些存在于溶液中分散的有益元素，可以通过胶体的吸附富集作用达工业品位而成为矿床，如沥青质炭质页岩或石煤中的钒、铀、镍、钼、钴、锰、铜、铅、锌、金、银，铝土岩中的镓、锂等都由黏土吸附作用得到富集形成矿床或达综合利用要求，大大提高了这些岩石的综合利用价值。

关于 pH、Eh 值对沉积分异的影响，主要取决于溶解于水的二氧化碳和氧的含量，一般与海水的深度和离岸的距离有关，一些化学和生物化学沉积矿床主要形成于大陆边缘的浅海地带，主要是这个原因。另外由于受 pH、Eh 值的控制，也出现了距岸远近不同环境内的不同矿物组合。

4. 成岩作用

由上述成矿物质的分异作用所形成的沉积物的初始阶段为软泥状，由软泥经过压缩固化的阶段所发生的物理化学作用即成岩作用。成岩作用是一个复杂的机械过程和物理化学过程，它不仅可使某种矿物由非晶质变成晶质，由细粒变为粗粒，或使不稳定的矿物变成稳定矿物，如将文石变成方解石，完成碳酸盐岩的成岩作用，将蛋白石变成玉髓，形成碧玉岩，再进一步形成石英岩，或将白铁矿变成黄铁矿等，成岩过程中发生的最重要的地质作用是随深度的加大，Eh 值迅速下降，pH 值升高，由氧化环境转变为还原环境，一些厌氧细菌大量繁殖，高价阳离子在还原条件下变为低价阳离子，形成了金属的碳酸盐，如菱铁矿、菱锰矿、含铁磷块岩、蓝铁矿和沉积黄铁矿等硫化物。特定的成岩环境形成了特定的岩石结构(鲕状、豆鲕状、肾状、结核状等)，属于这类矿床标志性的结构形态，代表着成岩作用时物质再分配的结果，也反映了成岩时软泥中复杂的地质作用。

(四)洛阳的化学和生物化学类沉积型农用矿产

洛阳因特殊的大地构造和地史条件，是化学和生物化学类沉积型农用矿产比较丰富的地区，除了前面讲的与这种成因有关的石灰岩、白云岩矿床外，还有含铁磷块岩、含钾砂页岩(伊利石黏土岩)、石煤(炭质泥板岩)、沉积黄铁矿、黏土、煤系沉积高岭土、高岭石、白垩等，现对其简介如下。

1. 含钾砂页岩

该矿种赋存层位为中元古界汝阳群北大尖组二、三段和洛峪群崔庄组。北大尖组岩性下部为粗—细粒石英砂岩、粉砂岩、页岩与长石石英砂岩互层，砂岩中含海绿石，上部为肉红色、黄白色厚层白云岩，夹中细粒石英砂岩、页岩，含伊利石。崔庄组下部为灰白—肉红色砂岩、页岩互层，中为灰黑、黄绿色钙质页岩，上部为灰、绿、紫红等杂色黏土岩，为含钾岩石的主要层位。该套地层在洛阳北部的新安、宜阳、偃师、伊川、汝阳及嵩县都有分布，据各地样品分析，含 SiO_2 60.26%、Al_2O_3 15.7% ~ 17.71%、Fe_2O_3 3.14% ~ 4.14%、TiO_2 0.73% ~ 0.69%、K_2O 8.66% ~ 9.04%、Na_2O 0.17% ~ 0.21%，全区 K_2O 含量一般在 7.6% ~ 10.7%变化，最高达 16.54%(伊川田院)，组成岩石主要为伊利石。

除以上两个层位外，还有一个含钾地层为震旦系罗圈组，含钾层位于罗圈组冰碛层的上部，岩性为灰白、灰绿色泥岩，呈肥皂状蜡质光泽，质细而有滑感，含 K_2O 7.46% ~ 7.7%，成分为伊利石，含量大于 50%，目前发现的这一含矿层位主要分布在宜阳、伊川和汝阳一带，厚度几米到十几米，但层位比较稳定。

2. 沉积高岭土

据中国地质科学院郑直对内蒙古清水河石炭—二叠纪煤系地层的研究，仅此一段地层，有关的沉积矿产已达到 10 余种之多，其中沉积高岭土有数层。洛阳各地现发现的沉积高岭土主要是以下几个层位，但矿石质量各地变化较大。

(1)铁质黏土岩：位于本溪统底部，与寒武—奥陶系顶部的古侵蚀面有关，多见于岩溶凹坑和溶洞之中，由黄铁和菱铁高岭石组成，俗称"羊坩土"。成分为埃洛石。

(2)硬质和软质铝土矿：与 G 层铝土矿同处一个层位，二者互相消长变化，多见于铝矿顶板，高岭石黏土呈褐灰色(俗称焦宝石)，高岭石含量为 85% ~ 90%。

(3)高岭石黏土岩(或杂色黏土岩)：位于二叠系山西组二₁煤的顶、底板，岩性为灰黑色炭质泥岩，黑色，灰黑色，条痕棕灰色，光泽暗淡，块状构造，似砂状结构，比重 2.5，硬度大于 3，无吸水性和可塑性，称硬质高岭岩。

(4)高岭石黏土岩：位于山西组香炭砂岩顶部，俗称小紫斑泥岩，有粉砂岩、斑块状含菱铁泥岩，夹 5 层炭质页岩，炭质页岩为高岭石成分，含 Al_2O_3 37.45%、SiO_2 46.03%、Fe_2O_3 0.70%、TiO_2 0.43%，灼减 12.05%。俗称木节土。宜阳一些瓷厂对之开采利用。

(5)硬质高岭土：位于砂窝窑砂岩之上、大紫泥岩之下，岩性为紫红、杏黄、灰绿、青灰色泥质粉砂岩,夹灰色致密状泥岩、灰黑色页岩,紫红色夹杂色紫斑泥岩和泥灰岩。高岭土呈灰、绿、土褐色,细腻致密,风化后呈坩子状,为目前发现的优质矿石,厚 2~4m,以伊川半坡白窑为代表。

(6)高岭石黏土岩:位于四煤底砂岩之上,属四煤组,围岩岩性为灰白色,灰色,淡黄色页岩,夹煤线和碳质页岩,含有植物化石。高岭土含于碳质页岩中,厚 3~4m,区域中与四$_3$煤伴生。汝州瓷厂所用的"风穴土"来自这一层位。

3. 石煤—碳质泥岩

该矿种赋存于新元古界栾川群煤窑沟组上段的中下部,组成旋回自下而上为含磁铁石英岩—磁铁二云片岩、千枚岩、片岩与含碳大理岩互层,顶部夹 1~2 层石煤,夹于含碳大理岩中,顶底板为千枚状碳质页岩,总厚 20~30m,主要成分为 30%~50% 的碳质,15% 的碳质黏土岩,15% 的石英,相当数量的黄铁矿、白铁矿、绢云母。因有机质含量变化大,灰分含量>60%,发热量 800~3100kcal/kg,以往多作为民用燃料,属高污染的劣质能源,但灰分中普遍含钒、铀、镓、锗、钇、镱等有益元素,栾川石煤经专家预算,有益元素的潜在经济价值为作燃料经济价值的 7 倍。考虑石煤中碳和灰分的含量变化较大,而含碳较低不能用做燃料者又占相当大的比例,故应称其为炭质泥岩。

4. 白垩(湖相泥灰岩)

该矿种产于古近系地层,分布于大章、潭头、嵩县、伊川及洛宁、宜阳及洛阳盆地中。下部层位为古近系蟒川组上部,为白色、灰白色厚层泥灰岩,底部含绿色泥质斑点,以洛宁兴华董寺为代表。

第四节　变质矿床

一、概念、分类、范畴

由内生或外生作用形成的岩石或矿床,由于受到构造运动、岩浆活动或地壳内热流值的变化等内动力的影响,经受变质作用,改变了它们原来的形态、结构、构造,其矿物成分和化学成分也随之得到改造或活化转移,有用矿物进一步富集,其物理、化学性质也得到改变,由此种作用形成的矿床称变质矿床。其中,经变质作用后,还未根本改变原有矿床性质的称受变质矿床,有关的矿床如铁、锰、黄铁矿、磷、钒、铀等,以鞍山式铁矿、宿松式磷矿为代表。另一种是经受变质作用后,生成具有新的工业价值的矿床,这类矿床称变质生成矿床,亦称变成矿床。如煤变质为石墨,黏土岩变质为红柱石、蓝晶石、夕线石、刚玉,石灰岩变为大理岩,火山灰变为石榴子石、透辉石。以山东南墅石墨和南阳"三石"矿床(红柱石、蓝晶石、夕线石)为代表,形成这些变质矿床的地质作用称变质成矿作用。很多重要的农用矿产属于变质矿床。

根据不同的变质作用,按照变质矿床产生的地质环境以及形成变质矿床的方式,分别划分为接触变质矿床、区域变质矿床和混合岩化变质矿床三大类,各种矿床的特征将在后文进一步阐述。应该强调的是,每一种成矿作用都形成于特定的地质环境,而每一种地质环境内又有多种成矿作用相互联系着。如岩浆活动的热能促使围岩发生热变质作用,形成接触变质矿床。岩浆活动受构造岩浆活动带的控制,在活动带内构造动能转化为热能,随热流值升高而发生区域变质作用，形成区域变质矿床。在区域变质带中，当高温高压达一定限度时，被重熔的固体岩石还可产生重熔岩浆，使之发生超变质作用，形成混合岩化矿床。

由此可知，变质作用是地壳及其演化过程中的一种地质现象。在地壳形成早期的前寒武纪变质岩分布区具有区域性和普遍性，在地壳形成以后的时期，主要局限于大的地槽带中，其分布的范围也具有相当规模。因此，由各种变质成矿作用所形成的变质矿床，不仅矿种多、分布广而且规模大，无论在矿业领域，还是在国民经济建设中，都占有相当重要的地位。国内外一些知名的规模达数十亿、数百亿吨的铁矿床，如苏联的克里沃洛格铁矿、库尔斯克铁矿，美国的苏必利尔湖铁矿、巴西的卡拉贾斯铁矿、米纳斯吉那斯铁矿，澳大利亚的哈默斯利铁矿，加拿大的阿尔戈乌型铁矿，瑞典的基鲁那铁矿，中国辽宁的弓长岭铁矿，冀东迁安铁矿以及内蒙古土贵乌拉白云母矿，辽宁大石桥菱镁矿、滑石矿，安徽宿松的磷灰石矿等都属于这种变质类型。

二、变质矿床的类型及特点

(一)接触变质矿床

由岩浆侵入而引起的围岩温度增高所产生的变质作用称接触变质作用。接触变质作用的时代与岩浆岩的时代一致，伴生在构造岩浆旋回，分布在构造岩浆活动带中，主要变质作用为围岩的烘烤脱水角岩化，重结晶或重组合作用，生成的变质矿床包括石墨、大理石、红柱石等，它和前面谈到的接触交代或矽卡岩型矿床的不同之处是不发生物质之间的双交代和置换作用，实际上自然界的这两类矿床往往是共生在一起而不易截然分开的。

接触变质矿床的特点：一是矿床常与富含挥发分的酸性、中酸性侵入岩有关，矿体产于岩浆岩和围岩的接触带中，以重结晶成矿作用为主；二是受岩浆岩外围的热力圈大小和由近及远的热力消耗，形成明显的结晶分带，以大理岩为例，内圈为粗晶大理岩，次第为细晶大理岩，外部为石灰岩；三是随岩石的重结晶，特别是压力的变化、挥发分的参与，受变质岩石的矿物成分、结构构造也产生变化。

影响接触变质作用的因素很多，包括围岩的原始成分，围岩的物理化学性质，侵入体的岩性、规模、形态，接触带的深度，接触带及围岩的产状等，这些因素中除了侵入体的热源外，围岩的物质成分及物理化学性质起着决定作用，原始成分不同的围岩受变质后形成不同矿床，而围岩的理化性质，如硬度、脆性、导热性，特别是后者，对矿床的形成有着重大意义，如石灰岩容易变质，而泥质灰岩不易变质，未变质过的岩石容易变质，变质过的岩石不易变质。

由接触变质作用形成的矿产主要是非金属矿产，部分农用矿产，如大理岩、金云母及红柱石、蓝晶石、夕线石等。由于受热力条件不同，石墨有隐晶质和晶质之分，晶质有大鳞片和一般鳞片之分，大理岩有结晶程度、透光度、光泽度之别，它们的工艺技术、应用性能和经济价值也有巨大差别。

(二)区域变质矿床

区域变质矿床是矿床中最重要的一个类型。前面列举的国内外一些大型变质矿床都属于这种类型。这种成矿作用是在广大地区内，受区域构造运动的影响，在高温高压并有水汽溶液的参与下，使原来的矿物和岩石经受改造与改组。区域变质矿床的特点是分布广、矿种多、规模大，主要决定于以上三大因素。

(1)成矿时代跨度长。在区域变质矿床中，最具代表性的是前寒武纪(太古宙、元古宙)的一些大型沉积变质、火山沉积变质及岩浆矿床变质后形成的大型铁矿，铁的物质来源除了岩浆来源外，主要是风化了的铁镁质地壳，丰富的成矿物质来源和经历了漫长时期的地质运动及成矿作用，能够形成巨大规模的矿床。例如在冀东铁矿区获得的最老的同位素年龄为36亿年(是前寒武纪地层研究获得的最老年龄值)，延至结晶基底上第一个盖层的形成(熊耳运动，1850 Ma)，即初期地台的形成，这种区域变质成矿作用在全球范围内已延续了18亿年之久。地壳中的铁元素经历了由分散—聚集的多次循环，最后随地球不同部位一些早期地台的形成，成矿作用缩小在全球性的区域构造变质成矿带中，在这里形成了上述一些巨大规模的沉积变质铁矿床。

(2)成矿的空间大。所谓成矿空间大是这种成矿作用分布的全球性，并与地壳的发展阶段密切联系着。早期形成的变质铁矿，为铁镁质片麻岩系的一个组成部分，颗粒较粗大，以磁铁矿为主，比较均匀地分布在片麻岩中，虽然铁的品位较低(TFe为19%左右)，但易采、易选，且规模大。这类矿床代表地壳形成早期，以铁镁质火山岩为主的成矿作用，以辽宁弓长岭和鞍山樱桃园铁矿为代表的"鞍山式"铁矿其主要特征是代表水下沉积特征的条带状磁铁石英岩的出现，同位素年龄18亿~20亿年，相当早元古宙末期。说明当时的地表已形成三角洲相的以石英碎屑为代表的陆源沉积物，地壳已有了比较稳定的海陆分界。以此启示，当含矿岩系中有了碳酸岩和有机岩的出现如白云石、菱镁矿、滑石等矿产的形成时，不仅能说明海相环境的扩大、地壳的稳定性增大，而且说明生命的繁衍已具相当的规模。所以说这类矿床的成矿空间大，不仅是全球性的，而且与地壳发展演化、生命发展演化密切联系着。

(3)成矿物质丰富。所言成矿物质丰富，是这类矿床与原岩建造密切联系着，或者说它们本身就是一种原岩建造，包括含矿沉积岩、古火山岩、火山沉积岩及岩浆岩的原岩建造等，虽然在变质过程中已有矿物、岩石得到改造，矿石结构、构造得到改变，使矿石的矿物成分、化学成分变得复杂化，但仍然保留原来矿床的一些建造特征。比如沉积变质铁矿，首先是地层中的含铁碎屑组合，它们不仅有沉积岩的韵律、沉积岩的层序，乃至沉积地层的形象，而且又因它们本身是地层的一部分，所以也就具有沉积地层的规模、形态和产状。另如火山—沉积变质矿床，成矿物质包括了内生岩浆和外生沉积的两种物源，成矿物质更加丰富，至于变质了的岩浆矿床，则又包括了大部分与岩浆岩有关的内生矿床。这种成矿物质的多元性，构成了成矿空间的广泛性，也是任何一种成矿作用所不能比拟的，所以在国内外各地，古老结晶地块分布区大都能发现这类大小不等的变质矿床，尤其是变质铁矿。

(三)混合岩化矿床

混合岩化矿床，是区域变质发展到高级阶段(重熔岩浆阶段)的产物，由于广泛而强烈的交代作用，使有用成矿物质富集而形成的一种矿床。成矿过程分为主期交代阶段和中晚期热液交代阶段。主期交代阶段首先是新生的长英质岩浆的热效应促使变质岩中已有硅酸盐矿物的重结晶，在含矿建造中促成云母、磷灰石等农用矿物粒度加大并得以富集，在有些地区形成与混合伟晶岩有关的白云母、绿柱石、独居石、铌钽铁矿、磷灰石等伟晶岩型矿床，主期的交代作用还促使一部分硅酸岩矿物与水等挥发分发生反应，生成含水硅酸盐类新矿物。其中的碱交代所形成的钾长石化。中晚期的热液交代阶段，主要是发生围岩蚀变，热液中的有用组分如 Fe、Mg、Ca 参加交代，可以对原矿加富，如贫铁矿中形成富矿结(辽宁弓长岭、鞍山樱桃园)，也可以使白云岩形成滑石矿、菱镁矿等。一些微量元素丰度很高的混合花岗岩型麦饭石矿床也与这种作用有关。

混合岩化矿床的特点是矿床的区域性分布和含矿建造的分布基本一致，矿床基本位于含矿建造之内，并与混合杂岩带伴生，经常在混合岩带的杂岩体的某个部位形成不太规则、一般为透镜状或梭状的矿体，受混合岩化时期的构造控制，矿体中矿石和变质矿物组合与变质作用阶段或混合岩化的主体阶段形成的矿物组合相似，而且不同阶段的矿物组合重复出现，反映了成矿作用与混合岩化作用的相关性和同步性。除此之外，混合岩化矿床大都与长英质脉体的多次穿入与复杂的柔性褶皱相联系，经受构造和重熔岩浆改造的矿床，往往不易恢复它们真正的面貌，所以在大部分矿床成因类型方面多是有争议的。

三、变质矿床与变质作用的几个特性

(一)各种变质作用在固相条件下进行

变质矿床成矿条件特殊性之一，是成矿作用大都不在液态中进行，而是在固态条件下，经脱水作用、重结晶作用、还原作用、重组合作用，或矿物成分、化学成分之间的固体扩散、离子交换以及变质热液之间局部的交代作用而完成的。如经脱水作用后，铁矿、铁的氢氧化物变为赤铁矿和磁铁矿，经重结晶作用，石灰岩变为大理岩，煤变为石墨；经还原作用使高价氧化物变为低价氧化物，赤铁矿变为磁铁矿；经重组合作用使黏土岩变为红柱石、夕线石、蓝晶石和刚玉等。这种变质作用的另一种特点是在矿物成分和化学成分发生变化时，岩石结构和构造随之发生变化，一般表现为三种情况：①在以动力为主的浅变质条件下，首先产生矿物的定向排列，形成由千枚状、板状、糜棱状构造为主体的动力变质带，但不发生重结晶作用；②在以热力、热动力为主的较深度变质作用中，定向压力继续产生劈理、破碎或褶皱，而热力则促使在破碎带中产生矿物的重结晶，形成如花岗变晶结构、斑状变晶结构、鳞片变晶结构、纤维状结构等不同结构，所呈现的主要构造为片理状、片麻状、条带状构造，在有区域断裂构造参与的韧性剪切带中形成眼球状构造、旋转碎斑系，在褶皱带中又常伴随着复杂的柔皱性构造；③当变质汽水溶液增多，即变质作用的高级阶段，还形成由各种长英质脉体穿插的条痕状、条带状、石香肠状构造等。

经受以上各种作用所形成的变质矿床的形态，一方面决定于变质矿床原来的含矿建造，一般是变质的沉积矿床矿体形态比较规则，矿体产状相对稳定，变质的岩浆矿床，矿体形态比原来更加复杂，变质的火山—沉积矿床介于二者之间；另一方面，决定矿床形态是变质矿床的成因类型，相对而言，以脱水作用、重结晶作用为主的接触变质矿床，不发生大的变形，矿体形态比较简单；而混合岩化矿床因热流体和气液交代作用的参加，塑性变形叠加，矿体形态复杂。

(二)变质作用的外因通过内因起作用

变质作用的外部因素主要是温度、压力、气液流体作用，这些外部因素是促进变质作用进行的外部条件。变质作用的内部因素很多，主要是原岩形成的性质，包括它们的矿物成分、化学成分、矿物的晶格类型、结晶格架中的离子密度，以及岩石和矿石的结构、构造、热容量、导热性等都属于变质作用的内部因素，在变质过程中，外因是变质的条件，内因是变质的根据，外因内因缺一不可，但内因起着主导作用。

首先说温度，随温度的升高，首先是原岩发生重结晶，继而产生汽水溶液，在汽水溶液参与下，一些有用成分聚集，出现变质分异，如在热流值较高地区，首先是钾钠类元素开始活跃产生交代作用，或重熔部分围岩，形成长英质脉体或变质伟晶岩脉，进而随温度的升高发生混合岩化。由温度变化所产生的变质作用主要是外观形象和工艺性能的改变，而不改变原岩的化学成分和建造性质，所谓"万变不离其宗"，由温度引起的这种变质起到的仅是改组和重组的作用。

其次说压力，随埋藏深度的增加，首先是上覆岩层静压力的加大，另外由于褶皱、断层、地体之间的作用，又产生了侧向压力、静压力、动压力，加上温度的联合作用下，也同样产生出新的矿物，如黏土岩在高温中压时变为红柱石($Al_2[SiO_4]O$)，在高压中温时变为蓝晶石($Al_2[SiO_4]O$)，在高温高压下变为夕线石($Al[AlSiO_5]O$)。可见压力改变了铝、硅、氧元素的组合方式，即形成同质异相矿物，也是内因起了本质作用。

水、挥发分是参与变质作用的另一外部因素，它们来自原岩的脱水作用，也来自地下深部，在变质过程中它们主要起着助媒或矿化剂作用，随变质作用的持续进行，水、二氧化碳、氟、氮、氯等都可不同程度地参与矿物中，生成白云母、绢云母、蛭石、滑石、蛇纹石、叶蜡石、绿帘石等含水硅酸盐类变质矿物或矿床，由于挥发分的加入，还为原始矿物增加了新的性能，形成一大批重要的农用矿产。

(三)变质矿床的形成深度

自然界中除了火山口、火山颈处产生的烘烤变质外，地表常温常压的外生条件下不能形成变质作用，因为这里不能提供变质作用必需的一定温度和压力。理论和实验研究成果表明，区域变质作用最低的温度界限范围是 450 ~ 500 ℃(高岭土的稳定范围)，从低温向中温转变的温度是 600 ℃(绿泥石消失)，当温度升到 700 ~ 750 ℃时，则由中温向高温过渡(白云母的稳定曲线)，上限温度根据辉石和紫苏辉石共生现象，确定为 900 ~ 950 ℃。温度更高时，就会出现大量重熔现象。

四、关于洛阳的变质矿床

洛阳地区的北部，比较广泛地分布着太古界的登封群、太华群以及早元古界嵩山群结晶岩系，跨越的地质时期较长，包括混合岩化的高级变质阶段在内，各种成矿作用发育充分，可以形成多种变质矿床。中南部地区除分布有古老岩系外，主要是不同时代岩浆活动的地区，除了区域变质作用外，又发育了与中生代岩浆侵入作用有关的接触变质，矿床类型更为丰富。最南部的地槽褶皱带，在以上两种变质作用的基础上，又增加了动力变质，强烈的地质形变，增加了地质复杂性。因此，洛阳地区可谓是变质岩、变质成矿作用比较发育的地区，不仅形成了一些相关的变质矿床，而且也是具有变质矿床找矿前景的地区，研究和寻找本区的变质矿床，特别是农用类变质矿床有重要意义。

洛阳地区的农用类变质矿床地质勘查工作程度较低，包括一些相关矿点信息，其中钾长石、磷灰石、滑石、蛭石、蛇纹石、硅灰石、伊利石、云母等都可列入重要的农用矿产，由花岗岩风化、可开发多元微肥的麦饭石，都源自混合岩化—陆壳重熔形成的花岗岩浆。

第五章 洛阳农用矿产分类及特征

第一节 洛阳矿产资源总论

洛阳因处特殊的大地构造位置，各种地质作用发育充分，形成了丰富的矿产资源。几十年来的地质工作查明，洛阳已知能源、金属、农用、水资源四大矿种，含亚矿种和再生资源矿种在内，共计 106 种，矿产地 1214 处以上，包括大型矿床 57 处，中型矿床 81 处，小型矿床 188 处，各类矿点、矿化点 888 处，各类矿种如下：

能源矿产：煤、石煤、石油、油页岩、煤层气、地热(井、泉)等。

金属矿产：黑色金属(铁、锰、锰铁、铬、钛、钒)。

有色金属：铜、铅、锌、铅锌、铝、镍、钼、钨、钴。

贵金属：金、银、伴生金。

稀有、稀散、稀土金属：镉、镓、铟、钇、锂、铼、锗。

非金属矿产：石灰岩 (水泥灰岩、制灰灰岩、石料灰岩)、黏土 (水泥黏土、陶粒黏土、砖瓦黏土)、玄武岩、玄武质浮石岩、辉绿岩、花岗石(板材、石材)、大理石(板材、石材)、酸性凝灰岩、石膏、河床砂砾、电厂粉煤灰、硅石 (石英岩、石英砂岩、脉石英)、钾长石、钠长石、文象岩、碱性岩(钾)、钠长花岗岩、伊利石、硅灰石、透辉石、陶瓷黏土、紫砂瓷土、绿高岭石、煤矸石、耐火黏土、萤石、石墨、云母、石棉、水晶、熔炼石英、白云岩、熔剂灰岩、耐火红砂岩、石榴子石、天然油石、高岭土、煤系高岭土、脉状方解石、白垩或淋滤碳酸钙、伊利石黏土岩、滑石、碎云母、重晶石、磷块岩、磷灰石、含钾砂页岩、黄铁矿、铝氧灰岩、蛇纹岩、蛭石、沸石、盐、腐殖煤、麦饭石、洛阳牡丹石、梅花玉、吉祥玉、竹叶石、羊脂玉、伊源玉、观赏石、印章石、砚石等。

水资源：小型水源地、泉、矿泉、地下水。

各类矿产的数量、规模、地质工作程度及主要分布见表 5-1。

表 5-1 洛阳地区矿产资源统计

矿产种类		数量	矿床规模				地质工作程度				主要分布地区
			大型	中型	小型	矿(化)点	勘探	详查	普查	预查	
能源矿产	煤(井田)	44	2	7	32	3	3	20	19	2	新安、偃师、伊川、宜阳、汝阳、孟津
	石煤	7				7				7	栾川
	石油	2			1	1		1	1		伊川、宜阳
	油页岩	2			1	1			1	1	栾川、伊川
	煤层气	4				4				4	伊川、新安、偃师、宜阳
	地热(井、泉)	7			1	6			1	6	洛阳、伊川、新安、嵩县、栾川

续表 5-1

矿产种类			数量	矿床规模				地质工作程度				主要分布地区
				大型	中型	小型	矿(化)点	勘探	详查	普查	预查	
金属矿产	黑色金属	铁	69		3	16	50	5	7	16	41	新安、栾川、汝阳、宜阳、伊川
		锰	5			1	4			1	4	宜阳、洛宁、栾川
		锰铁	6				6			1	5	汝阳、宜阳
		铬	1				1			1		宜阳
		钛	1				1	1				偃师
		钒(伴生)	7				7				7	栾川
	有色金属	铜	41			10	31	1	2	6	32	栾川、洛宁、汝阳、宜阳
		铅	63			5	58		1	13	49	洛宁、汝阳、栾川、嵩县、新安
		锌	3		1		2	1		1	1	栾川、洛宁
		铅锌	82	1	4	6	71	1	2	11	68	汝阳、嵩县、栾川、洛宁
		铝	21	2	8	5	6	6	5	7	3	新安、偃师、宜阳、伊川、汝阳
		钼	19	5	2	3	9	3	3	9	4	栾川、嵩县、汝阳、洛宁
		镍	1				1			1		宜阳
		钨	8	2	1	4	1	3	2	3		栾川
		钴	1			1				1		洛宁
	贵金属	金	94	4	14	30	46	9	7	46	32	洛宁、嵩县、栾川、宜阳
		银	14	1	1	1	11	1		3	10	洛宁、栾川
		伴生金	1		1					1		汝阳
	稀有、稀散、稀土金属	镉(伴生)	1		1					1		汝阳
		镓(伴生)	7		5		2	4	2		1	新安、偃师、宜阳
		铟(伴生)	1		1					1		汝阳
		钇(伴生)	4			2	2	1	1	1	1	栾川
		锂(伴生)	1		1					1		新安
		铼(伴生)	2	1	1			1	1			栾川
		锗(煤伴生)	略									煤矸石产地

续表 5-1

矿产种类			数量	矿床规模				地质工作程度				主要分布地区
				大型	中型	小型	矿(化)点	勘探	详查	普查	预查	
非金属矿产	建筑材料	石灰岩 水泥灰岩	27	9	4	1	13	6		1	20	新安、宜阳、伊川、偃师、汝阳、栾川
		制灰灰岩	略									新安、宜阳、伊川、偃师、汝阳、栾川
		石料灰岩	略									新安、宜阳、伊川、偃师、汝阳、栾川
		黏土 水泥黏土	8			4	4	2	2	1	3	新安、宜阳、伊川、偃师、汝阳、栾川
		陶粒黏土岩	4			1	3				4	宜阳、新安、伊川
		砖瓦黏土	66				66				66	
		玄武岩	2	2						1	1	汝阳、伊川
		玄武质浮石岩	3				3			1	2	汝阳、伊川
		辉绿岩(铸石)	2	1			1			1	1	宜阳、伊川
		花岗石(板材)	17	3	3	7	4			13	4	宜阳、洛宁、栾川、偃师
		大理石(板材)	3			1	2			2	1	栾川、嵩县
		酸性凝灰岩	2				2				2	嵩县、汝阳
		石膏	2				2			1	1	宜阳、新安
		河床砂砾	17	1		9	7	1			16	洛河、伊河、汝河
		碎石	13				13				13	
		电厂粉煤灰	略									洛阳、新安、伊川、偃师、宜阳
	玻璃陶瓷原料	硅石 石英岩	2	1			1				2	伊川、偃师
		石英砂岩	8	2	3	1	2	2		1	5	新安、偃师、汝阳、伊川、宜阳
		脉石英	5			3	2				5	宜阳、嵩县
		长石 钾长石	12				12				12	伊川、宜阳、偃师
		钠长石	3				3				3	伊川、偃师
		文象岩	3				3				3	伊川
		碱性岩	3	1			2		1		2	嵩县、栾川
		钠长花岗岩	1	1							1	宜阳
		伊利石	2			1	1			1	1	嵩县
		硅灰石	2			1	1	1			1	栾川
		透辉石	1				1				1	栾川
		陶瓷黏土	3	1	1		1			1	2	宜阳、新安、伊川
		紫砂瓷土	2				2				2	新安、孟津

续表 5-1

矿产种类		数量	矿床规模				地质工作程度				主要分布地区
			大型	中型	小型	矿(化)点	勘探	详查	普查	预查	
非金属矿产	特种工业原料	绿高岭石	3				3				3	伊川、宜阳
		煤矸石	略									各产煤县
		耐火黏土	13	2	4	2	5	5	1	5	2	新安、偃师、伊川
		萤石	28	1	2	14	11	1	15	2	10	嵩县、栾川、汝阳、洛宁
		石墨	3			1	2			2	1	栾川、宜阳
		云母	2				2				2	宜阳、伊川
		石棉	8				8				8	栾川
		水晶	12		1	6	5		3	7	2	栾川、洛宁、宜阳、汝阳、偃师
		熔炼石英	2				2				2	嵩县、宜阳
		白云岩	15	1	2		12			3	12	新安、偃师、宜阳、伊川、栾川
		熔剂灰岩	5		1	4		2			3	新安、偃师、伊川、宜阳
		耐火红砂岩	4	2			2				4	新安、偃师、伊川、宜阳
		石榴子石	2				2				2	栾川、伊川
		天然油石	1				1				1	宜阳
	填料、涂料、颜料	高岭土	1	1						1		嵩县
		煤系高岭土	7				7				7	新安、宜阳、伊川、偃师
		脉状方解石	2				2				2	宜阳
		白垩、淋滤碳酸钙	3	1			2				3	宜阳、伊川、洛宁
		伊利石黏土岩	5		1	1	3				5	宜阳、伊川、汝阳
		滑石	3				3				3	栾川
		碎云母	2				2				2	伊川、栾川
		重晶石	15			2	13				15	宜阳、伊川、嵩县、汝阳、洛宁
	农肥—化工	磷 磷块岩	2		1		1		1		1	伊川、汝阳
		磷 磷灰石	4			2	2			3	1	栾川、嵩县
		含钾砂页岩	7	1	3	3			1	1	5	宜阳、伊川、新安、汝阳
		黄铁矿	18	1	4	2	11	4	2	2	10	新安、汝阳、嵩县、栾川
		铝氧灰岩	2			2		2				新安、偃师
		蛇纹岩	3			2	1		1	1	1	宜阳、洛宁

矿产种类			数量	矿床规模				地质工作程度				主要分布地区
				大型	中型	小型	矿(化)点	勘探	详查	普查	预查	
非金属矿产	农肥—化工	蛭石	9	2			7				8	宜阳、栾川、洛宁
		沸石	2				2				2	宜阳、嵩县
		盐	1				1				1	嵩县
		腐殖煤	略									各产煤县
	人文矿种	麦饭石	1	1						1		伊川
		玉石彩石	洛阳牡丹石	4			1	3			1	3	偃师、伊川
			梅花玉	2		1	1				2	汝阳
			吉祥玉	1			1				1	嵩县
			竹叶石	2			2				2	嵩县
			羊脂玉	1			1				1	嵩县
			栾川伊源玉	1			1				1	栾川
		观赏石	3				3				3	洛阳、新安、嵩县、栾川
		印章石	1				1				1	偃师
		砚石	1				1				1	新安
水资源		小型水源地	4				4				4	宜阳、伊川、新安
		泉	269	4			265				269	洛阳地区各县
		矿泉	7				7	1	5		1	汝阳、伊川、洛宁、新安、偃师
		地下水	略									
合　　计			1 214	57	81	188	888	67	90	465	312	
农用矿产类			334	26	35	65	208	25	40	21	208	

第二节　洛阳农用矿产资源分类

　　分类是依据事物的属性，按照事物之间的差异进行组合，达到认识事物、区别事物的科学方法。在矿产研究和矿产管理工作中，通常按不同的目的进行矿产分类，由此形成了不同的分类方案。在汇集各地农用矿产的应用成果的基础上，本次重点探讨洛阳地区农用矿产的应用分类。

　　应用分类的基础是将形成某一类产业原材料的一种以上的矿物和岩石归纳为一个大类，或称为一个系列，进而按系列包含的应用领域，归纳相关矿种组成一个大类。应用分类已成为科学研究、矿产资源管理、组织地质勘查和矿产开发等工作中的一种思维方式，以形成科学而有序的工作思路。实践证明，这是广泛适用的传统分类方案。依据洛阳地区的资源条件，参照表 3-1 和《洛阳市非金属矿产资源》中的八大应用系列，重温农用矿产的定义，综合研究对比有关资料，形成洛阳农用矿产应用分类（见表 5-2）。

本应用分类，最突出地反映了农用矿"一矿多用、多矿同用、相互代用"的基本特点，能够加深对不断发展着的农用矿产应用领域的认识，揭示现代工业、农业、人类生存与农用矿产的密切联系，展示洛阳地区的农用矿产资源，还可以联系实际工作，加深对洛阳地区农用矿产资源的认识。

表 5-2　洛阳地区农用矿产应用分类

类别	亚类		矿 产 种 类
传统农用矿产	农 肥		天然气、煤、煤矸石、石灰石、磷灰石、磷块岩、含钾页岩(钾长石、钾质碱性岩、含钾砂页岩、伊利石、伊利石黏土岩、海绿石砂岩)、黄铁矿、磁黄铁矿、含钾花岗岩、二长岩、云母
非传统农用矿产	农 肥		炼铁废渣(硅肥)、橄榄岩、蛇纹岩、酸性凝灰岩、麦饭石、粉煤灰、电气石、辉钼矿、闪锌矿、黄铜矿、孔雀石、蓝铜矿、软锰矿、蒙脱石
	饲料添加剂	常量元素	脉状方解石、石灰岩、白云石、磷灰石、石膏、石盐、云母等
		微量元素	蒙脱石、辉钼矿、软锰矿、闪锌矿、孔雀石、铜兰等，麦饭石、褐煤
	农药及其裁体	农药	毒砂、黄铁矿、萤石、胆矾、重晶石、孔雀石、黄铜矿、蓝铜矿、磷灰石
		农药裁体	蒙脱石、蛭石、高岭石、滑石、麦饭石、黏土类等
	土壤改良及其环保	土壤改良	蒙脱石、高岭石、橄榄石、蛇纹石、页岩、泥岩、凝灰岩、白云岩、玄武岩、辉长岩、蛇纹岩、煤矸石、绿泥石、工业废渣等
		土壤环保	伊利石、蒙脱石、蛭石、铝土矿、高岭石等，麦饭石、石灰岩、电气石
	农用工程		石料、砂砾石、大理岩、花岗岩、板岩、石英岩等

一、洛阳地区矿产资源统计表编制说明

编表的主要依据为洛阳地区和各县(市)《矿产资源规划》(2000～2010)以及《洛阳市非金属矿产资源研究》中的统计资料。还有相当一部分矿种未加统计，有待进一步完善。

充分参考了国内外农用矿产的资料、文献、具有代表性的开发应用实例、信息网上发布的最新产品研发信息、科研成果等相关资料。

二、资源特征

洛阳地区的矿产资源特征，可以概括为三句话，一是总量丰富，余缺并存；二是优势突出，特色鲜明；三是地域差异鲜明，组合有利。下面主要介绍南北差异和地域特色差异明显这两个特征。

(一)南北差异性

大体以崤山、熊耳山北坡及外方山北段，即三门峡—田湖—鲁山断裂为界分为南北两个成矿域；以其区域地质背景和成矿条件的差异性，形成南北两个截然不同的两大矿产群。研究认识这两个矿产群的情况，可以掌握洛阳农用矿产在内的各类矿产基本特征，概括而言，南北两地的差异表现为以下四点。

1. 矿床成因差异

北部以外生沉积，包括沉积变质的一些大型矿床为主，代表性矿种有产于太古界登封群中的石英云母片岩(伴生碎云母)；产于中—晚元古界地层中的磷块岩、含钾砂页岩、伊利石黏土岩；产于寒武系的石灰岩、白云岩以及产于石炭—二叠系煤系地层中的沉积硫铁矿、熔剂灰岩、沉积高岭土、黏土、页岩等矿产；南部则以内生矿产为主，主要是与不同时代岩浆活动有成因联系的接触变质、热液充填以及岩浆岩本身形成的矿产，代表性矿种包括属于接触变质类的辉钼矿、硅灰石、透闪石，属于热液型的萤石、重晶石、脉状方解石、黄铜矿、辉铜矿、黄铁矿以及属于岩浆岩本身的钾质碱性岩、花岗岩中的稀土矿产等。

太华群中与超铁镁质岩带有关的蛇纹岩以及与蛇纹岩蚀变作用有关的大型蛭石矿，则成为南、北两类基底岩系的太华群和登封群之间的一大区别；另有伊利石、滑石、大理石等都是与南部特定地层有关的变质矿产，伊利石代表了熊耳群火山岩中酸性火山岩的热液叠加变质矿床，滑石则是官道口群镁质碳酸盐岩的区域变质产物，而大理岩类则是南部地区不同时代碳酸盐地层都可形成的具普遍性的矿种，其中不乏优质的大理石矿床。

南部地区处于华北地台南缘，经历了多个地质时期的大地构造演化，在不同时代的沉积、火山—沉积地层之上，又叠加了不同时代的构造岩浆活动和变质作用，这种复杂的地质成矿环境，形成了南部地区的农用金属类矿产—铜、钼、铅锌、锰等。

2. 矿床规模上的差异

据统计的 24 处农用矿床(点)产地中，洛阳南部地区只占了 10 处，仅占总数的 42%，南北两地在矿床规模上也有鲜明对照。

决定矿床规模大小的因素，主要是成矿地质条件，即矿床形成的地质环境，由于洛阳地区南北所处的地质环境不同，形成矿床也有很大的差异。以外生的沉积矿床为例，在北部形成的一些大型农用沉积矿床中，由于大多数矿床形成于三角洲、砂坝、浅海、滨湖、沼泽环境，具良好的气候条件和充足的成矿物质，成矿条件优越，容易形成一些大型、特大型矿床，并成为区域性矿床优势，如石灰岩、白云岩、含钾砂页岩、黏土、沉积型黄铁矿等都是优势矿种。洛阳地区的南部则不然，那里因邻近地台边缘，地壳运动剧烈，沉积环境变化大，物质供应不充分，虽也形成了一些石灰岩、白云岩、黏土岩地层，但却形成不了具规模的伴生矿床，南北两地形成了鲜明的对照。

内生矿床则相反，南部处于活动的地块边缘，地壳运动剧烈，岩浆活动频繁，有充足的成矿物质，形成的矿床，除了岩浆型的钾质碱性岩、含稀土花岗岩、斑岩风化壳型钾长石、石英斑岩风化壳型高岭土外，大部分为与岩浆热液有关的内生矿床，特别是发现的 18 处黄铁矿，除竹园—狂口一处为沉积型黄铁矿外，其余皆分布在洛阳南部，全部为内生矿床；几乎全部的蛭石都产于南部的成矿域中，北部则基本上缺失这些矿产。

变质矿床在洛阳南北兼而有之，北方的这类矿床主要分布在老的登封群、嵩山群结晶岩系出露区，主要是碎云母，其他矿床不占重要地位。南部形成的变质矿床不仅分布较广，而且类型较多，如与金属钼矿伴生和共生的硅灰石、透闪石，与火山岩有关的伊利石、高岭土、膨润土，与区域变质作用有关的滑石、大理岩等等，也构成了南北两大成矿域中矿种之间的极大差异。

形成矿床规模上的差异性，除了矿床成因类型的因素外，还决定于对矿床的认识和地质勘查程度。洛阳北部的一些大型沉积矿床，由于它们大部为沉积地层的组成部分，所以随基础地质工作的深入和相关共生、伴生矿种勘查手段的应用，亦都大致可以肯定矿床的规模。这里要说明的是，北部提交勘查报告的一些矿床规模，往往受着当时选定勘查区的范围限制，实际上有的数量与规模还要扩大和延伸的多；南部的一些矿床则不然，大部分矿种工作程度太低，加之认识上的问题，致使很多矿床不好确定规模，例如栾川三道庄的硅灰石，原来只是在钼矿勘探的岩矿鉴定中被发现的，至今没有专门性研究和选矿实验报告，更无一份勘查报告，所以直到现在也不能准确地确定矿床规模；再如栾川合峪花岗岩中的钾长石斑晶，在国外可以是一大型钾长石矿类型即斑岩风化壳型钾长石矿。有关调查报告指出，该花岗岩风化壳富集的斑晶占了 20% ~ 50%，斑晶直径达 5 cm，K_2O 含量 13% ~ 14%(工业指标 $K_2O+Na_2O \geqslant 10\%$)，可肯定为一大型钾长石矿床，但目前不为人识，没能进行勘查和开发利用。

3. 控矿条件的差异

北区位处华北地台南缘的内侧，受地台内部比较稳定的大地构造和古地理条件控制，多形成一些巨大的成矿区或成矿带，成矿区、成矿带内的一些大型、特大型沉积矿床，本身是沉积地层的一部分，严格受沉积建造和地层层位控制，例如中元古界汝阳群、新元古界洛峪群地层中的含钾砂页岩；寒武系中、上统的张夏组和崮山组石灰岩、白云岩；石炭—二叠系地层中的黏土、煤系高岭土；这些矿床因为受沉积建造控制，有固定的地层层位，稳定的矿物组合和近乎一致的化学成分，因此凡有这些地层分布的地方，都可以形成具有规模的矿床，地层成为主要的找矿标志。

南部形成的一些以内生矿床为主的矿床，包括金属、非金属农用矿产，其控矿条件主要是构造岩浆活动带以及与之有关的区域变质带，成矿物质具多元化，一是源自沉积地层(如滑石、绢云母、硅灰石)，二是火山岩(如沸石、伊利石)，三是花岗岩(如钾长石)，四是基性超基性岩(蛇纹石、蛭石等)。由于处于活动的大陆边缘，各个地质历史时期尤其古生代末和中生代的岩浆活动又非常频繁，构造裂隙发育充分，受岩浆活动的多期性和岩浆分异作用的影响，在不同地质时期都可以形成不同的内生矿产，具有巨大的找矿空间。特别需要指出的是，在南北两区控矿因素的差异中，南部地区因熊耳期形成的大规模陆相火山活动，中生代印支—燕山期大规模以花岗岩为主的岩浆活动，对区域成矿都起着决定性控制作用，并由此形成了南部和北部矿产方面的极大差异。

由以上南北两地控矿条件的差异提示我们，农用矿床的研究，包括对之进行的地质勘查工作，必须植根于扎实的基础地质工作，涉及地层、构造、岩浆岩、古地理等多个地质工作领域，也涉及矿床学的各个学科，因为不少农用矿产，不仅是一些主要金属矿床的脉石矿物或伴生矿产，也是一些金属矿成矿系列的成员，成为一些重要金属矿的找矿标志，预示在发现某些农用矿的深部能找到有价值的金属矿床。

4. 矿物组合差异

在北部形成的一些矿产中，由于多属于随地层产出的一次成矿活动，后期又未受岩浆活动和变质作用的改造，矿物组合一般比较简单，多由单一的主矿物组成矿体，如石灰岩中的方解石、白云岩中的白云石等，一般不含金属硫化物；但在南部形成的矿产则不同，由于它们形成于多期、多代、多成因的成矿带中，除了含有贱金属的盐类和氧化物外，大多数伴生有多金属的硫化物、氟化物或氧化物胶体，一如黄铁矿、萤石、方解石，它们可以形成单独矿床，或成为某些金属、贵金属矿床的伴生组分。又如硅灰石、透闪石、透辉石类矿物，它们原为矽卡岩的组分，产出于三道庄等钼矿的外接触带中，实际上它们都是重要的非金属矿床，也多成为重要的农用矿产，可以单独圈出矿体，或经选矿分离为不同的非金属或农用矿物。这些矿物形成的物质条件，除了来自岩浆岩的交代成分外，不纯的碳酸盐岩是主要因素。

这里要特别指出的是，南部也形成一些沉积和沉积变质型农用矿床，如栾川的石灰岩、白云岩、滑石和滑石片岩，由于缺乏稳定的沉积环境，岩石成分变化较大，形不成像北部那样规模的大型沉积矿床，但因为其成矿条件的复杂性、成矿物质的多元性，也形成一些具有综合利用价值的矿床，如栾川的石煤，本是产于栾川群煤窑沟组地层中的一种碳质泥板岩，因具有可燃性和低发热量(800～3 100 kcal/kg)而得名，石煤中含有很有价值的铀、锗、钇、镱、钒等多种有益元素，应是一种综合性矿产资源。合理开发这些伴生资源，不仅会带来好的经济效益，还能改变燃烧石煤的环境污染。再如栾川一带的碳酸盐类地层，除了碳酸钙外，通常含较高的二氧化硅和碳酸镁，还有其他杂质。当这些岩石经受接触变质和区域变质时，也就生成了硅灰石、透辉石、透闪石以及滑石等新矿种。依据这类特殊矿物组合和其原岩的关系，可以扩大找矿方向。

(二)地域特色差异十分明显

南带即南部山区的栾川县、嵩县、洛宁县、汝阳县等四个县以贵金属(金、银)、有色金属矿产(钼、钨、铅锌)为主。

北带即北部低山、丘陵区的新安县、宜阳县、伊川县、偃师市和孟津县等五个县(市)以煤矿、铝土矿、耐火黏土和石灰岩等沉积矿产为主。

中带则以嵩县、洛宁县中元古界熊耳群火山岩分布区，形成以多金属(金、银、铅、锌、钼等)和非金属为主的成矿区。

1. 北带特色性

大体沿三门峡—田湖—鲁山大断裂为界，其北属于北带地域，行政上包括新安、孟津、偃师、伊川、宜阳大部及嵩县、汝阳北部地区，东延登封、汝州，西延渑池、义马。区内按地质结构、矿产组合又分两个小区，一为嵩箕区，二为新、伊、汝区。

1)嵩箕地区矿产

相当嵩箕台隆地区，该区的特点是在古老基底变质地层中产出了以伟晶岩型钾长石、钠长石、文象岩、白云母为代表的内生矿床，伴有与古老侵入岩有关的稀土花岗岩、麦饭石，与古老变质岩有关的石英岩、碎云母、石榴子石；在相伴于这一古老基底的盖层中，相当汝阳群下部的马鞍山砾岩之上的元古界地层中，自下而上产有石英砂岩(玻砂、型砂)、含钾砂页岩(海绿石砂岩、伊利石黏土岩)和大理岩；在寒武系地层中可形成石灰岩、白云岩；石炭—二叠系地层中则形成黏土类(高岭石黏土、耐火黏土、伊利石黏土)和熔剂、化工灰岩等农用矿产。

2)新、伊、汝区矿产

新、伊、汝区包括北带中嵩箕地区之外的矿产。这部分矿产主要分布在新安、宜阳和伊川、汝阳、嵩县的交界处，各地形成具规模的沉积矿产群，产出情况同嵩箕地区盖层沉积岩系中的矿产、矿床特征将在后面专述。这里主要介绍其他两大资源：一是在汝阳北部、伊川南部、毗邻汝州的三角地带形成的橄榄玄武岩和与其伴生的玄武质浮石岩，以其用于高速公路路面抗滑石料而大大提高其知名度，而在农用矿产方面国外以玄武岩粉用作土壤改良剂，并因含沸石也是具环保微肥的一种矿肥；二是在该区南侧沿田湖—九店—柏树—上店一线分布的白垩系九店组酸性凝灰岩，这是一种新型农用矿产原料，既是钾肥原料，也是环保微肥及土壤改良剂。这两种火山岩矿产不仅指示了地区矿产上的特色性，也指示了在火山岩之下形成膨润土矿产的可能；除此之外，这里分布的三叠系、古近系、新近系地层中也指示了白垩、湖相泥灰岩、石膏、盐等矿产的存在，使之农用矿的特色性更具找矿意义。

2. 中带特色性

大体以崤山南坡、熊耳山、外方山一线为中轴，以中元古界熊耳群火山岩的分布区为中带，成为另一特色矿带，该矿带的特色性矿种主要是多金属和非金属，像重晶石、黄铁矿和脉石英，区内大部分重晶石矿脉与熊耳群火山岩有关，此外还有伊利石、梅花玉、吉祥玉及次火山相石英斑岩蚀变、风化淋滤有关的高岭土，以及侵入火山岩系的钾质碱性岩、蛭石。按矿产之间的组合关系，中带又可分为熊耳山和外方山两个亚带。

1)熊耳山亚带(西部)

包括洛宁、栾川北部、宜阳西南部和嵩县西北部地区，矿产组合分基底和盖层两部分：基底为新太古界太华群变质岩系，其中的农用矿产主要是与超铁镁质岩有关的橄榄岩、蛇纹岩有关的热液蚀变型蛭石矿。盖层主要是熊耳群火山岩，目前发现的主要矿产也有两大类：一是与岩浆活动有关的富钾碱性岩(K_2O 13.20% ~ 14.10%)、钠长花岗岩(Na_2O 8.30% ~ 11.09%)、钾长伟晶岩；二是与岩浆期后热液活动有关的石英脉、重晶石脉及各地常见的黄铁矿化，后者是指示一些贵金属、多金属矿床的重要找矿标志。几十年的地质勘查工作证明，熊耳山亚带是我国重要的金、银、钼、铅、贵金属、多金属成矿区，大多数金属类农用矿产与之有关。

2)外方山亚带(东部)

包括嵩县北部和汝阳县大部，和熊耳山区不同之处是该区除汝阳三屯地区以外，大部地区未出露基底变质岩地层，盖层火山岩系中分布着丰富的以钼、铅、锌、铁为代表的金属、非金属、农用矿产，目前已发现的农用矿产有重晶石、伊利石、黄铁矿、沸石、浮石、脉状方解石，其中黄铁矿化的普遍性是区域主要的矿化特色之一，在该带的嵩县黄庄和纸坊一带，比较集中地分布有十几处正长岩类为主的大小不等的碱性岩体，其中最大的磨沟、乌桑沟岩体出露面积分别为 $13\,km^2$ 和 $7\,km^2$，形成本区的碱性岩体群，该岩体的 K_2O 含量达 14.10%，是重要的含钾岩石。另在嵩县纸坊白土塬—支锅石一带，由高岭土化蚀变的次火山相石英斑岩，经后期风化淋滤，在火山口古洼地中，形成了大型高岭土矿床。这里需要说明的是，由于已往对农用矿床认识肤浅和找矿工作存在的误区，该区所发现的伊利石、高岭土、沸石、含钾岩石、蛭石都仅仅是单一产地，新的找矿线索还没有加以验证，另从这些矿床的特征和成矿条件分析，该区具有扩大和形成农用矿产的物质条件。

3. 南带特色性

包括栾川北部秋扒、白土以南的遏迁岭、合峪、车村一线的南部，大体与伏牛山区一致，划为南带，该带按矿产的特色，又可分为西段栾川、东段合峪—车村和南部白河三个不同地区。

1)西段栾川地区

该区东自栾川庙子、西入卢氏，南依叫河—陶湾一线。区内由于地质条件复杂，各个不同地段形成的矿产也不相同。栾川中部、冷水、赤土店一带由于位处小斑岩类侵入体的岩浆岩带内，多形成与小侵入体有关的接触变质矿床，如三道庄、鱼库一带矽卡岩型钼钨矿及其外围接触变质带内的硅灰石、透辉石、透闪石、大理石；与钼、钨、铅、锌多金属矿伴生的黄铁矿、磁黄铁矿、萤石。栾川北部白土、狮子庙、秋扒一线即马超断裂的北侧，主要是与构造蚀变岩有关的滑石、滑石片岩和碱性岩类。区内的地层时代、岩浆活动和主要构造带，对矿床的生成都起着明显的控制作用。除此而外，栾川群大红口组碱性火山岩属于富钾的火山岩，也是一种钾矿资源，另据了解煤窑沟组的碳质泥岩(石煤)的风化带，当地人曾开发过腐殖酸农肥。

2)东段合峪—车村区

该区和西部不同之处是 90%以上的面积为长岭沟(龙王礃)、合峪、太山庙 3 个大花岗岩基所占据。目前所发现的矿种除了含稀土花岗岩外，主要是萤石，洛阳所拥有的萤石矿产主要分布在栾川合峪柳扒店、嵩县车村、汝阳南部与这些花岗岩基有关的地区。合峪柳扒店一带萤石矿点达十几处，产于花岗岩的北东和近南北方向的裂隙中，已开采 20 多年，总开采量超过 100 万 t，嵩县车村萤石主要赋存于车村大断裂旁侧的次级断裂和熊耳群火山岩中，矿脉走向以东西向的陈楼萤石矿为主，外围小矿点多为北东和北西向，已发现和开采的矿床矿点有 20 多处，其中陈楼—南坪为一提交有 282 万 t 矿石的大型萤石矿；汝阳南部萤石矿分布于太山庙花岗岩内和其围岩熊耳群火山岩的裂隙中，拥有松门、隐士沟、何庄、皇路、靳村石板沟等矿点数处，该处的萤石成矿带向东延入鲁山境内。其次为钾长石，主要有两种类型：一种是产于合峪和长岭沟碱性花岗岩接触带中的正长斑岩，长数千米，宽近百米(含 K_2O 11.93%、Na_2O 2.38%、TFe 0.27%)的含钾岩带，另一种是产于合峪岩体外围含钾长石的巨斑状花岗岩，斑晶含量大于 10%，经风化斑晶脱落富集，形成风化壳型钾长石矿，分选后的斑晶含 K_2O 11.84%、Na_2O 2.65%，是本区重要的钾肥矿产。除此之外，分布于本区长岭沟富铁钠闪石碱长花岗岩的面积 130 km^2，岩体富含镧、铈、钇、铌等稀土元素，并在其中的伟晶岩脉旁侧形成富集带，有的地段稀土总量已达农用工业要求，农用稀土矿肥是今后发展方向。另在该花岗岩边部的黑云角闪斜长片麻岩中含有磷灰石，可选作农肥。

3)白河地区(伏牛山腹地)

该区属于地质上划分的东秦岭地槽区，这里的大部分为老君山、龙池幔两个大的花岗岩基所占据，其余为中元古界宽坪群和古生界二郎坪群分布区。由于本区地质工作程度很低，对农用矿产方面占有的资料很少，目前所掌握的农用矿种有老君山花岗岩中的钾长石，宽坪群中的碎云母(云母片岩)、黄铁矿、黄铜矿、孔雀石、毒砂等。

总而言之，以上划分的"三带七区"，基本上反映了洛阳矿产的地域特色性，代表了不同地质背景下，不同成矿作用的选择性，为此特作归纳如表 5-3 所示。

表 5-3 洛阳地区农用矿成矿带划分

成矿带	成矿亚带		矿 产 组 合
	亚带(区)	小区	
北带	嵩箕区	盖层中矿产	含钾砂页岩、伊利石黏土岩、陶粒页岩、水泥灰岩、白云岩、制灰灰岩、煤系高岭土
		基底岩系中矿产	钾长伟晶岩、钠长伟晶岩、云母、麦饭石
	新、伊、汝区	边缘断隆区矿产	磷块岩、泥灰岩、建筑砂岩(石料砌块)
		断陷区矿产	沉积型：白垩、石膏、盐、黏土 岩浆型：玄武岩、玄武质浮石岩、酸性凝灰岩
中带	熊耳山亚带	盖层(熊耳群)	含毒重石、脉状方解石、蛇纹石、沸石、膨润土
		基底(太华群)中矿产	橄榄岩(蛇纹岩)、花岗石、蛭石、金云母、钠长花岗岩、钾长伟晶岩、脉石英、脉状方解石、黄铁矿
	外方山亚带	盖层(熊耳群)中矿产	重晶石、伊利石、黄铁矿、沸石、脉石英、脉状方解石、碱性岩、高岭土、膨润土(?)
		新生代断陷盆地	盐、白垩、建筑砂砾石
南带	栾川(西段)	栾川北部	滑石、滑石片岩、石棉、大理石
		栾川中部	硅灰石、透辉石、透闪石、黄铁矿、磁黄铁矿、萤石、碱性岩、高岭土
	合峪—车村	栾川东部	萤石、花岗岩、黄铁矿、沸石、钾长石
	白河地区(伏牛山腹地)		黄铁矿、毒砂、碎云母

三、正确认识和评价洛阳农用矿产的优势

客观评价并正确把握农用矿产的优势是鼓舞我们发展农用矿业的信心，是转变当前农用地质工作落后、开发力度不大、整体工作失调的关键，也是制订矿业发展战略的根本，对此我们总结为五大优势：

(1)数量和质量优势。根据表 5-1 统计，洛阳已发现的 106 个矿种中，农用矿占了 24 种，占全国已发现农用矿种(150 余种)的 16%，占河南省农用矿种(80 余种)的 30%以上，其中的石灰岩、白云岩、浮岩、钾质碱性岩、黏土、萤石、高岭土(包括煤系高岭土)、黄铁矿、蛭石均系优势矿种，多形成一些大型矿床，数量相当可观，质量多为上乘，其中钾质碱性岩 K_2O 含量大于 14%，萤石 CaF_2 含量平均达 83% ~ 84%(栾川合峪)。麦饭石、伊利石、磷块岩全省独有，尤其宜阳蛭石，境内拥有 100 万 t 远景的大型蛭石矿 2 处。

(2)类型较为齐全的优势。如表 5-1 所示，洛阳地区农用矿产不仅矿种多，而且类型比较齐全。按应用分为土壤改良剂、肥料、饲料、农药用四大类，其中岩石类占据了较大比重。作为一个地市级城市，拥有这么多种类的农用资源，为洛阳巩固和发展农用矿业奠定了坚实的物质基础。

(3)发展中的洛阳农用矿产深加工业。以农用矿产为工业原料已建造和新建的深加工业，尤其近几年来煤矸石发电，以电厂粉煤灰为原料的农肥；特别是含钾岩石的综合开发

应用，还有近年来悄然崛起的硅微肥、沉积高岭土和轻钙、重钙深加工以及硫铁矿、重晶石、蛭石加工和膨润土球团的开发，都标志着洛阳农用矿产深加工业越来越显现出它的勃勃生机。

(4)煤系农用矿产资源丰富。煤系农用矿产指的是伴生或共生于煤系地层(石炭—二叠系)的一个农用矿产系列，它包括黏土、伊利石黏土、沉积高岭土(煅烧高岭土)、煤矸石、绿高岭石等，以往多用于耐火材料、陶瓷原料，是陶瓷业发展的基础。20世纪末形成并得以发展的煤系高岭土、伊利石黏土，因其应用于造纸、塑料、橡胶、农肥、农药等多种产业和其高昂的技术附加值，一跃成为引人注目的热门矿产，加上煤矸石、电厂粉煤炭、腐殖煤等再生矿产，煤系农用矿产在日渐增多。洛阳地区煤系地层在北部各县分布很广，煤系矿产找矿潜力巨大，开发前景广阔，特别是现代高科技的利用，煤系矿产领域的拓宽已经或正在成为洛阳地区资源的又一优势。

(5)岩石型农用矿产占了较大比重。岩石型农用矿产是农用矿产中的一个大类，它们本身是一种岩石，资源十分丰富，包括火成岩、沉积岩和变质岩，例如花岗岩、钠长花岗岩、钾质碱性岩、辉绿岩、蛇纹岩、玄武岩、伟晶岩以及石灰岩、白云岩、石英砂岩、黏土岩、云英岩、橄榄岩、浅粒岩等等。这类矿产一般产出规模巨大，开采条件简单，各有特定的用途。洛阳所在的地壳部位，地质历史悠久，各种地质作用发育充分，地质结构复杂，形成了各类岩石型农用矿产，其中包括了沉积高岭土、伊利石黏土、耐火黏土、石英岩、麦饭石、滑石、花岗石一类优势矿种。随着当代科学的发展，工业化程度的不断提高，还将有更多岩石型农用矿产涌现出来。

洛阳地区丰富的能源和金属、非金属矿产为巩固并发展农用矿产资源起了重要作用。依托能源和金属、非金属矿产，洛阳发展为工业城市，拥有一批现代化工业，又有相当一部分工业利用和提供了农用类的煤矸石、煤系高岭土、粉煤灰、选厂尾砂类等新兴工业原料，洛阳农用矿业在不断壮大中。可以鼓起洛阳地区企业界投入农用矿产开发的信心，充足的资源是产业发展的物资基础。目前，全市已涌现有大小不同的农用矿产深加工产业，它们完全可以依靠洛阳地区的资源优势，按照资源之间的关系，建立起相应的产业链和产业群，推动产业向深度和广度方面发展。由于资源丰富，矿种多，类型比较齐全，可确保全市发展新兴的农用产业有较大的空间和余地，有意发展农用产业的企业家们，可以在进行充分市场信息调查的基础上比较选择，创办中意的农用矿产业，并在优化资源配置上实现较好的经济效益。

第六章 洛阳农肥类矿产资源

第一节 传统农肥类开发应用前景

传统矿物肥料主要指氮肥、磷肥和钾肥。继 18～19 世纪以来，世界上氮、磷、钾等化学肥料问世到第二次世界大战之后，每年以成倍的速度大量生产，成为传统矿肥的主体。20 世纪 70 年代以来，以日本为首，又推出以可溶性钾、硅酸钙、硅酸镁为主的硅肥、镁肥。同时，由于现代科学技术的发展，一些含有氮、磷、钾、硅、镁之类的矿物，因可提取传统矿肥元素的矿物，均可列入传统矿物肥料类。如传统生产氮肥(合成氮)是利用煤和天然气等矿物原料的合成物，磷、钾肥多是用含磷、钾的矿石来制取，现在也有将磷矿石或钾矿石粉碎后直接作为磷、钾肥施于农田。这样既节省了加工成本和中间过程，也收到了比较好的效果。如将磷灰石矿粉直接撒在黄棕壤土上，其效果和施重钙效果相比，除作物产量当季有差别外，其后季节的产量基本相同，甚至施磷矿粉的作物产量还高于施重钙的产量。有试验资料表明，每生成 50 kg 农产品，几种主要农作物吸收氮、磷、钾的比例大致是：水稻：2.4∶1.25∶3.1，小麦：3∶1.25∶2.5，棉花：13.9∶4.8∶14.4。可见磷、钾肥是作物生长所必不可少的。

一、伊川石梯磷矿的应用前景

伊川石梯磷矿为一种含铁磷块岩，是目前河南省唯——处经地质勘查并提供工业资源储量的中型磷矿床。

(一)概况

石梯磷矿位于伊川县葛寨乡沙元村南，北距葛寨乡 10 km。由葛寨北至伊川县、南至沙元均有城乡三级公路，沙元到石梯有"村村通"水泥路相接。葛寨距伊川县 20 km，连接太澳高速公路和焦枝铁路，矿区对外交通便利。

石梯磷矿于 1975 年由河南省地质局原地质三队在普查富铁矿时发现，同年开展地质普查工作，填制 1∶5 万区域地质图 16 km²，采集化学样 247 个，岩矿样 17 个，圈出 7 个矿体，提交 C1+C2 级矿石量 186 万 t。

1985～1987 年，复经化工部河南省地勘公司详查，按(200～400) m×(100～200) m 工程间距，施工钻孔 20 个，获 C+D+E 级矿石量 1 080.9 万 t，表外矿石量 338.28 万 t，合计矿石量 1 419.18 万 t，表明矿床达中型规模(未提交地质报告)。另对矿石中伴生铁进行综合评价，按 TFe>12%样品圈定矿体，计算伴生铁矿石量 539.91 万 t。

(二)矿区地质

本矿区大地构造位处华北地台(Ⅰ级)渑临台坳(Ⅱ级)伊川—汝阳断陷(Ⅲ级)的九皋—云梦山断垒区(Ⅳ级)，区内出露地层主要是中、晚元古界，南部残留部分古生界地层。不同级别断层发育，褶皱宽缓，周边有元古代、中生代及新生代火山岩出露，地质条件相对简单。

1. 地层

矿区出露地层以中元古界蓟县系汝阳群为主，边缘出露新生界。汝阳群下伏层为中元古界长城系熊耳群火山岩，见于石梯、翟沟南水库一带，岩性为暗紫、褐黄色安山岩，夹灰绿色凝灰质页岩，大部分断失。上覆汝阳群，由云梦山、白草坪、北大尖三个组组成(见图6-1、图6-2)。

1)云梦山组

云梦山组分为四个岩性段。

一段(Pt_2y^1)：岩性为灰白及浅灰色砾岩，夹粗—极粗粒石英砂岩，顶部由砂岩、页岩薄层过渡为磷块岩，磷块岩为该套地层中的唯一含矿层。砾石成分以脉石英质成分为主，次为石英岩、火山岩、玉髓、玛瑙、碧玉等，分选性差，大小混杂，滚圆度中等—较好。厚 60~80 m。

二段(Pt_2y^2)：下部为紫红色砂质页岩，杏仁状安山岩；中部为灰白色中粒石英砂岩，夹紫红色砂质页岩；上部为紫红色页岩夹少量褐色、红色及灰白色中粒石英砂岩，其中之紫色页岩内常具淡绿色条带、斑块及斑点，形成奇异图案。总厚 100~120 m。

三段(Pt_2y^3)：紫灰色(具灰白色条带)中—厚层状中粗粒石英砂岩，顶部一层厚 10 m 左右的砖红色薄—中层泥质砂岩(小石门红砂岩)为标志层。总厚 100~200 m。

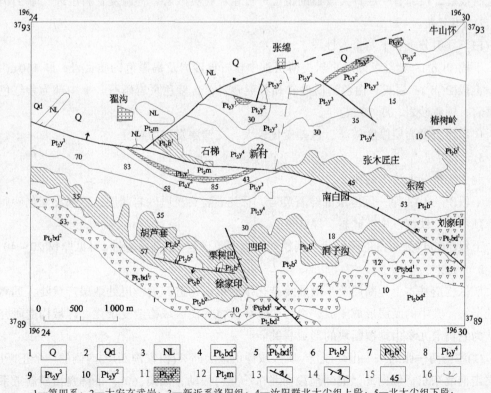

1—第四系；2—大安玄武岩；3—新近系洛阳组；4—汝阳群北大尖组上段；5—北大尖组下段；
6—汝阳群白草坪组上段；7—白草坪组下段；8—汝阳群云梦山组四段；9—云梦山组三段；10—云梦山组二段；
11—云梦山组一段；12—熊耳群马家河组；13—正断层；14—逆断层；15—地层产状；16—磷矿层露头

图6-1 伊川县石梯磷矿地质图

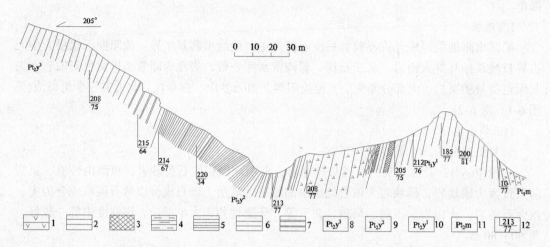

1—安山岩；2—砾岩；3—磷矿层；4—砂质页岩；5—页岩；6—石英砂岩；7—石英岩；8—云梦山组三段；
9—云梦山组二段；10—云梦山组一段；11—熊耳群马家沟组；12—地层产状(倾向、倾角)

图 6-2　伊川县石梯磷矿地质剖面图

四段(Pt_2y^4)：紫灰色(具灰白色条带)中—厚层状中粗粒石英砂岩，本段特征为岩石层面普遍有波痕，顶部有一层具大波痕的粗粒—极粗粒石英砂岩，普遍发育斜层理。厚 210 m。

2)白草坪组

白草坪组分上、下两个岩性段。

下段(Pt_2b^1)：紫红色砂质页岩夹薄层细中粒石英砂岩及褐黑色钙质页岩，厚 150 m。

上段(Pt_2b^2)：褐灰、白色钙质砂岩和石英砂岩，含紫色页岩砾石，上中部为紫红色砂质页岩，钙质砂岩，厚 70 m。

白草坪组以岩层厚度较薄、色差变化较大、交错层发育为特征。

3)北大尖组

北大尖组分上、下两段。

下段(Pt_2bd^1)：厚—巨厚层细粒石英岩，石英砂岩夹泥质砂岩薄层，下部夹紫色砂质页岩，顶部为含铁细、中粒砂岩，厚 200 m。

上段(Pt_2bd^2)为灰白色薄板状含褐铁矿斑点石英砂岩，顶部被剥蚀，可见厚仅 20～40 m。

2. 构造

矿区构造基本上为断层及小褶曲复杂化了的单斜构造，近断层处地层产状陡，远离断层处渐缓。其中的断层形成于成矿之后，破坏矿体并使区域构造复杂化，区域构造研究成果认为它们与九皋山推覆断块的形成有关。

(1)翟沟南—张绵—牛山怀断层：属区域性山前大断裂(田家沟断层)南侧的一个正断层。断层走向北东东，倾向北，局部地段向北东、北西扭动，倾角 60°，下降盘出露新近系砂砾岩和第四系大安玄武岩，上升盘为中元古界汝阳群、熊耳群，有很宽的断层角砾岩，并有重晶石脉穿插，据电测深资料，断距 300～500 m。

(2)石梯—南白园—刘家印断层：属正断层，石梯西与北东向断层相接，走向 112°～

120°，倾向北东，倾角 60°~70°，断距东大西小，石梯附近达 600 m，石梯一带在新村南和翟沟南两处切断磷矿层，并使地层倾角变陡，局部出现倒转。

(3)其他断层：以南部栗树洼逆断层为代表，断层走向 103°，断层面倾向南，倾角 65°，垂直断距 100 m，该断层向东与凹印北西向断层相接。

3. 岩浆岩

区内主要火山岩活动有三期：第一期为中元古宙熊耳期以安山质为主的火山活动，结束于蓟县系形成初期，覆盖含磷岩系；第二期为白垩系九店组为代表的酸性凝灰岩喷发，主体沿田湖断裂带分布，上述山前断裂的交会处有零星凝灰岩出露；第三期为第四纪的大安玄武岩，分布在山前断裂以北的大片地区。

(三)矿床地质

1. 矿体形态、产状

石梯磷矿赋存于云梦山组一段顶部，沉积层序为砾岩—粗粒砂岩—硅质页岩—磷块岩。据石梯矿区 1 686 m，长度内露头和 19 个探槽观察，区内矿层由大小 7 个透镜体组成，其长度分别为 125 m、50 m、270 m、440 m、65 m、345 m、415 m，厚度 0.85~7.87 m，平均 2.43 m，透镜体由砾岩一侧向外形成叠瓦状掩覆，与由粗到细的沉积层序相对应，形成海进序列特征，倾向南，倾角由距断层近处的倒转或陡倾斜向距断层较远处变缓为 30°~40°。

2. 矿石质量

矿石的 P_2O_5 含量为 13.22%~23.08%，一般 20%左右，平均 18.97%；TFe 含量 4.45%~17.45%，一般 10%左右，平均 10.28%，含量变化相对稳定，其他成分亦然。据 5 个组合样分析，其他化学成分含量见表 6-1。

表 6-1　组合分析结果　　　　　　　　　　　　　　　(%)

编号	矿石类型	SiO_2	CaO	MgO	Al_2O_3	FeO	MnO	Fe_2O_3	有效磷
1	铁质磷块岩	22.16	31.04	0.35	3.90	0.90	0.63	12.20	1.36
2	铁质磷块岩	21.44	30.74	0.45	4.40	0.40	1.00	14.11	1.50
3	铁质磷块岩	16.02	30.25	0.22	3.86	1.00	0.75	18.60	1.56
4	砂砾质磷块岩	51.50	16.72	0.82	2.86	1.05	0.10	10.63	1.50
5	铁质磷块岩	30.58	26.14	0.31	4.72	1.25	0.10	12.91	1.60

由表 6-1 可以看出，除个别样品中的硅、钙变化幅度较大外，矿石中其他组分和 P_2O_5 含量一样，变化相对比较稳定，具有化学—生物化学沉积矿床特征，属于有效磷含量较低的高铁、高硅磷块岩。

3. 矿石自然类型

矿石自然类型可以划分为铁质磷块岩、铁锰质磷块岩、砂质磷块岩三类，其特征如表 6-2 所示。

表 6-2　石梯磷矿矿石自然类型对比

特　征	铁质磷块岩	铁锰质磷块岩	砂质磷块岩
宏观特征	暗紫色、常具灰褐色斑块，外貌和铁矿石相似	颜色灰黑，松软，染手	含磷砾岩—含砾磷块岩
结构、构造	泥质、泥砂质，假鲕状结构块状构造，堆积状构造	粉末状细粒结构，块状构造	层状，似层状构造
矿物成分	主要矿物成分为胶磷矿(65% ~ 80%)、赤铁矿(10% ~ 20%)，次为重晶石、水云母，含少量石英、硅质岩、云母、锆石碎屑	主要矿物成分为胶磷矿、软锰矿、赤铁矿、少量水黑云母，微量矿物有重晶石、锆石、石英、电气石	由胶磷矿，赤铁矿胶结的石英细粒岩，系下伏砾岩和磷矿层之间的过渡层
P_2O_5 含量	12.67% ~ 28.56%	14% ~ 28.23%	9.64% ~ 13%
TFe 含量	3.58% ~ 17.45%	4% ~ 21.50%、(MnO 0.74% ~ 4.03%)	2.95% ~ 10%
矿区含量比	>90%	<5%	较少

4. 矿床成因

本矿床的主要矿物磷块岩、赤铁矿、软锰矿与砾岩关系密切，伴生石英、云母、锆石、电气石等沉积碎屑矿物，无黄铁矿及有机质，形成于海进序列沉积旋回之上部，推测是在强氧化、弱碱性环境的碳酸盐沉积区近岸内缘的生物化学沉积型矿床。

(四)石梯磷矿开发应用现状

石梯磷矿由于含铁较高(4.45% ~ 17.45%)、有效磷含量低(1.36% ~ 1.60%)、不能直接利用、磷铁分离工艺复杂、开发投资大等问题，自发现以来一直没有得到合理开发利用，但据相关资料称，该矿床在 1985 年投入详查时，曾专门做过工业试验，主要数据为产率61.545%，P_2O_5 回收品位 30.35%，回收率93.26%，尾矿 P_2O_5 3.568%，TFe2% ~ 6%，但因未提交详查报告而未予公布，该选矿成果应引起继续开发者的重视。

1989 年伊川县筹建年产 5 万 t 的钙镁磷肥厂，于 1991 年投产，分别开采葛寨铁质磷块岩及酒后黑龙沟碎屑、角砾状磷块岩数十万吨，配以湖北磷矿石和江苏东海蛇纹岩推出产品，供应地方农业利用。1996 年因环保问题停产。

之后，石梯磷矿也因市场上铁矿石紧俏和由炼铁炉渣供作硅肥原料的硅肥热而进行磷铁分离试验，并建成小炼铁高炉，然而终因技术、资金和管理等多种因素，而关停破产。石梯磷矿再次沉沦。

二、崔庄含钾黏土岩矿床勘查开发前景

崔庄含钾黏土岩矿床赋存于新元古界青白系洛峪群崔庄组地层中，1998 年 9 月由河南省地质矿产厅第二地质调查队经地质详查，圈定出矿体，提交了《河南省汝阳县崔庄含钾黏土岩矿区详查地质报告》。据区域地质资料，这套含钾岩系除分布于汝阳北部外，还出露于嵩县北部、伊川、宜阳、新安及偃师南部，是制作矿物钾肥的重要资源。我国钾盐资源短缺，因此开发利用含钾岩石是重要的发展方向。下面以汝阳崔庄含钾黏土岩矿床为例，以帮助认识进而开发应用这一矿种。

(一)概况及工业环境

矿区位于汝阳县城北崔庄—甘泉庄一带,隶属城关镇河西村管辖,详查区东西长 1.15 km,南北宽 0.80 km,面积 0.92 km²。矿区距县城约 3 km,南经洛峪口临汝安公路,北 25 km 至大安接太澳高速公路及焦枝铁路汝阳车站,另有汝阳—蔡店公路穿过矿区西部,经蔡店通大安,交通十分方便。

汝阳县新规划的工业区,正在招商引资发展煤化工、玻璃、陶瓷、铸造等矿产加工业,含钾岩石的勘查为汝阳发展农肥奠定了基础,上述这些工业的发展,也为利用这一钾矿资源创造了条件。

(二)区域地质

矿区大地构造位置属于华北地台(Ⅰ级)南缘、渑—临台坳(Ⅱ级)、伊川—汝阳断陷(Ⅲ级)的九皋山—云梦山断垒(Ⅳ级)区。区内地层有中元古界熊耳群、汝阳群;新元古界洛峪群、震旦系;古生界寒武系,中生界白垩系,山间盆地中零星分布新生界。汝阳群、洛峪群和白垩系九店组皆依本区地层组建,测有区域性标准地层剖面。区内构造以脆性断裂为主,褶皱构造次之,断裂有近东西向、北西向、北东向、南北向四组。其中近东西向形成最早,规模较大,断面倾向南,倾角 75°以上,多处产状直立,早期为正断层,晚期转化为具推覆性的逆断层。北西向、北东向断层截切近东西向断层,分别倾向北东和北西,同为正断层,倾角 55°~65°,部分后期发育为高角度的平推断层。南北向断层最晚,多是正断层,为汝阳北部熊耳群地层和含矿岩系的分界,具走滑性。区内除熊耳群、九店组和北部柿园南部一处第四纪玄武质浮石岩(火山通道相)火山岩外,没有发现侵入岩类。

洛峪群的岩性组合,表现为浅海陆棚—局部台地相的碎屑—碳酸盐岩建造,含钾岩石集中在崔庄组,在古地理上为一次地壳下沉、海水侵入的最大海泛期,沉积环境相对稳定,形成以黏土岩为主体的浅海陆棚相地层,区域上广泛分布在汝阳北部、伊川南部、嵩县北部的东西长 20 多 km、南北出露宽数百米的成矿带中,现详查的崔庄矿区仅为其很小的一部分。

(三)矿区地质

矿区构造线方向为北西西—南东东,依区域地层走向,地层呈单斜产出,倾向 170°~230°,倾角 15°~35°。

1. 地层

矿区地层为汝阳群北大尖组、洛峪群崔庄组、洛峪群三教堂组,上为第四系覆盖。

1)汝阳群北大尖组

该地层分布于矿区东北角及西北角。下部为中厚层状中细粒石英砂岩,夹薄层细粒石英砂岩、海绿石石英砂岩、铁质石英砂岩、贫铁矿层及灰绿色粉砂质页岩;上部为灰黄色厚层状钙质石英砂岩,顶部为白云岩、砾屑白云岩、白云质砂岩。未见底,厚度大于 150 m。

2)洛峪群崔庄组

该地层分布于矿区中部的崔庄、甘泉庄一带,与下伏北大尖组为整合接触,厚 288.69 m,系含钾黏土岩的赋矿层位,自下而上分为 9 个岩性段。

(1)石英砂岩夹页岩、泥岩及薄层鲕状赤铁矿,具斜层理,波痕、泥裂发育,厚 30.30 m。

(2)灰绿色、黄绿色页岩,底部为灰黑色碳质页岩夹砂岩,顶部为紫红色页岩与灰黄色泥质灰岩互层,厚度大于 40 m。

(3)紫红色页岩夹粉砂质页岩,灰绿色页岩,底部夹细砂岩薄层,西厚东薄,平均厚 21.95 m。

(4)紫红色页岩与灰绿色页岩互层，厚 16.67 m。

(5)灰绿色泥页岩，局部夹紫红色页岩，平均厚 6.12 m。

(6)灰绿色页岩与紫色页岩互层，上部含细砂岩薄层，厚 16.65 m。

(7)紫红色铁质石英砂岩夹页岩，厚 5.2 m。

(8)紫红色页岩与灰绿色页岩互层，底部夹细粒砂岩薄层，厚 50.3 m。

(9)灰绿色页岩，底部为薄—中厚层状细粒石英砂岩夹页岩，中部为紫红薄—中层细粒砂岩夹灰绿色页岩，厚 41.5 m。

3)洛峪群三教堂组

该地层分布于矿区南部，与崔庄组呈整合接触，下部为淡紫色中—厚层状中细粒石英砂岩，上部为紫红色含铁锈斑点中—细粒石英砂岩，顶部为海绿石石英砂岩。厚 38.6～57.8 m。

2. 构造

矿区内构造规模一般不大，主要断层按走向可分为北东、南北、北西向三组，北东向断层为正断层，其中之 F_2 规模较大，走向 45°左右，倾向北西，倾角 72°，断层带内有角砾岩，断距 10 m 左右；南北向和北西向断层均为区域性断层伸向矿区部分，区内规模小，对矿区无大影响。

3. 岩石类型

主要岩石类型有石英砂岩、海绿石石英砂岩、钙质石英砂岩、页岩、粉砂质页岩、砾屑白云岩、泥质灰岩七种类型，与钾有关的主要为以下几种类型：

(1)页岩：岩石呈灰绿色、紫红色、猪肝色，泥状结构，页理构造，主要由伊利石(75%～93%)、石英(5%～20%)、长石及少量绿泥石、赤铁矿等组成。伊利石呈片状、针状，沿地层走向分布，形成岩石的页理构造。石英呈次圆次棱角状晶屑，粒径 $d=0.01～0.045$ mm，多形成韵律层，主要见于崔庄组中部。

(2)粉砂质页岩：紫红色、粉砂质泥状结构，页理构造，岩石由伊利石(45%～75%)、石英(25%～30%)及少量长石、绿泥石、赤铁矿、铁白云石组成，伊利石呈片状、针状，沿走向分布，石英呈次圆、次棱角状，薄层状分布，主要见于崔庄组中下部。

(3)泥质灰岩：岩石呈灰色、灰黄色，泥质晶粒结构，块状构造，主要由 60%～75%的方解石、25%～32%的铁质黏土组成，另有 8%的赤铁矿和少量石英，见于崔庄组底部。

(4)石英砂岩：岩石多呈灰白色，部分含铁质、泥质较高者为浅褐色、灰褐色，砂状结构，纹层状、层状、块状构造，多处层面上保留波浪，层内见各种斜层理。成分由石英晶屑(82%～98%)和少量硅质岩屑(<5%)、斜长石(<5%)及微量锆石、电气石、磁铁矿、黑云母等组成。岩石为孔隙式胶结，颗粒支撑，结构和成分成熟度较高，主要见于汝阳群北大尖组、洛峪群三教堂组和崔庄组底部。

(5)海绿石石英砂岩：岩石呈灰绿色、砾屑由石英晶屑(52%～80%)、长石晶屑(2%)、海绿石团粒(30%～35%)及微量榍石、绿帘石、磷灰石、锆石等，胶结物为硅质、铁质和海绿石，见于北大尖组和三教堂组。

(6)钙质石英砂岩：黄褐色，胶结物为钙质，见于北大尖组。

(7)砾屑白云岩：灰黄、灰红色，砾屑结构，块状构造，成分主要由砾屑(30%～65%)、砂屑(12%～30%)、粉屑(3%)及少量陆屑(2%)组成。砾屑为竹叶状、饼状、不规则状，砂屑、粉屑皆为不规则状，白云质胶结，属内碎屑类，见于北大尖组上部。

(四)矿床特征

1. 矿体特征

分上下两层：上层矿为崔庄组八、九段，总厚 91.8 m，K_2O 平均含量 6.52%；下层矿由崔庄组三、四、五、六段组成，顶板为崔庄组七段铁质石英砂岩夹页岩，底板为崔庄组二段紫红色页岩与灰黄色泥灰岩互层，最大厚度 69.78 m，最小厚度 50.02 m，平均 60.52 m，厚度变化系数为 11.85%，形成比较规则的层状矿床，经详查者为下矿层的三、四、五、六段。

2. 矿石质量

(1)矿石自然类型及分布特征。矿石属伊利石黏土岩类，自然类型分为紫红色与灰绿色页岩及灰绿色泥页岩两大类，特征见表 6-3。

表 6-3　矿石自然类型特征

特　征	自　然　类　型	
	页　岩　类	泥　页　岩　类
颜　色	紫红色、灰绿色、猪肝色	灰绿色、黄绿色
结构、构造	泥状结构、微细层状、页理状构造	粉砂泥状结构，层状、块状构造
宏观特征	风化后为叶片状剥离	抗风化较强，呈肋骨状
伊利石含量	75% ~ 93%	45% ~ 92%
其他矿物	石英 5% ~ 20%，长石 0.5% ~ 20%	铁质 2% ~ 5%、海绿石 0.5% ~ 2%
分　布	崔庄组三、四、六、八、九段	崔庄组五段

(2)矿石化学组分。矿石中 K_2O 含量为 6.02% ~ 7.72%，平均 7.08%；SiO_2 54.99% ~ 65.45%；Al_2O_3 15.46% ~ 18.18%，平均 17.82%；$CaO+MgO$ 1.74% ~ 5.21%，平均 2.73%；另含 TiO_2 0.83%、Fe_2O_3 6.17%、P_2O_5 0.11%、Na_2O 0.11%、MnO 0.055%、Loss 4.48%。

(3)有益组分含量(下矿层)。矿床的有益组分主要是 K_2O，以下矿层为例，含量见表 6-4。

表 6-4　下矿层 K_2O 含量变化　　　　　　　　(%)

纵　向	横　向					平　均	系数变化
	4 线	6 线	8 线	12 线	16 线		
六　段	6.48	6.89	6.60	6.85	6.66	6.74	1.68
五　段	6.88	7.32	7.13	7.04	7.06	7.09	2.01
四　段	7.24	7.07	7.26	7.44	7.22	7.25	1.63
三　段	7.11	7.13	7.15	7.37	7.40	7.23	1.74
平　均	6.98	7.10	7.04	7.18	7.09	7.08	0.94
变化系数	3.01	2.16	3.64	3.36	3.86	2.89	

由表 6-4 可以看出，区内矿床中 K_2O 含量虽不太高，但相当均匀，含量变化系数在纵走向上偏大，由此说明矿床受地层控制的特点，矿层具有稳定的顶底板而无夹层。在横向

上变化较小，可以看出这类矿床形成的规模较大，由此提示了好的找矿前景。

3. 矿床规模

含钾岩石类矿床国家尚无工业指标，参考建材部主编的《矿产工业要求参考手册》，该矿区选定的质量指标为边界品位 K_2O 6%，工业品位 K_2O 6.5%。矿体圈定按矿体自然分层，对应崔庄组三、四、五、六岩性段，按工程控制的矿体顶底板，在开采最低标高(地面最大剥蚀深度)，依据走向、倾向的控制边界，按地面采矿确定边坡角，选用块体断面法，按储量计算要求，提交 C+D 级矿石量 602.29 万 t。

(五)崔庄含钾页岩勘查开发应用现状

(1)崔庄含钾页岩为洛阳地区提交的首例含钾岩石详查报告。以含钾黏土岩为原料生产高浓度复合肥，为农业增产提供急需的钾矿资源，是缓解我国水溶性钾资源短缺积极开辟新肥源的重要举措。本项目的实施，提供了"崔庄页岩"的含钾资料，对区域性找钾起着导向作用。

(2)据区域地质资料，洛峪群代表了在地壳震荡中由滨海—浅海陆棚—浅海泻湖相的发展过程，其中崔庄组以页岩为主，代表最大海泛期，沉积环境稳定，以伊利石为主形成黏土岩和以海绿石为特征形成碎屑岩，二者都有可能在局部地区富集，岩石中 K_2O 含量在其他地区能够提高，如下伏北大尖组中的海绿石砂岩 K_2O 含量达 7.6% ~ 10.7%，伊川田院崔庄页岩 K_2O 含量 16.64%，有待于在进一步研究的基础上，选择 K_2O 的富集区开展新的农用矿产地质勘查。

(3)经十余年的探索，一些工业、科研、院校单位已经探索出利用高温烧结法从含钾岩石中提取碳酸钾、氧化钾和普通水泥的生产工艺，该工艺和水泥生产的工艺相似。随着水泥生产规模的扩大和工艺的改进，湿法生产水泥的回转窑将被淘汰，从而也为利用旧设备和水泥生产工艺，为这些含钾岩石的农用矿产开发利用提供了契机。

三、嵩县黄庄西岭伊利石矿开发应用前景

伊利石是一种钾硅酸盐云母类黏土矿物，又称白云母，为水云母族中矿物之一。可以视为白云母至云母—蒙脱石混合矿物之间钾不断减少和水不断增加的一系列矿物。伊利石可为变质岩石，也可以由其矿物组成沉积黏土岩。因其特定的化学成分和良好的物化性能，在陶瓷、化肥、造纸及化工等行业及环境保护领域中有广泛的用途，是开发前景广阔的黏土矿物，在农用矿物中归农肥类。

中国伊利石黏土矿主要分布于浙江、吉林、河南等省，多产于中生代的环太平洋地壳运动较强烈地带，一般与火山活动密切相关，常赋存于流纹质火山碎屑岩夹少量陆相沉积的一套晶屑凝灰岩、含砾凝灰岩等火山岩组成的地层中，一般呈似层状、透镜状产出。可划分出热液蚀变型、沉积型和风化型三种成因类型。有关研究成果证明，浙江滨海渡船头伊利石矿产于中生代火山岩系，其化学成分与河南产于熊耳群中的伊利石、河北产于上古生代地层中的沉积型伊利石有惊人的相似性。

伊利石在农业上可用于制作钾肥、土壤调节剂、家禽饲料添加剂、核工业的污染净化和环境保护，其中的微量元素有着极大的农用价值。下面以嵩县黄庄西岭伊利石矿为例做一说明。

20 世纪 80 年代初，当地村民高玉良等开挖了被古人称为"玉石坑"中的石头，经由

河南省地调一队鉴定为"叶蜡石"。1988年作者同李天兆等调查矿山，更名"绢云母质次蜡石"。同年，河南省地科所乔怀栋定名为"绢云母岩"。依据其矿物和化学成分，1990年作者与汝州于斌在汝瓷四厂进行了全岩型浇注制瓷试验，从复合型陶瓷原料方面得以启迪，后与唐山建筑陶瓷厂总工高士俭联系，又送去样品进行工业小试(制瓷砖)，在取得成功的基础上，发现本地所产的这种石头，与唐山建陶利用的"章村土"(产于河北沙河章村的一种伊利石黏土)的化学成分有惊人的相似性，同时也对比研究了浙江温州渡船头等地伊利石矿的资料，并由洛阳耐火材料研究院作X光和电镜扫描，依鉴定结果，1994年定名为伊利石。1995年对矿区开展地质普查时，由于测试和参考资料方面出现了伊利石、绢云母的不同认识，地质报告称"伊利石绢云母"矿床。本书作者考虑到本矿床的测试样品较少，矿石矿物研究工作程度较低，仍称其为伊利石矿床。

(一)概况

矿区位于嵩县黄庄乡付沟村西岭的北沟一带，有简易公路相通，黄庄西行25km通嵩县，东行25km通汝阳，北沿洛阳—白云山公路90km通洛阳，交通相当方便。

矿区大地构造位于华北地台二级构造单元——华熊台隆的东部，三级构造单元属外方山断隆的北中部，区域褶皱构造为大庄—中胡背斜，矿区位于背斜倾伏端的北东翼部位，地层走向290°～320°，倾向北东，倾角26°～40°。

(1)地层。地层为中元古界熊耳群火山岩系。矿区出露上部鸡蛋坪组和马家河组。鸡蛋坪组为一套巨厚层状青灰、紫灰、灰黑色流纹斑岩，局部为英安斑岩，顶部夹薄层状或透镜状灰绿色块状安山岩、杏仁状安山岩，夹灰白色蚀变晶屑、岩屑凝灰岩。马家河组以灰绿色安山岩为主，夹多层灰、灰白、深紫色沉凝灰岩夹层，底部与鸡蛋坪组呈喷发不整合接触。伊利石矿化位于二者之间的蚀变晶屑、岩屑凝灰岩及其下部的断层糜棱岩带中。

(2)构造。沿矿区褶皱构造北东翼的付沟(大村)附近的马家河组分布区，保留一近东西向展布的长透镜状火山机构，以爆发相安山质集块熔岩发育为特征，圈定几处古火山口。结合其周边马家河组的多层沉凝灰岩所示的岩相，说明该区为一处火山喷发—沉积盆地，伊利石矿区位于盆地的边缘，并受火山机构控制。

矿区内的断裂带比较发育，最具规模的F_2断裂横贯矿区东西，延展于温家沟—椿树壕—南沟—玉石坑一带，长大于1 100 m，宽5～30 m，破坏的地层厚度3～15 m，走向298°～320°，倾向北东，倾角25°～34°，大体与鸡蛋坪组顶部的流纹斑岩的顶面产状一致，发育糜棱岩系和碎裂岩系，亦为伊利石矿的矿化富集带。

(3)侵入岩。区内侵入岩有两期：早期为与熊耳期火山岩喷溢相关的中酸性次火山相岩茎、岩墙和岩脉，主要分布在火山机构附近。晚期的侵入岩主要是碱性正长岩类，形成岩株和岩脉，属于嵩县—纸坊—黄庄间的碱性杂岩群的部分，最近的乌桑沟岩体位于矿区东南25km，侵入大庄—中胡背斜倾伏端，岩体出露面积7km²，受岩体热力影响，接触带具强烈硅化、绢云母化、黄铁矿化，并使围岩形成褪色带。

(二)矿床特征

1. 矿体形态、产状、规模

矿床受地层层位、岩性和断裂构造多种因素控制，矿体围岩为晶屑、岩屑凝灰岩和碎裂岩—糜棱岩，矿体呈层状、似层状，总体走向300°～320°，倾向北东，倾角25°～37°，局部大于40°，由于矿区地层倾向和坡向一致，经受地形切割，大部分矿体被剥蚀掉，仅在椿树壕以西里沟以北保留完整矿层。

依据地形切割后矿体出现的不连续性，普查时把矿体分为 5 个块段，椿树壕以西划为两个块段，里沟以北为第一块段，以南为第五块段；以东划为三个块段，自西向东，编号为二、三、四，四块段即玉石坑，未在平面图内，五个块段中，一、二块段规模最大，矿体最大长度 270 m，最大厚度 8.9～9.31 m，以五号矿体最小，长仅 60～100 m，平均厚 1.5 m。

2. 矿石成分

(1)矿物成分：主要是伊利石(或谓绢云母、水白云母)、高岭石，其次为石英、长石、叶蜡石、黄铁矿、褐铁矿，微量矿物有白钛石、锆石、绿帘石、金红石、硬绿泥石、磷灰石、明矾石等，以主要矿物的含量决定矿石的品级，优质矿石的伊利石含量高达 95% 以上，颜色为浅绿、青灰、灰白、灰黄、半透明或不透明，有玉质的滑腻感，蜡状油脂光泽，断口平整光滑，略具贝壳状、参差状，硬度 1～2，比重 2.75～2.82，含石英高时为白色，含高岭石高时呈土状，含黄铁矿高时多锈斑。

(2)化学成分：本区伊利石矿在化学成分上具"三高一低"特征，即高硅、高铝、高钾、低铁，但因矿石产出部位、矿石类型不同，化学成分和含量也不同，见表6-5。

表 6-5　伊利石矿矿石化学成分对比

矿石名称	化学成分(%)									说明
	SiO_2	Al_2O_3	Fe_2O_3	TiO_2	CaO	MgO	K_2O	Na_2O	H_2O	
浅绿色蜡石状伊利石	44.24	40.48	0.23	0.31	0.48	0.69	7.75	0.51	5.20	伊利石型
青灰色致密块状伊利石	46.56	37.66	0.23	0.80	0.48	0.52	8.34	0.35	4.78	伊利石型
伊利石绢云母矿	46.24	35.15	0.95	0.5			10.69			伊利石型
伊利石绢云母矿	53.76	28.27	0.75	1.68			8.08			绢云伊利型
高岭石石英伊利石矿	70.04	21.46	0.35	0.80			5.05			石英伊利石型
白色粗屑矿化凝灰岩	69.50	19.64	0.65	1.05	0.43	0.13	6.26	0.21		石英伊利石型
白色土状伊利石	49.41	34.04	0.87	0.47	0.24	1.57	8.74	0.37	4.27	高岭土化伊利石
褐铁矿高岭土伊利石	52.04	28.82	2.20	0.82			8.50			褐(黄)铁矿型
浙江温州渡船头伊利石	47.94	35.47	0.42	0.30	0.17	0.08	9.48	0.22	5.86	提纯样
浙江温州渡船头伊利石	57.60	29.17	0.24	1.10	0.26	0.15	6.50	0.28	1.62	原矿样
伊利石黏土(章村土)	45.66	36.04	0.72	1.04	0.28	0.22	8.71	0.91	5.06	河北章村

3. 矿石结构、构造

矿石结构有显微鳞片变晶结构、变余糜棱结构、变余晶屑凝灰结构、变余斑状结构、变余玻晶交织结构、角砾状结构等。矿石构造有定向构造、流动状构造、条纹条带状构造、块状构造、蜂窝状构造、片状构造、碎裂构造、土状构造等。结构与构造明显地反映了矿石的矿物形态、矿床成因以及矿床形成后受内力和外力作用的演化特征。

4. 矿石类型

依据矿石的矿物、化学成分，参考矿石的颜色、结构，将矿区矿石划分为以下五种类型。

(1)伊利石型。浅绿、浅黄、青灰色、白色、致密块状构造，伊利石含量大于 90%，含少量高岭石、石英，产于主矿层下部，为矿化断裂带上盘，或为二次矿化的叠加部位，主要分布在二矿段的局部和五矿段。

(2)绢云母伊利石型。一般呈浅黄、青灰、浅绿色，致密块状，油脂—丝绢光泽，有滑腻感，伊利石含量 50%～95%，含部分石英、高岭石，Al_2O_3 含量相对较低，具不均匀硅化，矿石硬度较大，分布在三、四块段。

(3)高岭石石英伊利石型。一般呈灰白色、白色，粗糙块状，含碎屑，伊利石含量 50%～70%，石英含量 10%～25%，高岭石含量 5%～15%，矿层位于构造蚀变带的上部，矿层稳定，规模大，分布在一块段，为矿区首采段主矿层(陶瓷原料)。

(4)高岭石叶蜡石型。深绿、黄绿色，风化后为白色，致密块状—碎裂状构造，蜡状光泽，滑感性强，局部含叶蜡石 80%～90%。呈蠕虫状，硬度 1～2.5，主要分布在玉石坑和第一块段下部。

(5)黄铁矿化叶蜡石型。呈灰、淡黄、褐色，致密块状，切面有滑感，含伊利石不等，含黄铁矿 7%～8%，分布在矿体下部的构造带中，或呈窝子状出现在矿体的局部地段。

以上五种矿石类型以(1)、(2)、(3)类为主，其中第(2)类为过渡类型，第(4)类和第(5)类规模较小，除此之外还有高岭土化的土状伊利石和浅部由地表水浸染而形成的具花纹图案的矿石。

5. 矿化与蚀变

伊利石矿物族包括了水白云母、绢云母在内，代表着由云母族矿物向蒙脱石族矿物转变的过渡产物，这个矿物组内的矿物之间没有明确的定义和截然界限。由火山碎屑、断层碎屑物而成为矿床，实际上经历了复杂的绢云—伊利石化矿化蚀变作用，与其伴生的还有高岭土石化、叶蜡石化、硅化、黄铁矿化以及后生的高岭土化、黄铁矿化，代表了火山岩地区一次复杂的成矿作用。

6. 矿床成因

该矿床属于在火山沉积—变质成矿作用基础上，被后期岩浆热液叠加的火山气液交代(改造)矿床。矿化大体可分为三个阶段：①早期鸡蛋坪组末期形成的酸性晶屑、岩屑凝灰岩，以其长英质矿物和岩屑的高硅、高铝、高钾、低铁的地球化学特征，成为矿床形成的"母岩"或"矿源层"。②鸡蛋坪组之后，处在马家河组形成时近火山源(火山机构)火山沉积盆地边缘，含 H_2S 的酸性水，促进酸性凝灰岩中长英矿物的分解，并在火山岩叠压的火山变质热力场中，使 Si、Al、K 元素重新组合为伊利石族矿物。③熊耳群形成后，经受后期构造岩浆活动，产生沿层的滑脱构造，并受与碱性岩侵入时期热液叠加，使矿床局部富化。

(三)勘查与开发应用现状

西岭伊利石矿是在特殊的历史背景下，由地方群众、地质部门、生产厂家联合发现的一种特殊矿种。在地质部门业务冷落、投资极端困难的情况下，经市地矿办协助由省地矿厅拨出资源补偿费，在有成矿远景区内选择该矿点做了普查评价工作，提交 C＋D 级资源量 95.20 万 t。成矿区内尚有矿化有利地段及已知矿点未做工作，扩大找矿仍具较好远景。

该矿床已做陶瓷工艺试验，曾使用一段的高岭石石英伊利石型矿石，为汝州艾迪生陶瓷公司开采加工，也为神垕等地其他陶瓷厂制作日用陶瓷。该矿床之伊利石型优质矿石，已为韩国选中，但因矿山和运输问题而搁置。当前存在的主要问题是对矿石的开发应用研究还仅限于陶瓷方面，其他用途的研究和进一步扩大矿床勘查，却因经费和其他原因而未曾展开。

第二节 非传统农肥类勘查开发应用前景

非传统矿物肥料是以某些矿物岩石的粉末施入田间，除了为农作物提供一定量的氮、磷、钾、硅和镁类传统矿肥外，还可以为农作物提供其生长和保持优良品质所必需的 Cu、Zn、Mn、Mo、Si、B 等微量元素；并且(岩矿粉末或多种矿粉的混合物一起施入田间，与土壤混合作用)能够改善土壤结构、酸碱度等一系列物化特性，从而起到改良土壤的作用。所以说，非传统的矿物肥料是集提供作物生长所必需的常量、微量营养元素，作物生长调节和改良土壤等多种功能于一体的天然肥料。

非传统农用矿物肥料，国内外都做过大量试验研究，取得了显著成绩。如预先在种油菜的土壤中施加硼砂矿粉，可使油菜的产量增加 24%；将海泡石与肥料混用，其作物的产量比单独施肥高 10%左右。苏联曾使用海绿石做肥料，提高谷物产量 24%～44%，蔬菜 25%～50%，棉花 8%～12%，还可提高作物抗病害能力，提高小麦发芽率及增强根系发育。使用泥炭、蓝铁矿做肥料，稻谷可增产 10%～40%，马铃薯增产 10%～40%，且肥效可达数年。我国也已开始研究非传统矿物农肥和加入多种矿物的人造复合肥料，以及"多元微肥"等。如云南利用沸石粉制成肥粒试用，结果使玉米增产 17%，辣椒增产 31%；黑龙江使用微量元素肥料，粮食增产 4 亿 kg。锌肥(硫酸锌、氯化锌)有促进植物细胞呼吸、碳水化合物的代谢等作用。目前，作为非传统矿物肥料使用的主要有沸石粉、含钾花岗岩粉、磷矿石粉、绿泥石粉、泥岩渣等。鉴于目前我国农业发展的现状，这些农用矿物肥料的开发应用具有重要意义。

一、洛宁、宜阳橄榄岩、蛇纹岩矿开发应用前景

蛇纹岩是镁的一种含水硅酸盐矿物。一般具有斑点状花纹，特别是其磨光面很像蛇皮，由此得名。

蛇纹石类矿物由于具有耐热、抗腐蚀、耐磨、隔热、隔音、较好的工艺特性及伴生有益组分，因而应用前景广阔，在农业方面主要制造化肥，因蛇纹岩含有铬、镁、镍、钴、钒、锰、铅、铜等多种元素，故其岩粉可直接施用于农田，起到"长效微肥"的作用；用其岩粉拌种甜菜、棉花可作为钙镁磷肥和钙镁磷钾肥中配料使用效果很好；如蛇纹石与磷灰石或磷块岩一起煅烧，可制成钙镁磷肥，这种肥料在酸性或中性土壤用做基肥或追肥均可，尤以作基肥更好。每千克钙镁磷肥可增产稻谷 2～3 kg，每生产 1 t 钙镁磷肥需消耗蛇纹石(氧化镁含量大于 30%)500 kg(高炉法、电炉法、平炉法用量皆同)；如单独施用蛇纹岩细粉，亦有一定肥效。特别是用于玉米、薯类、豆类以及块根、块茎类作物，效果较好。据田培学资料，施用页岩制成的矿物肥料，可使小麦增产 20.7%、玉米增产 8%～20%、黄瓜增产 27.4%；施用蛇纹石制成的矿物肥料，可使土豆增产 22%～32%、玉米增产 21%；江苏省磷肥厂直接利用蛇纹岩生产钙镁磷肥及配料，生产出的钙镁磷肥，含有效 P_2O_5 12%～18%、MgO 32%～46%、SiO_2 38%～42%、CaO 1.8%；蛇纹岩可作为生产磷酸镁或混合磷肥原料，在高浓度的烧成磷肥中若添加蛇纹岩的镁粉，能制成镁重烧磷。西南科技大学矿物

材料应用研究所在四川彭州市和绵阳市先后用蛇纹石矿物肥料对水稻、小麦、土豆、红薯、油菜等作物进行田间小区试验,在作物产量、作物品质、土壤改良等方面都取得了良好效果。

橄榄岩以纯橄榄石为主,次为辉石组成,含少量铬铁矿和磁铁矿。蛇纹岩是橄榄岩的蚀变岩,主要由叶蛇纹石、纤维蛇纹石组成。橄榄岩呈深绿色、粒状结构、反应边结构、包含结构,或为海绵陨铁结构,常与其他超基性岩如纯橄榄岩、辉石岩及基性岩组成杂岩体,自然界的橄榄岩大部蛇纹岩化。蛇纹岩呈各种程度不同的绿色(淡绿、深绿、黄绿)或灰白色,丝绢、蜡状光泽,结构多为层状、板状、管状或叶片状等,结构构造保留了原岩特征。

橄榄岩和蛇纹岩有相似的用途,主要用于化肥,与磷块岩、磷灰石一起熔化,烧制钙镁磷肥(边界品位 MgO≥25%,工业品位 MgO≥32%、CaO3%~5%),由于橄榄岩的熔点较高,要求 MgO 含量也高,故多用蛇纹岩。其次用以制造耐火材料,与制化肥相反,橄榄岩优于蛇纹岩,熔点达 1910 ℃。再次用于冶金熔剂,炉渣调节剂,铸砂、喷砂清洗剂等。美丽的橄榄石可用做宝石,裂隙不发育的橄榄岩、蛇纹岩属特种石材、工艺石料,优质的蛇纹岩还归于宝玉石类。原西安地质学院化学系利用蛇纹岩制出过用于油脂、饮料的过滤剂,称微孔硅石。

下面以洛宁、宜阳橄榄岩、蛇纹岩为例做一说明。

(一)区域超基性岩特征

1. 分布、规模、产出情况

据 1970~1973 年河南省原地质三队为寻找铬铁矿对洛阳地区超基性岩的调查资料,区内共发现超基性岩体 246 个,分布在洛宁崇阳沟(95 个)、宜阳廖凹、马家庄(105 个)和嵩县黄水庵—学房村(约 46 个)一带,其中长度 100~1 000 m 的 51 个(洛宁 14、宜阳 29、嵩县 8 个);小于 100 m 的 195 个(洛宁 81、宜阳 76、嵩县 38 个);最大岩体(>0.1 km²)有三个,它们是宜阳的马家庄—柱顶石、寺沟、洛宁崇阳竹园沟。

这些大小不等的岩体,多以鱼贯状分布在太古界太华群中,围岩多为斜长角闪片麻岩类基性变火山岩,岩体长轴与片理一致,在走向延长线上受片麻岩产状变化而摆动。产出情况有三个特点:

(1)岩体分布不均一,在豫西广布的太华群中,这类岩体仅在华熊台隆区出露,而在该台隆区,又集中分布于以上三个区段,其他区段基本缺失。

(2)各区段内岩体长轴具方向性,但各地走向不一,洛宁为近南北向,宜阳为 NWW、NW 向,嵩县为 NE 向。

(3)岩体的分带性,超基性岩的分带性以宜阳最明显,全区分廖凹—架寺,马家庄—三岔两个超基性岩带。

各个岩体分布区的岩体形态虽比较复杂,但外形相对简单,以椭球状、透镜状、饼状、浑圆状为主,产状受围岩的变余层理,层间构造裂隙控制,随同太华群片麻岩地层的褶皱变形,岩体产状亦随之改变。

2. 岩石类型和蚀变特征

岩石类型有纯橄榄岩、辉石橄榄岩、橄榄岩、橄辉岩、辉闪岩等,前三种少见,以后三者为主。由于分异不好,不同岩石在同一岩体中往往相互伴生,形成超基性杂岩,杂岩体中不同岩性之间呈渐变过渡关系。

超基岩的蚀变作用较强,蚀变种类有伊丁石化(橄榄石变为伊丁石)、绢石化、蛇纹石化(叶蛇纹石为主)、滑石化、碳酸盐化、透闪阳起石化、云母蛭石化(形成蛭石矿床)、绿泥石化、绿帘石化、磁铁矿化等。实际上本区的超基性岩主要是由蛇纹岩、滑石岩、透闪—阳起石岩、蛭石岩、绿泥滑石岩组成，不仅体现了蚀变作用的复杂性，而且又表现出了蚀变作用的多期性，一些主要的造岩矿物往往经历了多期变化，如橄榄石→伊丁石化→褐铁矿化、橄榄石→蛇纹石化→滑石化、辉石→绢石化、辉石→蛇纹石化→滑石化等。

岩石构造有块状构造、片状构造、半定向构造等，以块状构造为主，岩石结构有海绵陨铁结构、自形粒状结构、变余斑状结构、交代残余结构、鳞片变晶结构等，以后二者为主。

依据岩石类型、结构、构造、矿物的共生组合及蚀变特点，将本区岩体划分为纯橄榄岩体、蛇纹岩体、超基性杂岩体、辉闪岩体、各类蚀变岩体等 5 种类型，它们在各地的分布情况如表 6-6 所示。

表 6-6　各地超基岩性岩体类型统计

岩体类型	洛宁	宜阳	嵩县	合计
纯橄榄岩	1		5	6
蛇纹岩	15	2		17
超基性杂岩	1	25	5	31
辉闪岩	16	29	14	59
各类蚀变岩	62	49	22	133

3. 岩石化学特征

全区共采集 58 个超基性岩岩石化学样，其中 45 个的分析结果见表 6-7。

表 6-7　熊耳山区各类超基性岩平均化学成分

岩性	组分(%)							
	SiO_2	Fe_2O_3	FeO	CaO	MgO	Al_2O_3	TiO_2	P_2O_5
含辉纯橄岩	36.46	13.17	6.15	0.39	30.72	1.00	0.15	0.05
橄榄岩	41.721	7.28	5.705	5.335	27.436	2.47	0.158	0.158
蛇纹岩	38.90	7.925	4.918	3.395	31.298	1.853	0.118	0.118
蚀变岩	46.66	5.879	5.533	5.519	24.139	3.794	0.207	0.207
辉闪岩	48.469	5.245	6.329	9.368	20.112	5.353	0.408	0.408

岩性	组分(%)						
	MnO	Na_2O	K_2O	Cr_2O_3	NiO	CaO	样数
含辉纯橄岩	0.12	0.04	0.00	0.534	0.13	0.000	1
橄榄岩	0.301 4	0.142	0.095	0.507 6	0.117	0.011 5	10
蛇纹岩	0.177 8	0.101	0.108	0.652 5	0.145	0.012 5	10
蚀变岩	0.262	0.241	0.175	0.471	0.099	0.010	9
辉闪岩	0.178	0.514	0.268	0.357	0.053 8	0.005 2	13

由表 6-7 统计计算可以看出：

(1)本区超基性岩绝大部分岩石属正常系列(A)，少部分为铝过饱和系列(B)，后者三氧化二铬有增高之势。

(2)本区超基性岩几乎全部落在铁质超基性岩区内，M/f 值变化在 2～6.5 之间，其中洛宁凉粉沟(见后)、宜阳廖凹为镁质超基性岩，M/f 值＞6.5%。

(3)A+C 值变化在 0.4～4.4 范围内，一般＞1，K_2O、Na_2O、Al_2O_3 的含量较高。

(4)H 值一般 50 左右，蛇纹石化程度不太强。

(5)按含辉纯橄岩→蛇纹岩→橄榄岩→蚀变岩→辉闪岩的变化序列，SiO_2、CaO、Al_2O_3、TiO_2、Na_2O、K_2O 有递增之势，Fe_2O_3、MgO、Cr_2O_3、NiO 有递减之势。

4. 超基性岩的非金属矿化

由于这些超基性岩带的岩体规模小，分异程度和铬矿的成矿专属性差，形不成有价值的铬矿化，经三年地质工作，已否定了铬、镍矿的找矿前景。但从提供的资料中却指示了超基性岩的非金属矿化，包括石棉化、磷灰石化、滑石化、蛇纹石化、蛭石化等都很有意义，前二者的矿化规模小，滑石化很发育，但未做专门工作，蛭石化在宜阳张坞马家庄区形成蛭石矿床前面加以介绍，这里专题介绍的是洛宁凉粉沟岩体形成的蛇纹岩矿床。

(二)洛宁崇阳凉粉沟蛇纹岩矿床勘查开发应用前景

1. 区域地质

洛宁崇阳沟地区的超基性岩体共 95 个，主要分布在故县、下峪一带的太古界片麻岩系中，以下峪崇阳沟最集中，岩体群中岩体长轴走向大体分为北东向、北西向和近南北向，以后者为主。受区域地层构造控制，单体形态有透镜状、面条状、疙瘩状、柱状、不规则状，群体形态有雁行状、串珠状、卫星状等，最大岩体 50 m×100 m，大于 100 m 的有 14 个，小于 100 m 的有 81 个，不包括小如拳头、鸡卵的岩体。岩体化学特征、蚀变特征以及矿化特征与区域一致。

2. 矿床地质特征

(1)产状、规模。凉粉沟岩体由该区出露的一个岩体群组成，该岩体群由 6～7 个小岩体组成，形如"？"号，南部的 1、2、3 号岩体由右行雁列状首尾相接，走向北北东，北部的 4、5、6 号岩体向北西偏转，如左行雁列，单个岩体走向南北，其中进行地质评价的为凉粉沟超基性岩体群中最南部的 1 号岩体(又称 31 号岩体)。该岩体地表出露长 85 m，最宽 15～16 m，一般 7～8 m，钻探验证，岩体与片麻岩产状同步向深部延深大于 250 m，最大厚度达 40 m 以上，岩体倾斜长度大于走向长度。

(2)地质特征。岩体产状自地表到深部，完全受太华群变质岩的产状控制，岩体厚度由薄变厚，呈自然膨大之势，岩体内部的蚀变岩和片麻岩也呈自然的互层状或条带状，外蚀变带为滑石、蛭石、阳起石蚀变岩，内蚀变带为蛇纹石蚀变岩。蛇纹岩颜色呈灰绿色、灰色，风化面呈灰黑色、褐灰色，微粒—隐晶结构，块状构造。镜下呈鳞片变晶结构、网纹结构、海绵陨铁结构。岩体蚀变以蛇纹石为主，次为滑石、蛭石。

(3)矿石矿物成分。矿物成分主要由蛇纹石组成，含量 70%～90%，属叶蛇纹石，少数为胶蛇纹石，局部见纤维蛇纹石；其次为不等量的滑石、方解石、蛭石、绿泥石，金属矿物主要为磁铁矿，含量 1%～15%；再次为铬尖晶石，含量小于 3%，局部见有中等浸染、稠密浸染、带状铬铁矿化范围很小。微量矿物有黄铁矿、磁黄铁矿、黄铜矿、方铅矿、辉铜矿(?)等硫化物。

(4)矿石化学特征。经综合评价,凉粉沟 31 号岩体为一小型蛇纹岩矿床,块段平均品位 MgO 31.47%~33.46%(超过 31.298%的区域平均品位)、SiO₂ 39.95%~42.74%。

经综合评价,凉粉沟蛇纹岩估算矿石储量 29.57 万 t。

(三)几点说明

(1)本区超基性岩一般规模小,铬矿化微弱,含镁低,唯洛宁凉粉沟蛇纹岩可达钙镁磷肥工业要求(边界品位 MgO≥25%,工业品位 MgO≥32%),但均达不到耐火材料(MgO≥40%)和冶金熔剂级(MgO≥36%)。据区域矿产资料,洛阳伊川石梯为一磷块岩矿床,栾川庙子有磷灰石矿产,新安、伊川、汝阳、宜阳各县均产含钾岩石,利用洛阳蛇纹石资源,可因地制宜地发展钙镁钾磷肥。另据有关资料,宜阳董王庄蛇纹岩体 MgO>32%。

(2)在 1970~1973 年地区超基性岩普查的基础上所发现的三处超基性岩带中的宜阳马家庄、洛宁崇阳沟两地均选代表性岩体作了进一步评价工作,但嵩县的黄水庵一学房村的超基性岩却因工作不多、缺少报道而知者甚少。据原调查报告称,该区岩体有 5 处为纯杆岩体,占区域纯橄榄岩类的绝大部分,产出走向 NE、HWW 和 NNW 三组,以 NE 为主,岩带延长十几千米,记录的岩体有 46 处,其中长度大于 100m 的 8 处,应有一定规模,尚待进一步调查。

(3)从石材矿产角度考虑,以上三处超基性岩都是重要的石材资源。经对宜阳、洛宁两处超基性岩的调查,这些岩体提供的石材除了它们有着黑、墨绿、黄绿、灰绿的色调外,还因各种蚀变矿物的分布和岩石特殊的结构构造,而呈现出美丽的色彩图案,这些色彩和图案也因为品种的稀缺,可以弥补岩体规模小、地面裂纹发育的缺陷,可加工为具市场效能的工艺石材,为地方发展石材,特别是小石材、工艺石材的提供资源保证。

(4)国内外大量研究超基性岩的成果说明,它们主要是沿区域构造带中深大断裂上涌的地幔岩的一部分,称科马提岩系,产出的部位包括大洋中脊和洋陆接合带。以上三处超基性岩带集中分布在华熊台隆区的熊耳山地背斜的两翼和倾伏端部位,洛宁崇阳沟岩群位于西南倾伏端,宜阳马家庄—廖凹和嵩县黄水庵—学房村分别位处北、南两翼,它们之间为什么在岩性、结构、构造和矿物成分方面有着很多相似性,有没有内在联系,对于研究华北地台的成因、岩性对比,乃至认识太华群的形成是很有价值的。

二、伊川江左嵩山(塔沟)麦饭石矿开发应用前景

麦饭石源自中国,《中药药典》中归《金石部》。史载中岳山人吕子华握有治恶疮秘方,无比灵验而誓死不传,时人不解。后至明李时珍著《本草纲目》,破解该秘方为麦饭石,论述曰"麦饭石山溪中有之,其石大小不等,如一团麦饭,有粒点如豆如米,其色黄白",其性"甘、温、无毒",主治"一切痈疽发背"。

麦饭石的开发研究则起于日本,20 世纪 70 年代中期,日本在本国找到了这类岩石,认为麦饭石是一种天然微量元素的营养源,有延年益寿之功效,称之为"寿石",于是首先在日本形成麦饭石热,后又波及韩国。

现代科技成果表明,麦饭石不仅仅能够治病强身和浸出人体所需的多种微量化学元素而用于医疗保健,而且能够更广泛地用于饮料、食品、饮用水的净化和洗浴美容;现代农业地质的研究成果也表明,麦饭石浸出的多种微量元素特别是稀土元素,也是农作物生长的营养源和生物所需的特种元素,所以已有人利用麦饭石制造多元硅肥,利用麦饭石中一

些元素的高含量和高渗出率来发展特色农业。

清华大学(刘晓华等，2007)进行的湿法粉磨同步法提取麦饭石中有益元素的实验研究，采用湿法粉磨麦饭石并同步提取麦饭石中有益元素的工艺方法(此前未见报道)，将矿物元素提取出来，获得湿磨提取液，同时获得麦饭石细粉。湿磨提取液可以用于制作保健饮品，麦饭石细粉可以用做水产保鲜剂、冰箱除臭剂、动物饲料、化肥缓释材料、水质净化材料等。其研究成果表明：①此方法将麦饭石矿物元素提取与麦饭石细粉粉磨制备同步进行，既提高了麦饭石中有益元素的提取率和麦饭石的利用率，又简化了工艺，提高了卫生安全性和工艺可行性。②此方法克服了干法粉磨再浸泡提取工艺耗时、矿物元素溶出率低、麦饭石利用率差等缺点，且工艺简单，易于大规模生产，具有较好的工业化前景，适于工业推广使用，对促进我国麦饭石资源的深度开发，以及改善人民的健康生活水平具有较大的社会意义和经济意义。

下面以伊川江左嵩山(塔沟)麦饭石矿为例做一说明。

20世纪80年代初，中国先后研究开发了内蒙古奈曼旗的中华麦饭石、辽宁阜新麦饭石、天津蓟县磐山麦饭石和河南的中岳麦饭石、嵩山麦饭石(江左塔沟)和阳城麦饭石，伊川县科委、经委会同核工业部二〇三所及河南省地调一队等有关科技部门，在中岳嵩山区的江左塔沟地区，发现并研究了这一麦饭石矿，称伊川嵩山(塔沟)麦饭石(后续文献资料称伊川嵩山麦饭石)。

(一)概况

该麦饭石矿区位于河南伊川东北部嵩山西段之塔沟、三峰寺、上王村一带，西南距吕店8km，南距江左7km，属江左乡，西距伊川县25km，距焦枝线伊川火车站20km，东邻国家嵩山地质公园旅游区，距郑州登封市40km，矿区南部有郑—少—洛高速公路横贯东西，交通十分方便。

(二)区域地质

矿区大地构造位处华北地台之嵩箕台隆北部，区域地质构造位处拉马店—郭家窑复背斜西段，背斜北翼组成万安山脉，由中元古界兵马沟组、马鞍山组(归汝阳群)、震旦系罗圈组及上覆寒武系组成；南翼断失，仅在吕店石佛寺一带出露寒武系上统和石炭—二叠系；背斜轴部出露古老的太古界登封群结晶岩系，构造线方向与两翼垂直为近南北向，组成复式褶皱，背斜轴部由石牌河组的黑云斜长片麻岩、角闪斜长片麻岩、斜长角闪岩、混合片麻岩组成，两翼出现郭家窑组的角闪片岩、石榴云母石英片岩、注入长英质混合岩。西部马山寨、黄瓜山一带出露的另一套厚层片状石英岩、石榴石英云母片岩划归登封群石梯沟组。

区内岩浆活动至少在三期以上，嵩阳期岩浆岩以石英闪长岩、斜长花岗岩及一些基性火山岩、脉岩类为主，以强混合岩化为特色，包括由区域混合岩化作用形成的钾长伟晶岩脉；中条期岩浆岩以侵入登封群的辉长辉绿岩、花岗岩为代表；第三组相当熊耳期，主要代表为各种脉岩，包括辉绿岩、辉绿玢岩、石英斑岩等。其中经受混合岩化作用，侵入登封群石牌河组的塔沟岩体，其风化壳部分即下面要阐述的麦饭石矿床。

(三)矿床地质特征

麦饭石矿床的应用机理，反映的是在生态平衡的原理下，从人和自然间内在联系中探索到的一种规律。生命起源于地壳表面的水圈，由低级进化到高级而为人类，人类依赖于水(H_2O)、空气(O_2)及各种常量和微量元素而生活、繁衍。生态平衡机理的研究证明，人体中含有的微量元素的种类和比例与大陆岩石圈类同，而地球化学的研究成果又指出，花岗质岩浆岩的平均化学成分，实际上又可代表地壳的平均化学成分。在一定意义上说，麦饭石探索的是人体化学和地球化学之间的内在联系。嵩山麦饭石选的是塔沟岩体，对该岩体的研究即为探索麦饭石地球化学特征或为麦饭石矿床地质的主要内容。

(四)岩体出露情况

岩体出露于登封群石牌河组分布区，呈梨形，北宽南窄，南北长 2 km，东西最宽处 1 km，南侧为黄土覆盖，出露面积 1.5～2 km²，西部王窑、三峰寺及东北部马蹄凹一带均有钾长伟晶岩脉出露，北部、西北部有角闪岩、辉绿岩、安山玢岩出露。岩体内部有较多的伟晶岩脉、细晶岩脉、石英脉及基性岩脉，断裂、裂隙发育，冲沟切割较深，岩石出露较好。

(五)结构、构造及造岩矿物特征

新鲜岩石为浅灰色，风化后为淡黄白色，遭受不同程度混合岩化作用，具不等粒花岗变晶结构，交代残余结构，块状构造，局部具片状构造，主要矿物为斜长石(40%～50%)、钾微斜长石(30%～35%)、石英(25%～35%)、黑云母(5%)、角闪石(1%～2%)，另有少量金云母、绿帘石、石榴石(1%)，副矿物为锆石、磷灰石和金红石。微斜长石交代斜长石，边界呈缝合线状，在斜长石中形成蠕虫状石英，在微斜长石中有斜长石残余，斜长石普遍绢云母化，石英为他形粒状与不规则状，裂纹发育，具有波状消光。依据主要造岩矿物，岩石定名为石英二长岩或斜长花岗岩。

(六)次生蚀变

麦饭石类岩石的次生蚀变和风化作用，代表了岩石经受的化学作用过程，与麦饭石的药用效能即有益元素的渗出率有关，一般认为由地表重熔而形成的岩石，其化学成分更接近地壳的化学平均值。次生蚀变作用和风化作用越强，元素的渗出率也越高，所以麦饭石均形成于岩石的风化壳部分。

岩石中主要造岩矿物次生蚀变明显，长石的绢云母化、黏土化作用最强烈，黑云母、角闪石发生一定程度的绿帘石化、白云母化和绢云母化。扫描电镜下，经次生蚀变作用的岩石具疏松海绵结构，形成的主要黏土矿物为水云母、蒙脱石、水铝英石和高岭石。

(七)化学成分

1. 常量元素化学成分

岩石中常量元素含量 $Al>K+Na+2Ca$，$K+Na/Al=0.78～0.82$，岩石化学分类，应属富硅、铝过饱和类型，主要元素与天津蓟县、日本及中岳麦饭石化学成分相近，属酸性岩石，唯二氧化硅、铁略低，其他无大差别(见表 6-8)。

表 6-8　麦饭石化学成分对比

地区	化学成分												岩性
	SiO_2	TiO_2	Al_2O_3	Fe_2O_3	FeO	MoO	MgO	CaO	Na_2O	K_2O	P_2O_5	H_2O	
嵩　山	73.40	0.24	13.6	1.88	0.65	0.03	0.33	0.95	3.74	4.33	0.08	2.15	石英二长岩
内蒙古中华	62.17	0.76	17.75	1.89	2.27	0.07	1.39	3.87	5.00	3.24	0.36	0.97	闪长玢岩
辽宁阜新	65.19	0.54	15.36	2.34	2.01	0.13	1.72	3.88	3.67	3.31	0.22	1.11	角闪二长岩
天津蓟县	71.33	0.37	14.06	0.92	1.63	0.03	0.78	1.67	3.58	4.31	0.15	0.70	石英二长岩
日　本	69.76	0.30	14.01	1.29	1.40	0.02	3.55	2.00	3.10	3.19	0.26		
中　岳	70.84	0.30	14.02	1.57	0.65	0.02	0.28	1.04	3.18	4.78	0.93		石英二长岩

2. 有益、有害微量元素

麦饭石的药用价值，除了可以提供人体所需的常量元素外，还能够提供人体所需的多种微量元素，伊川嵩山麦饭石微量元素分析对比，见表6-9。

表6-9 伊川嵩山麦饭石微量元素对比　　　　　　　　　　（单位：mg/kg）

元素		伊 川 嵩 山 麦 饭 石				中 华	蓟 县	阜 新	中 岳	地壳平均值
有益微量元素	Ga	4.21	5.63	5.11	5.12	17.0		15.52		
	Ta	0.65	0.83	0.79	0.77	5	<10	10	<10	2
	Co	3.18	3.64	3.44	3.52	1.16	5.70	8.50	10	25
	Sr	100.4	92.8	158.3	96.6	450		397.03	300	375
	Li	11.1	24.2	31.1	16.3	24	13.72	24.34	50	20
	V	12.9	19.7	14.5	16.5	130	35.33	240	30	135
	Zn	33.4	32.5	41.2	36.8	80	44.95	45.83	48.80	70
	Cu	19.8	16.0	18.0	13.5	4.81	64.06	23.16	13.58	55
	Mo	0.23	0.44	0.14	0.20	2.0		0.53	<10	1.5
	Cv	7.03	12.41	8.77	8.22	52	16	6.44	50	100
	Ni	0.61	2.91	0.55	0.03	4.2	6.17	4.36	10	75
	Nb	12.4	13.8	10.7	13.2	22	26.39	12.68	30	20
	La	44.0	71.6	66.5	66.8	38.25		39.88		39.0
有害微量元素	As	<0.5	<0.5	<0.5	<0.5	1.06	<1	2.04	0.30	1.8
	Cd	0.16	0.18	0.16	0.22	痕	<1	0.05	<1	0.02
	Hg	0.007	0.006 8	0.009 3	0.018 2	0.014	<1	0.018	0.01	0.08
	Pb	16	16	16	16	20	40.07	14.02	11.34	12.5

由表6-9可以看出，伊川嵩山麦饭石同其他地区的麦饭石一样，均含有多种对人体有益的元素，但与其他地区麦饭石有三大不同之处：一是微量元素除Li外，大部分元素偏低或接近；二是La(镧)元素，或谓以镧为代表的镧系稀土元素偏高；三是有害元素除Cd(镉)外，其他元素较其他地区麦饭石或地壳平均值含量均低。

经对镧系14种稀土元素的配分研究证明，伊川嵩山麦饭石为中等铕亏损的轻稀土富集型，δEu0.41~0.53，其中除镧外，铈(Ce)、镨(Pr)、钕(Nd)、钐(Sm)类轻稀土都高于其他麦饭石和地壳平均值。需强调指出，稀土元素因其强的生化机制，在促进人体健康长寿方面具有重要意义，伊川麦饭石因其高的轻稀土含量，必将大大提高其利用价值。

(八)放射性元素

伊川嵩山麦饭石铀含量平均为1.25 mg/kg，低于地壳丰度值(2.5 mg/kg)；Th(钍)含量24.5 mg/kg，高于地壳丰度(13 mg/kg)；但总α平均值(3.33×10^{-10})、总β平均值(3.33×10^{-10})均小于阜新麦饭石(2.268×10^{-9}、5.10×10^{-9})，也小于蔬菜、牛奶标准(据核工业部二〇三所)。

(九)应用性能研究

(1)浸泡试验。主要进行了自来水、蒸馏水，去离子水浸泡试验，浸泡时间 12~48 h，其中超声波浸液 1.5 h，所含常量、微量、稀土大部元素都能浸出，其中含 K、Na、Ca、Mg 200~5 436 μg/kg，SREE 465.6~644.7 μg/kg，Fe 达 1 400 μg/kg，Zn 达 100 μg/kg，Ta 达 104 μg/kg，Rb 达 197~259 μg/kg。但有害元素的 Cd、Hg 未检出，Pb、As 为 0.90 μg/kg 和 31.1 μg/kg，均小于国家饮用水标准(<40~100 μg/kg)。

(2)有害元素吸附试验。麦饭石对有害有毒元素的吸附性能，是评价麦饭石质量优劣的重要标志，试验结果为浸泡一周以上，对镉的吸附率平均 99.76%，浸泡 12 h 的平均值为 99.66%。对铅吸附试验，浸泡一周，5 个样的平均值为 95.81%，比镉略低。对砷的吸附试验为 98.37%~99.08%。对以上三种有害元素的试验效果均好，唯汞的吸附率仅达 60.27%，但岩石中的汞含量甚微，无害。

(3)对 pH 值的调节试验。采用 pH=6.0 的蒸馏水进行试验，12 h 浸泡达 7.54，24 h 为 8.14，48 h 为 8.25，水液由弱酸变为偏碱性，具良好的酸碱调节功能，调节后的溶液符合国家饮用水标准。

(十)地区生态情况调查

(1)麦饭石产区村落居民无地方病史。1922 年伊川、登封大范围瘟疫，村民无一例感染，塔沟村民 1981 年平均寿命为 73 岁。

(2)地区小麦籽粒饱满，斗(25 kg)重比外地多 3~5 kg，千粒重多 2~3 g。

(3)生活应用试验，麦饭石能除臭、防腐、除垢。

(4)临床试验，麦饭石可治疗痤疮、手癣、脚气和老年性角化症等皮肤病。

(十一)本区麦饭石开发利用存在的问题

伊川麦饭石的应用研究虽开展得较早，也曾在杜康酒生产线中作为饮料少量利用，但因缺乏持续的应用试验，得到应用的领域有限，加之媒体宣传不力，尤其伊川(塔沟)嵩山麦饭石的研究报告又不为地质专业部门所提交，传播范围有限，故而一直被淹没于中岳、嵩山麦饭石中，没有引起业内人士的广泛重视，自然也影响了开发应用，这是必须强调说明的问题。期望以本书为载体，能够扩大共识、拓宽其应用市场。

第七章　洛阳饲料类农用矿产资源

　　饲料矿产指的是含有供禽畜生长发育所必需的常量和微量元素，并能直接制成粉体、配比饲料或混合饲料的天然矿物和岩石。利用符合饲料标准的饲料矿产，经加工制成饲料添加剂，补充物和替代物，统称为矿物饲料。

　　饲料类矿产需要具备三个特性：①含有供禽畜生长发育能够吸收的常量和微量营养元素，包括木质纤维素、糖类、氨基酸等；②具有较高的营养度，良好的吸附性、吸水性、流动性。③颗粒结构细，硬度小，易流动等。

　　农用矿产在饲料方面的应用主要是作为常规饲料的配料、添加剂、抗凝剂、消毒剂、防腐剂等。在我国畜牧饲养业中，饲料问题一直是比较突出的问题，主要表现在：多用粮食做饲料，非粮食饲料比例较小，人畜争粮问题严重，饲料总体显得不足；配料少且科技含量低，加上饲养工艺落后，造成禽畜生长慢、多病、成活率低，以致影响总体饲养效益；添加剂主要为化学添加剂，天然(矿物)添加剂少或无，甚至使用含激素的化学添加剂，增加了对环境的污染，更为严重的是大大损害了畜牧产品的品质，并且通过食物链影响到食用这些畜牧产品的人群的身体健康，从而降低了整个畜牧饲养业的社会效益。如果用一些农用矿产来代替化学添加剂作为饲料的配料或矿物添加剂，这至少可以通过改变畜禽的食物结构，从而部分解决当前饲养业所面临的上述三个重要问题。各种矿物饲料(添加剂)如使用得当，一般都具有促进消化吸收、节省用粮、催膘催育、预防疾病等特殊功能。因为矿物饲料，不仅可为畜禽生长提供 30 多种营养元素，还能以其特有的物理性质——吸附性、离子交换性、膨胀性、悬浮性、黏结性、可塑性、润滑性、吸湿性等，促进畜禽机体的新陈代谢、吸氨固氮、改善畜禽的消化机能、提高饲料转化率、增强畜禽食欲，所以能增重、高产、保质。此外，还具有防治疾病、除虫灭菌、保温解潮、净化环境等功效。同时，以矿石代粮，能降低饲料成本，资源丰富，加工便利，适于长期保存而不变质，其经济效益和社会效益十分明显。据有关资料列入国家饲料编号的矿产有 13 类 113 种，主要有石灰石、白云岩、大理岩、膨润土、沸石、凹凸棒石、麦饭石、褐煤、高岭土等(孙向东，1991)。

　　据上海市虹桥开发区"宝海锌业"产品介绍，锌是畜禽体内多种酶的组成部分，它直接参与蛋白、碳水化合物和脂类代谢，畜禽轻度缺锌时，增重减慢；严重时，食欲减退。主要用于饲料添加剂(锌微量元素的补充)，还应用于医药催吐剂、杀真菌剂、防止果树苗病害及循环冷却水处理，农业上用作肥料等。美国还大量用作动物的沐浴剂，利用硫酸锌的收敛性，有效地防止动物皮肤病，改善毛皮质量。

　　据有关资料报道，矿物饲料的生物学效价是比较高的，近年来国内不少单位也作了矿物饲料的试验研究(如浙江、山东、南京、湖南、北京、福建等省市)，其增产效果接近国外同类试验的先进水平。河南省岩矿测试中心农业地质研究室田培学等在"六五"、"七五"期间，承担了国家"饲料开发技术"和"饲料矿物开发研究"的科研任务，在国外饲料技术的基础上，发扬中国中医药物配伍理论，采用集优效应与催化技术，先后研制出专供猪、鸡、牛、鱼饲用的 PMA、CMA、NMA 和 FMA 四大系列九个品种的矿物饲料，其生物学效价均达到和超过国外指标，在国内首家获取产品批号、生产许可证和营业执照，已在全国推广应用。猪用矿物饲料(PMA)，可使仔猪增重提高 5%～7%，生长猪增重提高 58.05%，育成猪增重提高 23.07%。全期平均日增重提高 28.8%～29.3%。猪每增重 1 kg 节省饲料粮 0.73～0.88 kg，出栏期提早 30～50 d，料肉比下降 12.4%～14.1%。鸡用矿物饲料(CMA)，可使雏鸡增重 10%，死亡率下降 43.6%；生长鸡增重 18.7%，每增重 1 kg 节省饲料 0.86 kg；产蛋鸡产蛋率提高 14.1%～39.9%，每产 1 kg 蛋节省饲粮 1.21～1.95 kg，料蛋比下降 29.7%。该饲料亦适用于鸭、鹅等家禽。牛用矿物饲料(NMA)，可使乳牛产奶率提高 31%，可使肉牛增重率提高 33%，饲料消化率提高 16%；鱼用矿物饲料(FMA)，可使幼鱼死亡率减少 50%，生长鱼日增重提高 20%。

第一节 石灰岩的开发应用前景

石灰岩是一种以方解石矿物为主要成分的碳酸盐类岩石，纯石灰岩化学成分是 $CaCO_3$，但自然界石灰岩往往还含有白云石、菱镁矿以及石英、黏土质、铁质等杂质，所以石灰岩的化学成分除 CaO、CO_2 外，还含有 MgO、SiO_2、Al_2O_3、Fe_2O_3、P_2O_5 等，故用石灰改变土壤结构、降低酸度、促进钾磷肥作用有较好的效果。

石灰岩矿产包括电石用灰岩、制碱用灰岩、化肥用灰岩、玻璃用灰岩、建筑石料用灰岩、制灰用灰岩、饰面用灰岩等。随着现代工业和科学技术的发展，石灰岩还被用于制作重钙、轻钙粉体，作为填料和涂料用于塑料、橡胶、造纸等领域，石灰岩矿产的资源型价值将越来越得到广泛的重视。合理施用石灰粉能明显改进作物的质量，使小麦蛋白质含量提高 1.8%，棉花纤维长度增加 2.1 mm，还可减少油菜菌核菌和小麦赤霉病的发病率，石灰石粉还可使土壤的 pH 值提高，也能使土壤溶液中对作物有毒害作用的铝转变为对作物没有毒害作用的氢氧化铝。试验表明，石灰石粉的粒度以 80%～90%过 200 目、20%～30%过 100 目为宜，效力可保持 5 年。

我国南方有 200 多万 km^2 的红、黄土壤，占全国土地面积的 21%，这些土壤含铝高，是红壤地区作物产量不高的主要原因，用石灰石粉代替等钙量的石灰也能达到同样的目的，可节约能耗 94%，降低成本 5%，提高产量 8%～18%。

石灰岩矿产在洛阳地区主要分布在北部的新安、宜阳、伊川、偃师和汝阳、嵩县北部，含矿地层主要是寒武系，其次为奥陶系和石炭系太原统。经过勘探并已建厂开采的几个大型水泥灰岩矿山如铁门水泥厂、诸葛水泥厂及宜阳、伊川等水泥厂所属矿山，均属寒武系层位。寒武系的其他层位，产有与水泥灰岩伴生的制灰灰岩等石灰岩类亚矿种。熔剂灰岩除水泥灰岩中的部分矿层外，主要产于区内奥陶系中统马家沟组的一、四段，为本区新发现的熔剂灰岩类型。

新安县不仅出露了寒武系的整套地层，也出露了奥陶系，石炭系太原统的生物灰岩发育得也较好。现以新安县的石灰岩、熔剂灰岩为例加以简介，结合对农用石灰岩的认识介绍其相关的伴生矿产。

一、新安县石灰岩的开发应用前景

(一)区域地质

新安县大地构造位处华北地台南缘的渑临台坳(沉降带)的北部，北部属岱嵋山—西沃镇隆起，西南接渑池—义马拗陷，东南临洛阳断陷。区内原始褶皱构造线方向为东西向，后来受印支、燕山期构造叠加，偏转为北西向和北东向，形成一些西北抬起，向东南倾伏的短轴背斜、向斜和穹隆，包括北部的岱嵋山—西沃镇隆起，南部的新安向斜以及向斜南北的土古洞背斜、方山背(单)斜两个次级褶皱。断裂构造主要是近东西向、北西向和北东向，其中东西向最早，南北向较晚，北西向如龙潭沟—暖泉沟断层的规模最大，其他断层的规模较小。受构造控制，地层出露由西北向东南次第更新，大体沿岱嵋山—西沃镇隆起呈半环状分布，形成大体走向北北东、倾向南东，自北而南以石灰岩、白云岩为主，含有熔剂灰岩以及铝、煤、耐火黏土等互相依存的沉积矿产成矿带，该成矿带在洛阳矿业经济中占有主要位置。

(二)含矿层位

新安县寒武系分布面积最广，层位最全，厚度最大，产出分两个区：北区出露连续，自北部小浪底水库以南石井的荆紫山，经西沃镇西石岭沟，延至北冶碾子坪、宜阳县高山寨一带，东西出露宽 7～8 km，南北延长近 30 km；南区包括新安城南李村，城西铁门以北。两区出露总面积约 200 km²，累计地层总厚 538.9～635.3 m，自下而上不同地层层序特征如下。

1. 关口组

关口组仅出露在曹村袁山以西及方山南部。下部为灰白色厚—中厚层状粗—中粒石英砂岩，底部有一层稳定的灰黄色含砾砂岩，上部为红色薄—中层白云岩化含砾粉砂质灰泥灰岩，厚 12 m，可和鲁山辛集组对比，但不含磷块岩屑。

2. 朱砂洞组

朱砂洞组广泛分布在石井、曹村以西及方山南部，下部为浅灰色厚层含波状叠层石石灰岩，与浅灰色中层灰岩、紫红色薄层灰质白云岩互层；中部为浅灰色厚层含藻球团的豹皮灰岩、条带状细晶灰质白云岩；上部为黄色薄板状白云岩与中层白云岩，厚 20.6～41 m。

3. 馒头组

有关区调最新资料中的馒头组分为一、二、三个岩性段，其中一段相当原来的馒头组，二段相当毛庄阶，三段相当徐庄阶下部，分布在石井以西的歪头山—鸡头山、曹村关爷寨—南寨及方山以南地区。

一段(原馒头组层位)：

整合于下伏朱砂洞组之上，由北向南逐渐增厚。下部为灰黄色薄板状含泥质灰泥灰岩及紫红色薄板状(含膏)铁泥质灰岩；上部为灰色厚层发育有交错层理的砾屑、砂屑灰岩和泥裂发育的灰黄色薄板状含铁、泥质的灰泥灰岩，北部厚 32 m，南部厚 72 m。

二段(相当原毛庄阶)：

以出现鲕粒灰岩为标志，底部有一层较厚的长英质碎屑岩(海绿石矿岩)，向上为浅灰色中层鲕粒灰岩、紫红色粉砂质泥岩、条带状含鲕粒灰岩和粉砂岩，顶部有 20 m 灰岩，内含泥裂和小型交错层理，厚 50～63 m。

三段(相当徐庄组)：

以出现大套的紫红色细碎屑岩为特征，底部为灰红色中厚层状泥质条带含球粒灰泥灰岩(具交错层)，中上部为紫红色中—薄层灰泥质藻屑鲕粒灰岩(具波痕和极发育的泥裂)，厚 74～106 m。

4. 张夏组

张夏组广泛分布在石井附近的塔沟—关址、曹村附近的碾坪—山碧及北冶西部碾坪一带，主体为一套厚层状鲕粒灰岩—鲕粒白云岩，自下而上分三段。

一段：

主体为灰色厚层泥质条带鲕粒灰岩。岩层中发育大型交错层理、大波痕和水平纹层，夹暗紫红色页岩，向上变为黄绿色页岩及暗紫红色页岩夹透镜状或薄层状鲕粒灰岩，含波状叠层石(相当有关水泥灰岩矿床划分的泥质灰岩层位)。以含较多的黄色泥质条带和鲕粒灰岩层较厚为特征。

二段：

下部青灰色薄板状灰泥质岩，灰色厚—巨厚层状鲕粒灰岩及中层状泥质条带含砂屑、砾屑鲕粒灰岩，发育小藻礁体，中上部为青灰色厚层状生物屑鲕粒、豆粒灰岩，夹中层鲕粒条带灰泥灰岩，向上出现白云石鲕粒，相当后文中的豆鲕和虎皮灰岩，厚 67 m。

三段：

中下部为褐灰色(风化面灰黑色)块状、厚层状残余鲕粒细晶白云岩，夹中—薄层含鲕粒细晶白云岩及中—薄层含鲕粒虫迹状细晶白云岩，含叠层石。新安县南部相变为薄层灰岩和生物碎屑白云岩，向上相变为花斑状含白云质泥灰灰岩，厚 79 m。

5. 崮山组

崮山组分布于石井庙上、元古洞及畛河南北的东张坡、林岭一带。下部为灰黄色泥质条带细晶白云岩与灰色厚层含鲕粒细晶白云岩互层，向上白云岩化作用增强，出现硅质渣状层和褐铁矿染红的氧化面(该氧化面代表沉积界面，应为上寒武统崮山组底界)；上部为灰色厚—巨厚层状细晶白云岩和残余鲕粒中—粗晶白云岩，含柱状叠层石，总厚 83～93 m。

6. 炒米店组

炒米店组分布于石井庙上、石寺的古堆一带。自下而上为浅灰色厚—巨厚层状含泥质条带残余鲕粒细晶白云岩、浅灰黄色中层泥质条带残余砾屑细晶白云岩、黄色薄板状泥质细晶白云岩。厚 62～88.6 m。

7. 三山子组

三山子组仅见于方山以北，岩性为淡红—浅灰色中、细粒白云岩，夹燧石团块或条带，内含柱状叠层石和风暴砾屑，厚 33.6 m。

(三)奥陶系马家沟组

奥陶系分布于石井西、西沃南、石寺西及新安南的暖泉沟一带。区内仅见中统马家沟组的一部分，最大厚度 153 m，平行不整合于寒武系之上，底部砂岩之下有硅质风化壳。自下而上分为四个岩性段。

一段：

下部为灰褐色薄层细粒钙质石英砂岩，灰黄、灰绿色页岩，上部为灰褐色中层石英砂岩、灰黄色叶片—薄板状泥质粉晶白云岩，含膏溶角砾，总厚 12 m。下部的平行不整合相当区域上的怀远运动，本岩性段相当徐淮一带的"贾汪页岩"。

二段：

下部为青灰色厚层角砾状泥灰岩(膏溶角砾岩)和巨厚层状灰泥灰岩，中、上部为青灰色厚层状灰泥灰岩夹灰黄色薄板状含泥质粉晶白云岩及浅灰色厚层泥晶白云岩，厚 44～50 m。

三段：

下部为灰黄色薄板状微晶白云岩与浅灰色厚—中层微晶白云岩(发育水平纹理)互层，上部为含灰泥岩团块的浅灰色厚层粉晶白云岩，夹灰黄色薄板状微晶白云岩，厚45 m。

四段：

岩性为青灰色巨厚层状灰泥灰岩，青灰色厚—巨厚层状灰泥灰岩，亦称花斑、豹皮灰岩，含腹足、头足类化石，不规则状虫穴极为发育，厚51 m。上为石炭系平行不整合，顶部岩溶面上形成石炭系铁铝层。

二、新安熔剂灰岩矿床的开发应用前景

(一)矿层特征

熔剂灰岩赋存于马家沟统二段底部及四段，岩性为巨厚层状灰泥灰岩和青灰色巨厚—厚层状灰泥灰岩，由于化学性较纯，顶部常见岩溶现象，主要分布在新安北部。

(二)矿石矿物成分，结构构造

石灰岩矿石主要矿物为方解石，含量一般在85%～95%，最高达95%以上，呈泥晶、亮晶出现，多呈他形粒状，粒径在0.015～0.1 mm，局部重结晶后粒度达0.8 mm。次要矿物为白云石，含量8%～10%，最高达20%，最低5%，多呈半自形、自形菱面体。粒径0.006～0.07 mm，多数粒度小于0.05 mm，分布于鲕粒、晶粒之间。微量矿物为褐铁矿及呈长纤维状的生物屑，含量10%左右。

熔剂灰岩属结晶灰岩类型，矿石矿物成分中方解石含量大于95%，高者达100%(重结晶)，白云石含量小于5%，泥质少量，含1%～2%的钙质生物屑。内含泥质、白云质斑纹(豹皮)，顶部含白云石较高。

矿石结构、构造与矿石类型有关，由于矿石类型较多，结构、构造也相当复杂。主要结构有泥质结构、豆粒结构、鲕粒结构、微细晶结构、交代结构、生物屑结构、内碎屑结构等，矿石构造为块状构造、斑块状构造、层状构造、网脉状构造、条带构造等。

(三)矿石化学成分

由矿区石灰岩化学成分统计(见表7-1、表7-2)中看出，矿石中CaO含量集中在47%～51%，平均≥49%，占总量的39.74%，MgO集中在0.5%～1.0%，其中小于1%者占64.1%，总体显示氧化钙含量稳定，氧化镁等有害组分含量低，相当部分可作熔剂灰岩。

表7-1　各矿体主要化学成分一览表　　　　　　　　　　　(%)

化学成分		石灰岩				熔剂灰岩	
		西 沃	北 冶	曹 村	李 村	北 冶(下)	北 冶(上)
CaO	区间	43.78～52.36	44.45～54.36	47.85～53.09	45.06～52.34	50.31～53.01	50.31～52.09
	平均	48.79	50.59	49.52	49.09	51.79	51.38
MgO	区间	0.69～3.25	1.08～5.14	0.69～5.20	0.37～2.99	1.26～1.49	1.34～1.49
	平均	1.92	2.13	2.26	1.09	1.38	1.45
SiO_2	区间	0.96～5.64	0.56～5.32	1.33～5.13	5.10～6.28	0.99～1.96	0.99～1.96
	平均	2.29	2.09	3.42	5.69	1.82	1.54

表 7-2 矿石中其他成分(李村) (%)

化学成分	剖面、剥土工程样			
	Ⅰ	Ⅱ	Ⅲ	矿区平均
Al_2O_3	2.35	1.86	1.67	1.96
Fe_2O_3	1.19	1.04	0.90	1.04
SO_3	0.017	0.013	0.015	0.015
Loss	40.65	40.10	40.59	40.45
R_2O	0.633	0.601	0.573	0.602
Cl^-	0.009 9	0.013	0.133 8	0.052 2

(四)矿石类型

依据矿石岩性特征,可将水泥灰岩矿石分为五种类型,其特征见表 7-3。

(五)资源量

全区石灰岩工作程度为调查评价,获(334)? 矿石量 172 252 万 t,熔剂灰岩(334)? 矿石量 5 751 万 t,各矿区占有资源储量见表 7-4。

表 7-3 石灰岩矿石类型对比

特征	泥质灰岩型	豆鲕灰岩型	虎皮灰岩型	薄层灰岩型	生物碎屑型
颜色	青灰、灰、淡黄色	灰、灰黄色	灰、灰黄色	青灰、灰白色	灰白色
结构、构造	泥质结构,斑块状—块状构造	豆粒、鲕粒结构,块状构造	泥质花斑结构,块状构造	细晶结构,层状构造	生物结构,块状构造
宏观识别标志	分布不均的浅黄色花斑,或多含泥晶灰岩薄层	条带豆粒呈淡黄色同心圆状,鲕粒呈条带状	虎纹为短的条带,平行于灰色鲕状灰岩中	灰岩中夹泥质薄膜,风化后呈"千层饼"状	含藻和虫迹
主要矿物成分	方解石(90% ~ 95%),白云石(5% ~ 8%),褐铁矿和生物屑微量	豆粒由核和同心层两部分组成,主要成分为方解石	方解石(泥质带为微晶方解石)	方解石(90% ~ 95%),白云石 < 5%	泥晶方解石
微观特征	方解石为颗粒泥晶,他形粒状,粒径 0.015 ~ 0.05 mm;白云石呈自形菱面体,粒径 0.015 ~ 0.06 mm	豆粒核为生物屑和单晶、同心层由泥晶方解石组成,豆粒和鲕粒均由亮晶方解石胶结	虎纹成分,为泥晶方解石基岩,由微晶方解石组成	方解石呈他形粒状,粒径 0.02 ~ 0.1 mm,结晶粒度均匀	泥晶方解石大部分重结晶,粒径 0.45 mm,胶结物 70%,生物屑 20%
CaO(%)	47.64	50.78	48.63	50.40	49.29
MgO(%)	0.82	0.70	0.94	1.28	1.23
储量比(%)	27.18	2.02	21.19	26.09	5

表 7-4　新安县水泥灰岩预测区一览表

产地	石灰岩			熔剂灰岩(北冶)
	西沃镇西	北冶镇西	曹村山碧南	
矿石量(10^4t)	74 336	42 259	55 657	5 751

三、与石灰岩伴生、共生矿产勘查及其开发应用前景

(一)白云岩

白云岩为以白云石为主的碳酸盐岩，含 MgO 21.74%、CaO 0.43%、CO_2 47.8%，含少量 SiO_2、Al_2O_3、Fe_2O_3 等杂质。主要产于寒武系崮山组、炒米店组及奥陶系马家沟组第三岩性段。崮山—炒米店组白云岩为巨厚层状，一般厚 40～50 m，最厚达 90 m，含 MgO 18.5%～21.3%、Fe_2O_3 0.15%～0.71%、SiO_2 0.14%～0.18%、Al_2O_3 0.38%。圈定的矿点自石井经北冶、曹村到新安县城北铁门、城南李村均有这一层位。另一层位为奥陶系马家沟组三段的白云质灰岩及白云岩。由于沉积条件和剥蚀作用，各地厚度变化较大，西沃竹园—狂口区矿层厚 29 m，MgO 15.72%～20.26%，SiO_2 一般小于 6%，城南分布于杨岭山、毛头山、厥山一带，杨岭山 C1+C2 储量 4 679.4 万 t。

日本公害资源研究所开发了高效脱除排水中磷化合物的新方法(苏威，1992)，以白云岩(碳酸镁和碳酸钙的复盐)为沉淀剂，使排水中磷化合物脱除率高达 99%，沉淀速度快，处理后沉渣容积少，而且可用做肥料。排水中磷化合物及其磷盐是造成湖沼及海湾处鱼、贝类大量死亡的原因，也是引起红潮的主要因素，如何高效除去排水中磷已成为世界性问题。

(二)白云岩在农牧业中的应用前景广阔

白云岩在农业上主要用途是制取钙镁磷(钾)肥、矿物微肥、酸性土壤改良中和剂等。二价镁离子能促进植物叶绿素的形成和有利于磷的吸收，并可补充土壤中镁元素的流失。制取钙镁磷肥或钙镁钾肥，生产企业一般要求白云岩化学成分为 MgO≥20%、CaO≥30%，并且允许少量的 SiO_2、Fe_2O_3、Al_3O_2 等杂质存在。白云岩粉可作为土壤改良剂，如科威特等国家将白云岩粉体与尿素混合使用，不仅使肥效得到充分利用，提高农作物产量，而且对酸性土壤具有明显的"调解"作用。钙、镁均是动物体内所必需的营养元素，在畜、禽饲料中添加适量的白云岩粉(或是 0.1～17.5 mm 的颗粒)，对于促进动物的生长发育、减少疾病非常有益。值得注意的是，饲用白云岩在开发利用时，一定要严格控制有害元素的含量。具体要求如下：Pb≤30 mg/kg，As≤10 mg/kg，Hg≤0.1 mg/kg，F≤2 000 mg/kg，酸不溶物≤5%，-2 mm 的磁性金属微粒≤0.8%。

(三)制灰灰岩

制灰指烧石灰，石灰要求的是白度、黏性(黏结力)和纯度(含砂量)。目前对制灰灰岩尚未见到工业指标。但因石灰的用途广、用量大，民间烧制石灰对岩性的选择非常严格，豫西地区所建的石灰窑虽都以寒武系中、下部的石灰岩为对象，但最优质的石灰选择的矿石为白云质灰岩，层位为寒武系崮山组的底部，含 CaO 35%左右、MgO 8%左右，产品称白云灰。用石灰能够改变土壤结构、降低酸度、促进钾磷肥作用。合理施用石灰粉能明显改

进作物的质量，还可减少油菜菌核菌和小麦赤霉病的发病率，石灰石粉还可使土壤的 pH 值提高，也能使土壤溶液中对作物有毒害作用的铝转变为对作物没有毒害作用的氢氧化铝。

(四)重钙、轻钙原料

利用方解石(大理岩、石灰岩)生产重钙，是将石灰岩直接磨细而成粉体；轻钙是制成熟料后加工磨细。这两种粉体碳酸钙主要用于造纸、橡胶、塑料类填料、化肥和涂料工业，尤其利用现代深加工技术发展超细超白钙粉系列，年吨价格均在千元以上，给石灰岩开拓了广泛的应用前景，代表着矿产品深加工业发展的新方向。

超细粉体碳酸钙的原料，要求含 $CaCO_3 \geqslant 95\%$、$CaO \geqslant 54\%$，白度 $\geqslant 90\%$，区内寒武系、奥陶系石灰岩的个别单层，$CaCO_3$ 含量达 98%，CaO 含量最高达 54.36%，相当部分大于 53%，接近工业要求。另外，寒武—奥陶系地区多处产有方解石脉，这是制造高纯度钙粉的理想矿物原料。

第二节　凝灰岩及膨润土矿应用前景

酸性凝灰岩是一种成分与酸性岩相当，在成岩过程中以压实固结而形成的一种火山碎屑岩，岩石主要由粒径小于 2 mm 的晶屑、岩屑及玻屑组成。国外将凝灰岩用做陶瓷原料、玻璃原料，河南省轻工业局对信阳作玻璃原料用的凝灰岩下达的工业指标是 $SiO_2 > 65\%$、$Al_2O_3 < 16\%$、$K_2O + Na_2O > 8\%$、$Fe_2O_3 < 0.6\%$。另具原洛阳高专蔡序珩教授试验研究成果，九店组凝灰岩中含有 30%的玻璃相物质，晶屑中含有 10%的丝光沸石，具有较好的活度，认为是一种很好的水泥原料掺合剂，水泥胶砂试验显示，同一种硅酸盐水泥熟料，凝灰岩掺入量 < 25%时可生产 425 号火山灰水泥，凝灰岩掺入量 < 40%时可生产 325 号火山灰水泥。同时指出，该类凝灰岩也适用做砌筑水泥原料，最宜做砌墙、抹灰、饰面等建筑砂浆材料，以节约大量高标号水泥。经抗压、抗折试验，按 175 号砌筑水泥的掺入量为 60% ~ 65%。

云南省寻甸县天生桥地质大队(沈权，2008)发明用中—碱性凝灰岩制作多元素复合肥，以植物生长必需的氮磷钾肥为基础制成，要点是采用下第三系蔡家冲组的中—碱性凝灰岩(俗称羊毛石)，作为提供多种微量元素和稀土元素的载体。经磨碎筛选，配以相应比例的氮磷钾肥，混合均匀，加水拌和，成粒设备加工成颗粒状，烘干即为成品。工艺简单，成本低，适用于酸性土壤中。

不论国内和国外，膨润土的成因大部分与古火山喷出的碎屑岩有关。多数膨润土包括沉积型膨润土、风化壳型膨润土，乃至热液型膨润土都是由中酸性凝灰岩，在中性或碱性介质条件下(pH 为 7 ~ 8.5)蚀变、风化、堆积或沉积而成。20 年前，当发现和勘探信阳上天梯膨润土矿时，就注意到嵩县、汝阳一带的白垩系酸性凝灰岩中也有可能找到膨润土，但没有专门地进行过找矿工作，直到近年来，民采活动具相当规模，并已在砂轮厂、玻璃泥、炼钢球团等方面加以试用，遂做化学分析和岩矿薄片及胶质价检测，发现部分凝灰岩中蒙脱石含量在 40% ~ 50%，确定为膨润土矿，并专门进行了野外调查和粗浅的综合研究工作。

膨润土也叫斑脱岩或膨土岩。它最早发现于美国的怀俄明州的古地层中，为黄绿色的黏土；因加水后膨胀成糊状，后来人们就把这种性质的黏土统称为膨润土。膨润土是以蒙脱石为主要成分的黏土，含少量长石、石英、方解石及火山玻璃等杂质。由于膨润土具有强烈的吸水性，吸水后膨胀 10 ~ 30 倍，在水溶液中呈悬浮和凝胶状，可塑性强，有较高的黏结性、耐火性及其很强的阳离子交换性，可以广泛用做冶炼工业中的铁矿球团黏结剂、铸砂黏结剂和调节剂，制备钻井泥浆的原料，石油化工、食品加工的净化脱色剂和漂白剂，另外也用于农业、医药、陶瓷、纺织、造纸、环保及土木建筑等多个领域，是一种很有开发前景的矿产资源。

膨润土是复杂的层状硅酸盐，其主要矿物成分是以蒙脱石为主的黏土矿物，偶见有拜来石、高岭石、水云母、钾蒙脱石、海泡石族矿物及少量非黏土类矿物。它在农业上的应用，近年来愈来愈广泛被人们所重视。将适量的膨润土撒到干旱的沙土上，能吸收和储存水分，并能防止土壤中的肥料流失，促进农作物的生长，也可作为液体肥料和农药的载体。若将膨润土加在水泥中可防止水闸漏水，用于盐田、贮水池、农业水渠等工程中。若在漏水田或大秋田内加入 5%～15%的膨润土，能防止漏水及肥料流失。如果在化肥中加入膨润土后造粒，能提高肥效。

为了引起更多人关注这两项新的资源，现依据实际调查，综合有关资料和成果粗略介绍如下，以供进一步开展工作时参考。

一、区域地质与赋矿岩系

(一)区域地质

新发现的膨润土及其含矿岩系——白垩系九店组酸性晶屑、岩屑凝灰岩，断续分布在宜阳董王庄、嵩县田湖、饭坡、九店、汝阳柏树一带，走向北西，出露面积约 $72\,km^2$，所处大地构造位置位于华北地台Ⅱ级构造单元渑临台坳的南侧，濒临三门峡—田湖—鲁山断裂带的铁佛寺—田湖—上店—三屯段，火山岩连片地分布在嵩县张园、九店、汝阳柏树之间，零星出露于宜阳董王庄，嵩县田湖下湾铺沟、饭坡青山、南凹及汝阳上店、三屯一带，总体受三门峡—田湖—鲁山断裂带控制，主体残留于断裂北侧，断裂以南零星分布，仅见残留其底部层位。

受断裂带控制，断裂以南分布中元古界熊耳群马家河组火山岩系，主要岩性为灰、绿、灰紫色安山岩、安山玢岩和紫红色流纹斑岩。九店组火山岩在断裂以南不整合覆盖于熊耳群之上，断裂以北与熊耳群为断层接触，其间形成倾向南西、倾角 65°～80°的逆冲(推覆)接触关系。九店组火山带北东一侧分别不整合于中、晚元古界的汝阳群和洛峪群之上，九店以西火山岩之下出露为断层抬高了的元古界基底。

(二)赋矿岩系

九店组晶屑—岩屑凝灰岩除了可以成为建材和玻璃原料外，还赋存着膨润土矿，同属于赋矿岩系，对其赋存的上述矿产，目前尚无系统的岩石矿产研究成果，仅将区调中的张园地层剖面层序阐述如下：

　　　　　　上覆地层：　　　熊耳群马家河组(Pt₂m)安山岩

　　　　　　——————————— 断层 ———————————

　　　　　九店组：

(未见顶)　总厚	308 m
8. 灰白色蚀变晶屑凝灰岩	287.9 m
7. 灰色砾岩	2.3 m
6. 紫红色含火山角砾晶屑、岩屑凝灰岩	7.8 m
5. 紫红色砾岩	0.9 m

4. 紫红色含火山角砾晶屑、岩屑凝灰岩 2.8 m

3. 紫红色砾岩   1.5 m

2. 紫红色含火山角砾晶屑、岩屑凝灰岩 1.6 m

1. 紫红色砾岩   2.8 m

———————— 角度不整合 ————————

下伏　上元古界三教堂组，浅肉红色细粒长石砂岩

(摘自 1 : 5 万田湖幅)

二、嵩县九店酸性凝灰岩

这类酸性凝灰岩的突出特点是除底部有凝灰岩和沉积砾岩夹层、凝灰岩厚度较小外，向上则为巨厚层的晶屑岩屑凝灰岩，缺乏喷发间断面和正常沉积物夹层，反映了喷发的强度较大、喷发的时间持续较短的火山活动特征。早期的喷发不仅挟带了熊耳群火山岩砾块，而且有硅化灰岩和花岗岩的成分，在嵩县饭坡青山村南还见有球形的弹体，成分为含火山灰的熔岩质，直径达 80 cm，边部有一层厚 5 cm 的褐色氧化圈，火山弹大小不等，不规则嵌布于凝灰岩中，代表火山喷发时抛出或滚动的熔岩(？)。

凝灰岩为灰白色、灰褐、紫红色(铁染)，变余晶屑凝灰结构，块状构造，岩石中晶屑为石英、钾长石、斜长石和少量黑云母，石英为尖角状，有港湾状熔蚀边，并有裂纹，钾长石可见卡斯巴双晶，斜长石可见聚片双晶；黏土矿物为蒙脱石、高岭土，蒙脱石呈白色、浅绿色，吸水后体积膨胀，镜下呈极细的鳞片状、纤维状，折光率低于树胶，高岭石呈细鳞片状集合体，以折光率高于树胶和蒙脱石相区别。统计各类含量为蒙脱石 40%，高岭石 8%，石英 25%，钾长石、斜长石 20%，岩屑(流纹岩、粗面岩)4%～5%，黑云母 1%～2%，含有少量的氢氧化铁。

现收集到的岩石化学分析资料见表 7-5。

表 7-5   九店组火山岩化学分析资料   (%)

样品	SiO_2	Al_2O_3	Fe_2O_3	CaO	MgO	TiO_2	K_2O	Na_2O	SO_3	H_2O
1	61.20	14.96	3.40	5.57	1.14				1.97	5.05
2	63.22	15.26	3.25	2.60	0.81	0.43	3.45	0.65		
3	63.76	15.44	3.68	3.98	1.06				1.93	4.97
4	42.35	12.10	2.4	13.10	0.54	0.31	2.48	0.73		8.10
5	61.94	17.83	4.13	6.68	0.72	0.71	8.08	0.9		

三、饭坡膨润土

(一)含矿层位及分布情况

现发现的膨润土，实际上是蒙脱石含量超过 40%(边界品位)的白垩系九店组酸性晶屑、岩屑凝灰岩。野外实地观察，这类凝灰岩位于九店组之下部和底部，据董王庄、饭坡等膨润土矿点和矿化点实地观察，一般矿化程度较高、质量较优的膨润土(如董王庄)，主要产

于酸性凝灰岩底或下伏层(主要是熊耳群)顶部的古洼地中，经长期风化剥蚀，这些凝灰岩的残留物，往往以不连续的片体见于大片凝灰岩分布区的边部。继发现董王庄膨润土矿点之后，新发现的膨润土矿点位于嵩县饭坡之南的青山—蔡沟、南凹一带，露头分布不连续，边界的东西、南北长宽各约 1 km，出露的最低标高 440 m 和最高标高 490 m 相差 50 m，总体形态为被侵(剥)蚀山丘之上的岩盖状残留体。洛阳—白云山公路沿山梁南北贯通矿区，交通十分方便。

嵩山膨润土矿区地形地质见图 7-1。

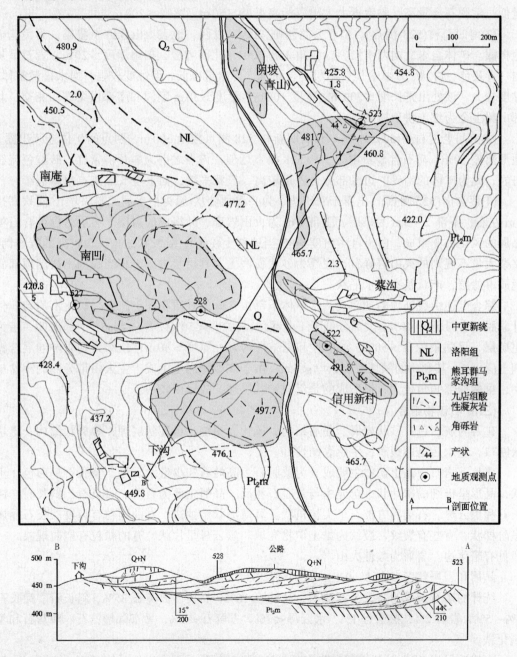

图 7-1　嵩县膨润土矿区地形地质简图

(二)矿点踏勘

据 4 个测点间路线踏勘，矿体虽然位于九店组底部，除总体上受小洼地控制外，矿化自下而上仍有较大变化。

(1)青山(阴坡)南(523 测点)。代表测区矿体出露最低层位，出露标高 440 m，底为紫红色安山岩，向上逐渐有凝灰质成分加入，岩层中含角砾和大小不等的滚球(似火山弹)，外有红色氧化圈包裹，颜色下部为紫红、黄褐、黄绿色，成层性较好，产状 210°∠44°。向上变缓，颜色变为灰白色，下部含砂量高，石英屑＞50%，黏度低，上部风化壳部分含砂量低，蒙脱石含量高，黏度增大。出露标高高差＞50 m，宽度＞200 m。

(2)南凹新村(528 测点)。位于公路西侧 200 m 以西，地表为山丘红土覆盖，为民建宅地揭露。矿体自东北向西南倾斜，倾角 15°～20°，比前者缓，揭出厚度＞20 m，岩石呈灰白、青灰色，饼状、片状叠压，矿层不含角砾，含砂量也低，但蚀变较强，遇水松散解体，黏度较大。该处出露长度＞200 m、宽度 100 m、厚度＞30 m 隔沟和南部山梁露头相交，北部山梁上全为红土耕地掩盖。

(3)南凹老村村南(527 测点)。和南凹新村 528 测点相距 300 m，两点间矿体连续出露，地形落差 50 m。矿石含砂量中等，和 523 测点近似。该点之南为熊耳群紫红、砖红色流纹斑岩，此为矿体的南界，边缘部分含砂量较高，产状平缓，向上至 528 测点出露连续。

(4)蔡沟南(522 测点)。出露于农田边，为一堤堰陡坎(原为白水泥原料采场)，陡坎高达 5 m 左右，下部 2～3 m 为矿层，上部 2 m 为火山岩砾、砂组成的盖层。矿层由白色含石英晶屑的风化白土组成，白土自然白度＞85(当地称土粉子)，凝胶状结构，含较高的碳酸钙，夹杂大量不规则的火山岩砾石，底部为砂状膨润土。具层状构造，相当膨润土岩层顶部的钙质淋滤层，产状基本为水平状。

综合上述由底到顶的剖面观测，矿体下部由含砾的砂质膨润土组成，矿化不均匀，估计蒙脱石含量低于 40%，大部分低于工业品位(蒙脱石＜50%)，厚＜20 m；中部南凹一带为主矿层，目估蒙脱石＞50%，离散性和黏结性均好，厚度＞30 m；顶部为钙质淋滤混合膨润土(蔡沟)，其利用的领域有别，厚＜5 m。由于该处膨润土生成于主火山带旁侧的小盆地中，虽然局部倾角较大，但形成的是反向铲式层理，故厚度较小。

(三)矿石矿物组合

矿石为灰白色，砂状岩屑、晶屑结构，风化面粗糙，覆瓦状层理，砂屑状结构，土块状断口，遇水后迅速裂解，手感黏结性好。

薄片下岩石中黏土矿物主要成分为蒙脱石、高岭石和少量水云母，蒙脱石呈白色，土状，晶形呈极细的鳞片状，折光率与蒙脱石相反。晶屑主要为石英、方英石、斜长石、钾长石和黑云母。石英和方英石呈尖棱角状，具港湾状熔蚀边，有的颗粒有裂纹。长石晶屑呈阶梯状，有些有裂纹，裂纹为黏土矿物充填。黑云母呈片状，有的颗粒有挠曲现象，一般见有暗化边。岩屑为酸性火山岩。

晶屑和岩屑粒度多在 2～0.1 mm，个别达 3.8 mm。

统计的矿石组成为：蒙脱石 45%，高岭石 10%，石英、方英石 35%，斜长石、钾长石 3%～5%，岩屑 2%，黑云母 1%，水云母＜2%，方解石＜1%，另有微量锆石、磷灰石和氢氧化铁。

由成矿母岩(酸性晶屑岩屑凝灰岩)和膨润土矿(蒙脱石黏土岩的矿物)对比可以看出，酸性凝灰岩与蒙脱石矿的岩性和结构构造基本相同，不同的是前者的蒙脱石含量低，后者的蒙脱石含量高，另外膨润土的斜长石和钾长石的含量已大为降低，石英晶屑变化较小。这说明除了火山岩中的凝灰质和火山玻璃的风化物可形成蒙脱石外，长石类矿物的蒙脱石化与成矿关系也很密切。

四、进一步工作的意义

(1)本书所指的膨润土矿，实际上是蒙脱石含量大于边界品位(40%)，接近工业品位(50%)的蒙脱石黏土岩，因为民间已经将其开采应用于炼钢球团、制作模型和玻璃泥等领域而列入矿床，但并未按膨润土的勘查规范要求测试吸水量、膨胀率、造浆率、阳离子交换容量，也没有进行 X 光衍射、红外光谱等黏土矿物的专项测试，因此在安排该矿普查时应首先测试这些项目，对矿石做进一步鉴定。

(2)该区膨润土的主要成矿层位位于矿化层的中上部，按含矿层的出露标高，含矿总厚约为 50 m，其中去掉底部质量较差、矿化不均匀的含砾砂黏土岩，实际厚 30 m 左右，按出露面积 1 km² 和 50% 的矿化率，估算的蒙脱石黏土储量达 3 750 万 t，已达一中型矿床(500 万 ~ 5 000 万 t)规模，应在估算基础上进一步调查落实，并进行开发经济估算。

(3)依据饭坡酸性凝灰岩的岩矿鉴定成果，证明在火山岩带的厚层凝灰岩中，蒙脱石的含量已达 40%(见前)，说明在该套巨厚的火山岩中，大部分长石、凝灰质经历了蒙脱石化，它指示在九店组中上部厚达 287.9 m 的蚀变酸性凝灰岩中已具备了膨润土矿的成矿条件，还有可能发现新的膨润土矿点，其中饭坡和宜阳董王庄膨润土的发现开创了先例。

(4)九店组火山岩广泛分布在宜阳—伊川—汝阳长达 50 多 km 的火山带中，火山带的边部，特别是北部边界、北西和东南两端，露出这套火山岩的下部层位地段有可能形成膨润土新的找矿靶区，也可能在上部层位中发现火山玻璃、沸石等伴生矿物，提供优质水泥掺合料，因此有待进一步全面开展火山岩分布区的地质找矿工作，还可能在火山岩之下找到被掩盖的煤系和煤层。

第八章 洛阳农药类矿产资源

以矿物为原料经加工配制而成的化学农药防治作物的病、虫、草害，是综合防治体系中的一个重要组成部分。按其性能可分为杀虫剂、灭菌剂与除草剂三大类，其剂型有可湿性粉剂、液剂和熏蒸剂等。化学农药是有毒的化学物质，有伤害作物、有害生物和对人畜的潜在副作用，以及污染农副产品及生态环境的危险。因此，扬其利除其弊，是研制新型农药的关键举措。

用做化学农药的矿物原料，种类很多。常用的有磷盐、钠盐、硫磺、氟盐(萤石)、铜盐、锌盐、石灰、锰盐、砷盐和氮化物等；可作农药载体的矿物原料有滑石、黏土、苦土、沸石、麦饭石、蛭石。选择适宜的农药载体，对提高药效、减少药剂用量、延长药效、防止污染、降低成本等十分重要。如用沸石粉代替滑石粉作载体进行烟草杀虫试验，药效提高15%，效期延长7天，药量减少20%，成本降低30%。

农药生产中常用的矿物有硫磺、雌黄、雄黄和磷灰石等，主要是作为生产农药的原料，也有直接将其粉碎作为农药使用的，如硫磺、胆矾等。胆矾为五水硫酸铜，也被称作硫酸铜晶体，俗称蓝矾、胆矾或铜矾，是重要的铜盐之一，在电镀、印染、颜料、农药等方面有广泛应用。无机农药波尔多液就是硫酸铜和石灰乳混合液，它是一种良好的杀菌剂，可用来防治多种作物的病害。

近些年来，人们在研究中发现，作物的许多病害是缺乏微量元素所致，如小麦的锈病，就是因为铁含量不足造成的，所以含有微量元素的沸石、海绿石、蛇纹石等矿物也被列入农药的行列。

据"神鲁锌业"产品介绍，氧化锌、硫酸锌主要用于饲料添加剂，还应用于医药催吐剂和杀真菌剂、防止果树苗病害等。

矿物被用做农药载体则是因为某些矿物比表面积大，可使药物撒播均匀；同时由于矿物性质稳定、吸附性强，可使药物缓慢释放并且保持药性持久、减少流失、避免污染环境。具有此类特性的矿物以层状和架状硅酸盐为主，如膨润土、滑石、高岭土等，在卢氏、栾川、嵩县等地均发现有这类矿产，但尚待进一步工作。

第一节 硫及硫化物多金属矿应用前景

矿物中的硫即硫铁矿和自然硫，硫铁矿指的是黄铁矿和磁黄铁矿。工业上称的硫铁矿就是黄铁矿，是提取硫磺和制造硫酸的主要矿物原料。用于制造硫酸、二硫化碳、火药、杀虫剂、橡胶硫化剂、染料等产品。硫是一种几乎涉及国民经济各领域的化工原料。

硫矿物最主要的用途是生产硫酸和硫磺。硫酸是耗硫大户，中国约有70%以上的硫用于硫酸生产。化肥是消费硫酸的最大户，消费量占硫酸总量的70%以上，尤其是磷肥耗硫酸最多，增幅也最大。

硫酸除用于化学肥料外，还用于制作苯酚、硫酸钾等90多种化工产品；轻工系统的自行车、皮革行业,纺织系统的粘胶、纤维、维尼纶等产品,冶金系统的钢材酸洗、氟盐生产部门,石油系统的原油加工、石油催化剂、添加剂以及医药工业等都离不开硫酸。随着中国经济的发展,近年来各行业对硫酸的需求量均呈缓慢上升趋势,化肥用量是明显的增长点。高品位硫铁矿烧渣可以回收铁等;低品位的烧渣可作水泥配料。烧渣还可以回收少量的银、金、铜、铝、锌和钴等。

一、栾川骆驼山硫多金属矿床应用前景

栾川骆驼山矿区位于栾川冷水乡南泥湖梨子湾村,南距县城 32 km,为本区一处非常独特的以硫化物磁黄铁矿、黄铁矿为主,含有铜、钨、锌、铍、萤石的复合型多金属矿床。该矿于 1960 年在上房沟钼矿外围普查时被发现,1961 年以钨、铜为主投入普查勘探,1975年又以硫铁矿为主进行补充勘探,先后提交铜储量 26 618.85 t、钨(WO_3)4 277.49 t、锌181 594.23 t、铍(BeO)1 795.17 t、硫 133.6 万 t、萤石 591 574.79 t。80 年代矿区投入开采后,又在矿区外围发现多处铅矿点,矿床的多金属矿化扩大到勘查矿区的周边地带。

(一)矿区地质概况

矿区大地构造位处卢氏—栾川台缘褶带的西北部西洼—黑庙岭断裂东侧之骆驼山背斜东南倾伏端的西南翼。出露地层有三川组、南泥湖组和煤窑沟组,三川组为主要含矿层,南泥湖组为次要含矿层。断裂主要为北西西向和北东向两组。北西西向断裂为本区主要控矿构造,区内主要有三组:第一组为三川组大理岩下部断裂组,长 1 500 m,宽 5～10 m,三川组层间断裂与其平行;第二组为三川组大理岩上部断裂,系三川组和上覆南泥湖组石英岩之间的破碎带,该断裂规模较小,长仅 300 m;第三组为煤窑沟组辉长岩底部断裂,上盘为辉长岩,下盘为南泥湖组阳起石大理岩,长 1 000 m,宽 5～10 m。以上三组断裂基本上与地层一致,产状均为向南西倾斜,倾角 50°～90°,平面上显示东南收敛、西北撒开之势,断面具压扭性。北东向断层为成矿后的主要断裂,地表有角砾岩和挤压透镜体,并有脉岩充填,断裂长 50～250 m,宽 1～10 m,倾向南东。区内岩浆岩以侵位于煤窑沟组的辉长岩为主,另有二长花岗岩呈岩墙状侵入北东向断裂中。

(二)矿床地质特征

1. 矿体形态、规模、产状

矿体总体产出形态与地层产状基本一致,赋存于三川组及南泥湖组大理岩层间破碎带的矽卡岩中,矿体形态呈似层状和透镜状,大体上沿三条断裂带形成三个矽卡岩带:第一矽卡岩带位于三川组大理岩(Pt_3S^2)的下盘,长 800 m,厚 2～60 m,沿倾向控制延伸 500 m,在深部与第三矽卡岩带合并,西部矽卡岩尖灭处逐渐变为铅锌矿化破碎带。含矿矽卡岩呈层状、似层状,倾向 230°,倾角 30°～40°。第二矽卡岩位于三川组大理岩上盘,厚不足十几米,呈层状。第三矽卡岩带分布于南泥湖组大理岩(Pt_3n^3)与辉长岩(ν22-2)接触带,长 800 m,宽几米到数十米,呈层状,平均倾向 230°,倾角 70°,含矿性差。总体上三个矽卡岩带也是三个成矿带,矿体赋存于矽卡岩中,形态局部变为囊状、鞍状,沿倾向矿体均较稳定。现控制矿体两个,一处长250～300 m,厚 10～54 m,最大延深＞500 m;另一处为鞍状—囊状,长 150～200 m,厚 10～30 m,斜深 300 m,硫多金属与锌、钨矿体关系如图 8-1 所示。

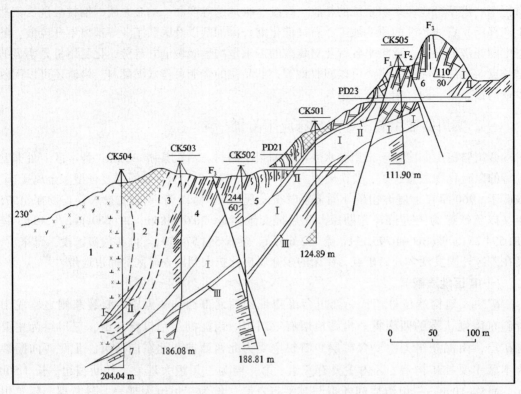

1—辉长岩；2—矽卡岩；3—角岩；4—石英片岩；5—云母石英片岩；6—大理岩；7—石英岩；
Ⅰ—硫多金属矿体；Ⅱ—锌矿体；Ⅲ—钨矿体

图 8-1 骆驼山硫多金属矿第 V 勘探线剖面

2. 矿石物质成分、结构构造

矿石物质成分比较复杂，金属矿物主要有铁闪锌矿，次为方铅矿、黄铜矿，微量矿物为磁铁矿、白钨矿、绿柱石、钛铁矿，非金属脉石类矿物主要有磁黄铁矿、黄铁矿、透辉石、钙铁榴石、石英、钾长石，次要矿物为阳起石、透闪石、方柱石、符山石、硅灰石、绿帘石、萤石等。

矿石主要组分的平均品位为 S 17.61%、Cu 0.357%、WO_3 0.217%、Zn 2.50%，伴生组分 BeO 0.023 8%、CaF_2(萤石)7.739%，硫化物精矿中含钙 0.01%～0.126%，闪锌矿中含铟 480 g/t。

矿石结构为他形粒状，自形晶粒结构，交代充填及胶状结构，构造以密集侵染状为主，次为条带状、团块状、不规则状、树枝状及多孔状等。

(三)矿石类型及矿石组合

主要矿石类型有 4 种，不同类型有不同的矿石组合。

(1)致密块状磁黄铁矿矿石。常见矿物组合为黄铜矿—磁黄铁矿—萤石—透长石组合及黄铜矿—磁黄铁矿—萤石—石英组合。该类型矿石占工业储量的 50%。

(2)致密块状黄铁矿型矿石(包括黄铁矿石英岩型)。常见矿物组合为白钨矿—黄铁矿—萤石组合、白钨矿—黄铁矿—钾长石组合及白钨矿—黄铁矿—萤石—钾长石—石英组合。该类型矿石占工业储量的 20%左右。

(3)闪锌矿型矿石(包括铜、铅、锌多金属型及铅锌磁黄铁矿型)。主要矿物组合为黄铁矿、磁黄铁矿—铁闪锌矿—萤石—透闪石组合及铜、铅、锌—萤石—透长石组合，该类矿石占工业储量的 10%。

(4)矽卡岩型矿石(多金属型矿石)。主要矿物组合为磁黄铁矿、黄铁矿—黄铜矿—石榴石—石英、萤石组合及闪锌矿—磁黄铁矿—石榴石—石英、萤石组合，该类矿石占工业储量的 20%。

(四)矿石中主要矿物特征

1. 金属矿物

铁闪锌矿：呈 0.01～0.04 mm 的乳浊状小粒或他形晶粒状。粒径 1～5 mm，不均匀稀疏分布于矿石中。

黄铜矿：多呈不规则粒状集合体出现，粒径 0.1～1.5 mm，不均匀分布，常沿黄铁矿、磁黄铁矿边缘及裂隙交代充填。

方铅矿：他形粒状集合体，粒径 1～3 mm。

白钨矿：呈自形晶粒状，稀疏分布于脉石矿物之间，粒径 0.1～0.4 mm，多为 0.1～0.2 mm。

2. 主要非金属矿物

磁黄铁矿：他形粒状，粒径 0.03～0.7 mm，多为 0.2～0.4 mm，以粒状集合体充填交代于其他非金属矿物之间。

黄铁矿：半自形—自形单晶或不规则粒状集合体，分布于其他非金属类矿物之间，粒径 0.2～1 mm，个别达 5 mm。

萤石：多呈 0.5～2 mm 不规则状集合体，和钾长石伴生。

石英：多呈粒状集合体，粒径 0.5～1 mm，分布于钾长石之间。

钾长石：呈 0.1～0.5 mm 自形—他形粒状集合体分布。

石榴石：以钙铁榴石为主，呈自形或粒状集合体产出，粒径 0.1～1.5 mm。

(五)围岩蚀变及矿床成因

矿区围岩蚀变强烈，主要有矽卡岩化、钾长石化和硅化三种。

(1)矽卡岩化：为蚀变之最强烈者，分布于矿区东、西、北三面，且都超过矿区范围，矽卡岩化作用伴随有白钨矿、铁闪锌矿、绿柱石、萤石等矿化作用。矿体严格受矽卡岩控制，副矿物特征是富含阳起石、绿帘石、磷灰石、电气石、钛铁矿、金红石等。

(2)钾长石化：发生于矽卡岩化作用之后，相当于汽化高温热液阶段，分布广泛，矿化作用强烈，影响到矿区各种围岩，表现为大量的钾长石细脉及钾长石团块状体的分布，并出现少量黄铁矿化钾长石岩及电气石、绿柱石、萤石等，其中白钨矿、闪锌矿及早期生成的黄铁矿、部分磁黄铁矿集中成矿，钾化的中心点在矿区中部，东强西弱。

(3)硅化、绿帘石—阳起石、萤石化、碳酸盐化等：该类热液蚀变与矿化富集关系密切，形成大量金属硫化物，主要有黄铜矿、黄铁矿、方铅矿、磁黄铁矿等，伴有石英硫化物碳酸盐细脉。

依据以上矿床特征，原报告确定的矿床类型为与燕山期酸性小岩体有关的接触交代汽化高温热液矿床。

二、几点说明

(1)骆驼山矿床定为矽卡岩类型,主要依据比较发育的三个矽卡岩带和比较复杂的矽卡岩矿物组合,但不明白的是矿区并未发现燕山期的花岗岩侵入体(岩墙例外)。这将产生两种推断:一是矿区深部存在侵入体,二是没有侵入体。对前一种推断,深部的内外接触带都可能形成新的矿体,可以作为成矿预测深部找矿的依据,对于后一种推断,可以换一个角度来理解,例如海相火山喷发—沉积同样可以形成矽卡岩(形成的矽卡岩化面积大于矿区),成矿和找矿的空间必然也要扩大。

(2)骆驼山矿区位于南泥湖钼矿田的边缘,距上房钼矿区 1 km,距南泥湖钼矿区 1.5 km。奇怪的是三个矿区的矿物组合中虽都有占主要成分的磁黄铁矿,但骆驼山唯独不见辉钼矿,即便有也是微量。仅此而论已有的钼矿论著中都不将其归属南泥湖钼矿田(尽管相距很近)。这也有两种可能,一是勘探深度不够,没有查明钼矿产出部位;二是该矿和南泥湖钼矿本不属于一个成矿系列,如属后者,栾川地区还有找到骆驼山式矿床的可能。

(3)由岩浆侵入(包括次火山侵入)作用形成的硫化物多金属矿床,在豫西尤其熊耳群、栾川群分布的广大地区,有一定的代表性。由于一些地区没有碳酸盐地层,虽不形成接触交代的矽卡岩矿床,但因具备硫化物多金属的含矿热液,同样形成了较多的铅、锌、钼矿床、矿点和矿化点(这类矿点在汝阳、嵩县、栾川地区较多),它们与骆驼山矿床的共同特点是含有较高的黄铁矿和磁黄铁矿,并按距岩浆源的远近呈现明显的成矿温度分带,据此指示了对这类矿床的成矿规律研究和成矿预测,提示我们重新认识比较多见的黄铁矿型铅锌矿点和矿化点,扩大找矿方向。

(4)据《栾川县地质矿产志》(1984~2000)载,骆驼山由栾川县众鑫矿业有限公司在原栾川县硫磺矿基础上经多次技术改造,于 1992~1995 年建成 850 t/d 综合选矿厂,后经改制、重组,建成河南省最大的硫多金属矿,年均采矿达 18 万 t,产品以锌、铜精矿为主,硫精矿为副,三种产品在 1998 年分别达 3 800 t、3 500 000 t 和 30 000 t,目前已成为栾川县合理开发利用资源的先进单位。

第二节 重晶石矿勘查开发应用前景

重晶石是以硫酸钡($BaSO_4$)为主要成分的非金属矿产品,纯重晶石显白色、有光泽,由于杂质及混入物的影响也常呈灰色、浅红色、浅黄色等,结晶情况相当好的重晶石还可呈透明晶体出现。重晶石的硬度为 3~3.5(莫氏),比重为 4.3~4.7,具有比重大、硬度低、性脆的特点。重晶石化学性质稳定,不溶于水和盐酸,无磁性和毒性。重晶石主要性质见表 8-1。

表 8-1 重晶石主要性质

矿物名称	化学式	化学组成		密度 (kg/m³)	莫氏硬度	晶系	形状	颜色
		BaO(%)	SO₃(%)					
重晶石	$BaSO_4$	65.7	34.3	4 300~4 700	3~3.5	斜方	板、柱状	白、灰、蓝

依其特殊的物理化学性质,重晶石有广泛的用途,主要用于石油、化工、油漆、填料、农药等工业部门,主要用途见表 8-2。

表 8-2　重晶石的主要用途

应用领域	主要用途	备注
石油钻探	油气井旋转钻探中的环流泥浆加重剂	冷却钻头，带走切削下来的岩屑，润滑钻杆，封闭孔壁，控制油压力，防止油井自喷
农用、化工	生产碳酸钡、氯化钡、硫酸钡、硝酸钡、锌钡白、氢氧化钡、氧化钡等各种钡盐化合物	这些钡化合物广泛应用于试剂、催化剂、糖的精制、纺织、防火、各种焰火、合成橡胶的凝结剂、塑料、杀虫剂、钢的表面淬火，荧光粉、焊药、油脂添加剂、农药等
玻璃	去氧剂、澄清剂、助熔剂	增加玻璃的光学稳定性、光泽和强度
橡胶、塑料、油漆	填料、增光剂、加重剂	
建筑	混凝土骨料、铺路材料	重压沼泽地区埋藏的管道，代替铅板用于核设施、原子能工厂、X 光实验室等的屏蔽，延长路面的寿命

目前国内外发现的重晶石矿的主要类型，有热液型、沉积型和风化残积型三种。沉积型矿床规模大，重晶石为灰黑色块状或粒状集合体，产于美国、德国和我国广西、西藏等地。风化残积型分布不广，含杂质多，矿石贫，与沉积型矿床有联系。热液型矿床是国内的主要类型，矿床虽然规模小，但矿石质量高，含杂质少，采出的矿石可直接利用。赵堡重晶石为热液脉状重晶石，区内已发现坡底、南姜沟、北姜沟、善村、郭洼、张庄、十字岭等重晶石脉十几处，统称赵堡重晶石矿床。

下面以宜阳县赵堡重晶石矿床为例做一说明。

一、调查开采史

20 世纪 70 年代，当地群众在修水利工程时发现了这种石头，群众报矿后，原河南省地质三队派人进行矿点检查，经取样化验 $BaSO_4$ 含量 81%～91%，比重 4.2，肯定为热液脉状重晶石，并追索矿脉 13 条，为发展地方采矿加工业打下了基础。之后转入地方政府和群众开采，在出售矿石的同时，先后在县城、白杨建成几家小型钡盐化工厂，主要生产立德粉、硫化钡和硫酸钡。

好的市场效应促进了矿山开采，1984～1985 年间进入开采高峰。区内拥有大小采矿坑口百余个，年产量达 4 万 t。至 1991 年，浅层 15 m 以上富矿基本采空，累计采出矿石 30万～40 万 t，主要出售块矿，售河北束鹿和河南濮阳油田。90 年代以后，大部分规模较小的矿山由于地下水大、排水困难而停采，仅有少数规模较大坑口断续生产，至今开采最大深度达百米(十字岭、街南坡)，说明深部矿化仍较好，另在井下还发现多处矿结和盲矿。

赵堡重晶石自发现以来，一直没有进行正规的地质工作，已有的矿点检查仅是地表资料，没有矿化深度资料，也没有提交一份地质调查报告，后来虽然形成了轰轰烈烈的采矿活动，但因没有专业部门参加，也是乱采滥探、以采代探，尤其对矿床地质缺乏研究，至今还没有一件矿石的岩矿和化学全分析资料，加之矿区覆盖面积大，点多分散，从而大大降低了对该矿床重要性的认识，自然也限制了深入找矿和矿产品加工业的发展。

近几年来，随石油工业、国防工业以及钡盐化工、矿物粉体产业的发展，重晶石矿产的开采和加工都有较好的市场前景，矿石和加工产品供不应求，新的开采加工热潮正在兴起。为了迎接和配合这种新的形势，暂将我们对该重晶石矿的区域地质、矿床地质以及区域成矿规律等不够系统的认识加以总结，以供进一步工作时参考，并在工作中补充完善。

二、区域地质

矿区位处华北地台Ⅱ级构造单元华熊台隆，属熊耳山隆断区(Ⅲ级)木柴关—庙沟台穹(Ⅳ级)的北缘，区内地层、构造和岩浆岩分布情况如下。

(一)地层

区域地层为广布的第四系、新近系洛阳组，中、新元古界熊耳群、汝阳群和洛峪群，其中与重晶石矿有直接关系的是熊耳群火山岩系，自下而上出露许山组、鸡蛋坪组、马家河组和龙脖组。

(1)许山组：分布在矿区西南的黑山地区，下部为绿色块状杏仁状大斑安山岩，中部为杏仁状安山玢岩，上部为杏仁状玄武安山玢岩夹灰绿色大斑安山岩。

(2)鸡蛋坪组：分布在寺河以西地区，下部为紫红色流纹斑岩夹紫红色英安流纹斑岩，中部灰绿、灰紫色杏仁状安山岩，上部为灰紫色、紫红色流纹斑岩夹英安质流纹斑岩。

(3)马家河组：分布在北部赵堡一带，为重晶石矿的主要围岩，岩性为紫灰、灰红、灰绿色块状、杏仁状安山岩、安山玢岩，夹薄层紫红色泥岩及灰绿色粉砂质泥岩、淡红色长石砂岩。

(4)龙脖组：仅在矿区东北部的和庄、铁佛寺一带局部分布，岩性为紫红色流纹斑岩夹泥板岩，呈侵入—溢流相整合于马家河组之上。

(二)构造

区域地层走向北西西，倾角 20°~40°，呈单斜状，属区域上木柴关—三合坪—董王庄倾伏背斜的北翼倾伏区，次级褶皱尚未见到，断层构造则相当发育，主要断层带成组出现，规模、期次、成矿性都有很大差别，其代表性的有北西向、北东向和近南北向三组，其中北西向又分两期，现分别简介如下。

1. 北西向断裂

(1)张山推覆断层：属区域性三门峡—陈宅—田湖推覆断裂带的组成部分，北通兰家阁，南经铁佛寺，截切熊耳群、汝阳群、洛峪群、寒武系、石炭—二叠系等不同时代地层。区内张山段走向330°，倾向南西，倾角40°，下盘岩石为中元古界汝阳群云梦山组、白草坪组和北大尖组，上盘为熊耳群马家河组，强大的推覆力使云梦山、白草坪组地层产生局部倒转。

(2)坡底—寺河断层：走向 290°~310°，倾向 20°~40°，倾角 65°~85°，可见长度 6.3 km，断层带宽 5~20 m。断层带有砾岩充填和石英脉穿入，有破劈理牵引构造，沿断裂发育褐铁矿化、硅化并见有黄铁矿。断层性质属正断层，截切南北向重晶石脉。所见郭凹村重晶石矿井涌水量大，抽水引起周边矿井水位下降，推断为该断层的东延，断层傍侧有与之平行的次级断层。

2. 北东向断裂

以潘家沟—寺河水库断层为主，走向 60°~65°，倾向北西，倾角 78°~85°，沿走向延长 3.8 km，宽 4~8 km，断层带中有角砾和石英脉充填，断层壁波状弯曲，具右行平移特性，见强烈褐铁矿化，为与北西向平移断层同期的共轭断层。

3. 近南北向断层

为被重晶石和方解石充填的南北向破碎带，或断裂束，分布在寺河水库东侧的南姜沟到十字岭、郭凹一带，南姜沟附近为北西走向构造所截切，断裂的重晶石矿化特征见后矿区地质部分。

(三)岩浆岩

区内岩浆岩的火山岩类以熊耳岩浆旋回的陆相喷出岩为主，侵入岩主要为与火山岩有关的次火山相侵入岩，包括龙脖组的流纹斑岩，其他侵入岩有两期：

(1)正长斑岩。时代为熊耳期，见于董王庄大王村东，呈小岩株状，部分被第四系覆盖，面积大于 $0.3\,km^2$，侵入马家河组安山岩，颜色为灰白色，斑晶为钾长石、斜长石和少量石英及黑云母组成，次生蚀变为黏土化。

(2)花岗岩和花岗斑岩。花岗岩以南部斑竹岩体为代表，岩体外环有宽 $400\sim500\,m$ 弧状花岗斑岩岩墙伴生。近矿区有斑岩脉体侵入熊耳群中，岩脉时代为燕山晚期。

三、矿区地质

赵堡重晶石矿指的是赵堡一带重晶石矿脉集中分布区，包括的主要矿点有南姜沟、北姜沟(街南坡)、上黑沟、张庄、郭洼、单村、吕洼、十字岭等地，展布面积 $20\,km^2$。

(一)矿区地层

地层为熊耳群马家河组，主体岩性以灰红色块状、杏仁状安山岩为主体，夹安山质团块凝灰岩、泥砾岩、粉砂质页岩、粉砂质泥岩、灰绿色长石砂岩及硅质碎屑角砾岩，顶部发育灰紫色块状安山岩。其中熔岩类呈厚层状多次重复出现，沉积岩类夹层厚度仅在 $1\sim2\,m$，但岩性复杂，以砂岩、凝灰砂岩、泥岩为代表，反映了火山喷发—沉积活动的多旋回性，而又以喷溢形式为主。矿区内因大部分为新生界松散层覆盖，火山岩地层仅呈零星的孤岛状出露。

(二)构造

区内塑性构造形变相对简单，地层产出为单斜状，走向北西，倾向北东，倾角平缓开阔。构造形迹主要为南北向脆性形变，形成由裂隙组成的破碎带，沿破碎带充填重晶石脉。断裂带为重晶石成矿的导矿构造，宽者一般 $1\sim2\,m$，窄者数十厘米，最宽达 $3\sim4\,m$。呈左列雁行状展布，单脉长度数十米到数百米，由数条单脉组成的复脉体断续长达 $1\,km$，产状 $280°\angle80°$(善村)。据南姜沟坑道观察，破碎带宽 $1.6\sim2\,m$，西壁上有斜滑擦痕，与断壁交角 $45°$发育密集状羽裂，沿羽裂有方解石、重晶石白色细脉体充填，破碎带东壁无擦痕而显粗糙，亦无矿化细脉，总体显示了张扭性特征。

(三)热液活动

矿区热液活动比较明显，主要标志包括重晶石脉体的形成，比较广泛分布的碳酸盐脉和一些北东向、北西向断层带内的黄铁—褐铁矿化与硅化。以重晶石脉为标志的热液活动主要发育在南北向断裂带及其一侧的羽裂部分，在其他断裂中很少发育。碳酸盐类脉体相当广泛地见于熊耳群火山岩中，尤其破碎带、层间带和节理中，但规模小，多为网脉状和薄膜状。以黄铁—褐铁矿化、硅化为代表的热液活动，主要发育在北东和北西向断裂带中。按以上三种热液矿物为标志，碳酸盐类脉体形成的时间最早，可能与熊耳群火山岩的火山期后热液活动有关。以重晶石矿化为代表的热液活动受熊耳群南北向断裂带控制，多见胶结火山岩角砾，是火山岩形成之后另一时期的热液活动。而以黄铁—褐铁矿化为标志的第三种热液活动则又晚于重晶石期，因为孕育它们的断裂带截断了重晶石脉体(见图 8-2)。

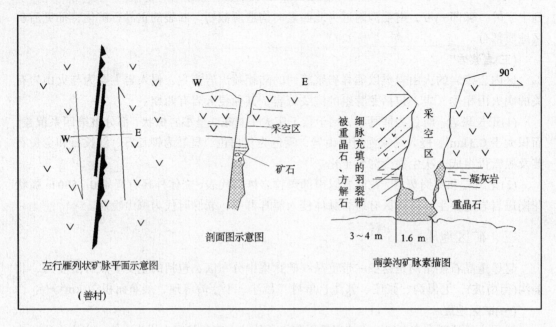

左行雁列状矿脉平面示意图

(善村)

剖面图示意图

南姜沟矿脉素描图

图 8-2　重晶石矿脉示意图

四、矿床特征

(一)矿体形态、产状、规模

矿脉有单脉、复脉和矿结等多种形态,单脉体宽 1~2 m,一般 1 m 左右,沿走向和倾向变化较大,常见分支复合、膨胀狭缩、时断时续、此贫彼富现象,最宽脉体达 3 m 左右,最大的矿结宽达 4~5 m(街南坡井下)。矿体产状严格受断裂构造形态控制,走向一般在 345°~15°摆动,基本为南北向,倾角 80°~90°,局部 70°,一般单脉体延长几十米、百余米,复脉体延长 1 km 以上,由于未进行系统的地质勘查和民采工程编录,目前缺乏各矿点的准确统计资料,尚待补充。

(二)矿石类型、矿物特征

粗略调查,矿石类型大体有重晶石单脉型、石英脉—重晶石型、方解石—重晶石型三种。

(1)重晶石单脉型。以重晶石为主,含火山岩碎屑和高岭土、碳酸钙等杂质,重晶石呈白色、黄褐色和烟灰色,多为结晶粗大的板状体,块状构造,内有网状烟灰色细脉或不规则囊状体胶结火山角砾。

(2)石英脉—重晶石型。矿脉中含有团块或姜石状石英或硅质团块类脉石,夹于重晶石脉中(见于十字岭井下),促使矿石贫化。

(3)方解石—重晶石型。方解石呈粗粒结晶体与重晶石共生,形成混合结晶体,肉眼不易识别。该类型在矿区比较普遍,致使矿石比重降低。

(三)矿石化学成分

由于矿区未进行正规地质工作,各民采点不需对矿石化学成分,包括共生元素进行综合研究,至今矿区没有化学全分析和伴生元素的分析成果。据各采点的综合性资料,矿石中含

$BaSO_4$ 77.46% ~ 93.88%、SiO_2 1.31% ~ 14.22%、Al_2O_3 0.08% ~ 1.00%、Fe_2O_3 0.18% ~ 1.30%。

(四)成矿规律

(1)矿区位于三门峡—田湖—鲁山推覆断裂带的内缘推覆板块的边缘，沿这一边缘带，除赵堡重晶石矿区外，南部的伊川酒后高洼、嵩县田湖黄阁及饭坡八道河的熊耳群中都分布有重晶石脉体，形成一个区域性的重晶石成矿带，该成矿带断续延展达 30 km，成矿机制与推覆断裂带可能有密切联系。

(2)控制重晶石的南北向张扭性破碎带，在应力关系中应属于北西向推覆断裂带的羽张部分，断裂产状直立，切割地层较深，该断裂系的形成为重晶石矿提供了成矿空间，时间应在印支期即推覆构造形成时期。

(3)矿区南 10 km 有燕山期侵入的斑竹寺花岗岩体，岩体出露面积 32 km²，岩体西和西北 3.5 km，分别有岩株和环状花岗岩侵入熊耳群火山岩，环状斑岩体边部的嵩县黄阁一带，熊耳群中形成重晶石，推断赵堡重晶石为同期产物并与该花岗岩有关，重晶石有可能为某些金属矿床的脉石矿物。

五、开发利用现状及需要解决的问题

赵堡重晶石自发现以来，持续开采达 30 多年，采出矿石数十万吨，部分矿井开采深度已达 100 m 以下，围绕矿区也建成数家钡盐化工厂，由于矿区地质工作程度很低，随着新的重晶石矿产开发高潮的到来，矿区存在的问题日见突出，亟待开展地质普查工作，工作的重点如下：

(1)运用物探电法手段，对重晶石成矿带进行追索，进一步查明控矿构造形态、规模、产状及分布。

(2)运用 GPS 仪器进行矿脉调查，填制 1：10 000 重晶石矿区地质图，结合物探资料，追索隐伏矿带，预测盲矿体。

(3)结合民采工程调查，了解各矿点(矿段)矿床规模、矿体变化情况，研究矿体的空间形态，提供资源储量估算参数。

(4)重视矿床的矿物成分、化学成分研究，划分矿石类型，研究有益组分和有害组分的组合关系，为矿产品深加工提供依据。

(5)对矿区水文地质进行初步调查，研究地下水活动规律，解决因地下水大困扰地下采矿的问题。

(6)综合分析上述问题，布置适当工程，揭露新矿体。

第三节　高岭土矿的勘查开发应用前景

高岭土主要由小于 2 μm 的微小片状、管状、叠片状等高岭石矿物(高岭石、地开石、珍珠石、埃洛石等)组成，理想的化学式为 $Al_2O_3\text{-}2SiO_2\text{-}2H_2O$，其主要矿物成分是高岭石和多水高岭石，除高岭石矿物外，还有蒙脱石、伊利石、叶蜡石、石英和长石等其他矿物伴生。高岭土的化学成分中含有大量的 Al_2O_3、SiO_2 和少量的 Fe_2O_3、TiO_2 以及微量的 K_2O、Na_2O、CaO 和 MgO 等。

中国是世界上最早发现和利用高岭土的国家。高岭土的可塑性、黏结性、一定的干燥强

度、烧结性及烧后白度等特殊性能，使其成为陶瓷生产的主要原料；洁白、柔软、高度分散性、吸附性及化学惰性等优良工艺性能，使其在造纸工业上得到广泛的应用。此外，高岭土在橡胶、塑料、耐火材料、石油精炼等工业部门以及农业和国防尖端技术领域亦有广泛用途。

一、高岭土在农业上的新用途

近年来，随着科学技术的进步，高岭土的应用范围也越来越广泛。美国农业部下属的一个研究所科研人员发现，高岭土稀释后涂在葡萄藤上，可防止或减少病虫侵害。如苹果、梨和其他果树的树身上用高岭土水溶液喷洒，可减轻夏季强烈阳光对树身的热辐射，从而减少水分蒸发，有利于提高果树的产果率；如果果园普遍推广使用高岭土，可降低农药用量一半以上，有利于降低水果生产成本，水果食用的安全性也得到提高。美国农业研究人员还发现，把一定量的高岭土加入农药中制成胶状混合剂喷涂于农作物上，不但能降低农药用量，而且可延长杀虫时间，假若粮食、蔬菜及其他农作物也应用高岭土掺和农药喷洒，其成本不仅大大降低，又能大大减少作物农药的残留量。

高岭土涂布材料是一个在果树生产过程中用矿物抑制疾病和抗虫害的广效工具，目前，最成功的是在苹果和梨树上的使用，可以抑制未成熟小苹果蛀虫、李子象鼻虫。获得成功应用的还有葡萄、柠檬、芒果、西红柿、坚果等。在一些地区需反复喷施，多次喷洒Surround 的成本与一次应用标准农药相比仍具竞争力，省去了防水添加剂，也明显地降低了产品成本。另外，其可洗性表明，在水果成熟后用通常的包装线刷洗或水冲可从水果表面除去药膜。随着技术的进步和对研发投资力度的加大，该产品应用前景会更广。

(一)高岭土作物防护剂产品研发简况

1. 产品原型的实验室和田间试验

早在 1990 年，美国农业部下属的 Appalachian 果树研究站(位于西弗吉尼亚州)的土壤科学家迈克尔·格伦(Micharl Glenn)博士就对确定矿物颗粒能否成为果树病虫害和其寄生植物之间的一个有形屏障产生了兴趣。所有被考虑的矿物颗粒中改性高岭土是最适合的，当其混合于水中喷洒在作物上，水分蒸发后，形成一层白色保护膜，控制果树的疾病及虫害。经过使用颗粒涂布作整季节的喷洒之后，注意到塞克尔梨树是健康和无虫害的。该产品的开发始于 1992 年，当时，格伦和美国农业部(USDA)的另一位科学家——昆虫学家普提卡(Gary Puteka)开始用高岭土颗粒涂在苹果和梨树上作试验。他们早期的成果虽是有限的，但充分显示其方法是很有前途的，因为他们所试验的方法是基于不依赖"毒性"作为抗病虫害功能的模式，毫无疑问这对环境安全是有利的。以后不久，他们开始与 Engelhard公司(美国最大的高岭土产品制造商，总部设在新泽西州的 Iselin)研究人员合作，其共享(同)的目标是发展一项对环境有利、像传统杀虫剂一样有效的虫害控制技术。

在 1996 年"减少食品生产中有毒和耐用杀虫剂的使用国际大会"之后，美国农业部与 Engelhard 公司的研究人员签订了合作研究和开发这种产品的协议。双方组成一个世界范围内的科研团队，有 26 名美国的科学家，包括农业部农业研究服务中心(USDA-ARS)的7 名同事，以及欧洲、南美、澳大利亚、新西兰、南非和中东的科学家，来试验和验证这项技术。Engelhard 给它取名为"颗粒涂布技术"(particle film technology)。这种多层面技术很有可能冲击世界上农业生产系统的许多方面。在佐治亚的 Engelhard 研究人员，用超磁离心分离机除去高岭土原矿中的杂质，然后把高岭土颗粒粉碎、筛分到 1.4 μm 的临界尺寸，把这些颗粒处理成特殊的大小和形状。这种"颗粒涂布技术"的原型(称做 HPF)已在北美、欧洲、南美成功地进行了田间试验。这种方法不仅能降低农产品农药的耗量，也能促进植物的健康生长，提高果实质量；而且随着时间的推移，能逐步改善土壤条件。这种方法不仅对果树起作用，而且对蔬菜和其他田间作物也有潜在的效果。经过多次田间试验效果明显，喷雾产生在植物表面的"颗粒涂布"有保护作用，能让阳光透过，以便植物的光合作用、呼吸和蒸发作用能够正常进行。

在 1997 年，美国环境保护署同意给 Engelhard 和 ARS 颁发用"颗粒涂布"做田间试验的许可证。几项试验的简要结论如下：

(1)西弗吉尼亚州的 Kearneysville 和华盛顿州的 Wenatchee 是先期进行高岭土产品研究的地区。在 Kearneysville 果园，对苹果的喷洒处理增加了树的活力，使其结出更多果实，增加产量。在新建的桃园应用，恰好控制了日本甲虫的危害。这暗示着颗粒涂布能对幼树生长产生很好的作用。同样的结果在 ARS 与华盛顿州 Yakima 园艺实验站的合作研究中得到证实。在那里，高岭土颗粒喷洒过的苹果和梨园，由于遮篷温度的降低而增加了果实的大小、红色和叶片的光合作用。这些研究成果在 1998 年 6 个不同的果树种植区得到证实。据宾夕法尼亚、华盛顿、西弗吉尼亚州和智利的圣地亚哥 1997 年、1998 年苹果试验资料显示，用高岭土处理可增加果树的坐果能力(即潜在产量)。

(2)1997 年和 1998 年，ARS 和 Engelhard 在智利作了颗粒涂布的田间试验(在智利作试验时美国恰是冬天)。一个被放弃的梨园被选作颗粒涂布喷洒处理，结果非常成功。处理区的几组果树呈绿色，枝叶繁茂。而那些未处理区的果树则是完全不同，稀疏的树叶、小的花瓣，很少长新的枝叶。他们从处理区收集的梨子，是 7 年期果园的第一次收获；而没有用颗粒混合液喷洒的树则没有果实。在智利另外的研究表明，处理过的桃树增加了 50%多的果实，未处理过的苹果树维持其产量。

(3)在意大利的试验，颗粒喷洒增加了梨的颜色。但不能完全控制苹果、桃或梨的蚜虫，也不能阻止第三代未成熟小苹果蛀虫。这可能需要精确调整喷洒时间的选择，以改善其对虫害的控制。

(4)1996～1998 年的田间研究比较了粉剂和水剂配方的应用效果，以及疏水的和亲水的颗粒涂布在抗击梨树致命虫害的应用效果。此外，1998 年对该项技术在梨树的产量和质量上的应用效果也做了调查。在控制早季节梨木虱和抑制梨铁锈斑损伤方面，疏水的和亲水的高岭土颗粒涂布获得了粉剂和水剂高水平的应用效果。研究发现，颗粒涂布在 1997 年的先期应用能延长到 1998 年的种植季节，以抑制早季节梨木虱产卵。梨的产量几乎增加了一倍。在研究期间没有发现颗粒配方对梨树叶或果实有毒。疏水的和亲水的高岭土颗粒涂布，涂层用分光光度计测量。叶轮和叶面(从顶到底)两者的颗粒涂层不同，但颗粒配方执行同样的抗虫害和真菌病害的任务。从疏水的到亲水的颗粒配方的转变，可能使它更容易把颗粒分散在水中，因而传统的喷雾设备就能发挥作用。多功能的和低毒的颗粒涂布有可能代替传统杀虫剂而更具有魅力。

(5)马里兰州的种植者 Rice 说："作物用颗粒涂布处理的方法，比我们传统使用过的方法更好。这项技术的优势之一是在种植者/工人的安全方面超过传统的化学方法。""混合液喷洒的苹果树，对控制日晒枯萎病完全有效，虽然 1997 年是低照射的一年。但对嘎拉苹果来说，用高岭土颗粒处理没有提供对日晒枯萎病感染的保护。这可能是在 1997 年我们对嘎拉苹果的喷洒进度不恰当，我们没有把喷洒一直进行到完全开花，因而影响到果实。如在 1998 年调整喷洒进度表，期望会有突出的成果。"

由于这种矿物颗粒在化学上具惰性和低毒性，在 1998 年 3 月 17 日，美国环境保护署为三个原型产品注册，并已在弗吉尼亚、马里兰、华盛顿等州被批准在有机农田上使用。

由于 David Michael Glenn 博士将经过加工的高岭土颗粒涂布概念发展和转移到相关产业，控制虫害和在环境安全的前提下推进种植业生产力的发展；格伦在这个工作过程中组织了一个非常流畅的信息流，并和他的 ARS 同事与 Engelhard 一起掌握了 7 项专利技术，而被授予突出研究科学家奖(2002 年 2 月)。

2. 扩大试验和应用

在 2001 年 Surround 的使用比 2000 年增加了两倍多。到此为止，最主要的使用场合是对梨木虱的控制，并已成为控制梨木虱的标准，以及对苹果虫害的控制及晒斑管理。2003 年，Surround WP 作物防护剂已被美国环境保护署批准为在苹果园中抑制 lacanobia 毛虫使用。2004 年 5 月 28 日，加拿大使用 Surround WP 作物防护剂有效地控制了梨果的梨木虱、叶蝉、苹果蛆、李子象鼻虫、第一代未成熟小苹果蛀虫、东方果蛾等一批重要的虫害，因而对该产品进行了产品注册。

(二)高岭土作物防护剂产品应用实例

(1)在梨树上的应用：控制梨木虱，并已成为一种标准的控制方法。梨木虱是梨园中最具破坏性的虫害，能削减产量甚至引起梨树死亡。特别是在华盛顿州 Wenatchee 河谷地区这种虫害暴发已达到难于控制的程度。2000 年，Surround 作物保护剂在其投放市场的第一个商业季节，就对梨木虱的大规模暴发首次作了经济论证和可靠的控制。有 40 000 多英亩梨树接受了 Surround 对梨木虱的控制。在 2001 年梨树种植季节的开始，Wenatchee 河谷地区梨树栽培者用 Surround 作为早季节梨木虱的控制标准，当年，使用 Surround 的量超过了一倍多。这年春天，他们用高岭土产品喷洒过的果园，完全控制了梨木虱、铁锈斑；对小蛀虫也有效。此外，高岭土产品能降低梨叶招致的细绒毛，这些东西能引起田间工人咳嗽。

(2)在苹果树上的应用：减少晒斑损伤，控制叶蝉，抑制苹果蛆、叶卷筒虫、李子象鼻虫、牧草虫、lacanobia 毛虫和第一代未成熟小苹果蛀虫。

1999 年，中-大西洋地区的严重干旱，证实了高岭土涂层在果园中的另一个优势。经过 Surround WP 处理的"帝国"苹果树所结出的苹果比未处理的果树的苹果平均大 17%；果实数量上没有损失；既增加了产量又加深了苹果的红色。在气候比较热的地区的栽培者能因苹果晒斑明显减少(50%或更多)而受益。经过高岭土作物防护剂处理的塞克尔梨(一种红棕色、甜而多汁的小梨)，果实的大小虽然没有变化但其数量却翻了一番。

在 2002 年，高岭土作物防护剂有效地减少了华盛顿、加利福尼亚、奥勒冈州苹果的晒斑损伤。夏季晒斑损伤会毁坏苹果，在特定的年份，由此而不宜市场出售的产品达到 40%。像澳洲青苹果、金冠、braeburn、富士、乔纳金和嘎拉等品种特别容易受到晒斑损伤。华盛顿州苹果种植面积的大约 20%应用了高岭土作物防护剂。苹果覆盖了一层 Surround 白色涂层，阻碍红外线和有害的紫外线而允许有用光到达果实和叶子。这清楚地说明，只要及时地、充分地应用高岭土作物防护剂，就能减少苹果的晒斑约 50%。Surround 帮助美国东部、东南部的种植者在 2002 年热的气候下，增加他们的顶级果实产量达 25%或更多。

(3)在葡萄树上的应用：有力地抑制称做"杀手"的虫害，包括"玻璃翅杀手"和其他叶蝉、日本甲虫、玫瑰色金龟子、牧草虫等。

加利福尼亚葡萄园面临着一种新的带菌者的威胁，这种害虫会使葡萄藤感染上细菌性疾病——"穿刺病 (Pierce's Disease)"，易粘住木质的细菌(它在 100 多年前被鉴别出来)，现在有一种新的带菌者，即"玻璃翅杀手"(GWSS)。"穿刺病"(PD)是不可治愈的，通常会在受感染后的两年内毁掉葡萄藤，它有 170 多种寄主物。2001～2003 年，加利福尼亚大学研究者用高岭土涂层辅以其他辅料的方法，很好地减少了 GWSS 的密度和减轻 PD 的影响。减少 GWSS 种群密度约 90%，减少其产卵 75%。试验 18 个月后，PD 的影响限制到 30%。这是高岭土一项最有希望的应用，对加利福尼亚的果酒业有很大影响。

(4)在柑橘树上的应用：减轻晒斑和树木过热，抑制牧草虫；能提高作物产量。

一种喜食柑橘根和叶的双窝类象鼻虫是佛罗里达州最具破坏力的一种虫害。自从 1964 年在佛罗里达州发现，到 2001 年的 37 年间，蔓延到 19 个县，侵袭了 150 000 英亩土地，危及该州的柑橘业。由于其特殊的生活习性，这种坚硬的害虫特别难于控制。此外，柑橘根茎遗传多样性很低，佛罗里达亚热带气候的土壤渗透性也较高，使得受杀虫剂污染的地下水限制了化学方法的使用，需要寻找新的替代物来控制这种虫害。高岭土可能就是柑橘种植者期望的这类替代物。"柑橘根象鼻虫"每个雌虫年产高达 5 000 只卵，它在两层叶片间平平地筑起像三明治样子的卵堆。如果这些虫卵未能粘到树叶上而落到地下便干枯或被腐蚀掉。试验证明，高岭土形成的保护膜能防止害虫的卵粘到叶片上。

(5)对棉花虫害的控制：高岭土颗粒涂布在抑制攻击棉株棉桃的象鼻虫方面可能与杀虫剂威力不相上下。实验室和小规模的田间试验发现，每周用改性高岭土与水混合喷洒棉株，这种矿物涂层能驱赶象鼻虫去到别的地方觅食和产卵。在虫患区，正常情况下棉农要对整个棉田喷洒 5～7 次。当棉花发芽到针头大小时开始喷洒，一直持续到棉桃形成和准备开花。昆虫学家肖勒(Showler)在 2002 年的研究显示，这种可湿润的高岭土能减少"棉桃象鼻虫"对棉花、棉芽和叶子的损害。为了弥补被雨水冲洗掉的高岭土，每个季节可能要应用几次。

(6)对 lacanobia 毛虫的控制：华盛顿果园最近几年普遍有 lacanobia 毛虫，相当多的水果受到损害。Lacanobia 以蛹在土壤中越冬，在 5、6 月长大出土，在果树树叶下产卵。幼虫出现在 6 月，较小时在树叶上觅食；较大时在果实和树叶上觅食。在那里用高架喷灌高岭土作物防护剂，活动幼虫在爬行时容易受到高岭土颗粒涂布的抑制。用户斯蒂芬斯说："经过两年的考验，在我的果园中用高岭土处理过的树，没有看到 lacanobia 对果实损害。在产卵以前使用三次，用了 25～50 磅，其间隔为三周。甚至树叶的损害仅仅 1%。我相信高岭土作物防护剂在传统的和有机的果园中抑制 lacanobia 是一种有效的工具。"华盛顿州大学的补充研究显示，使用高岭土作物防护剂可使 lacanobia 造成的损害减少 90%。

(7)改善土壤环境：高岭土作物防护剂的应用也可间接地使土壤变肥。有些农药会减少蚯蚓的数量，而高岭土防护剂这种材料能使蚯蚓自由地进入土壤，使有机质从地表漏下，并凿出很多"隧道"以增加水的渗透和通风。由蚯蚓所创造的土壤结构的改善，支持植物健康生长。

二、嵩县白土坬—支锅石高岭土矿简介

(一)概况

矿区位于嵩县纸坊乡龙头村之白土坬—支锅石一带，矿区西距嵩县城 6 km，嵩县—黄庄—汝阳上店公路穿过矿区，嵩县临靠洛栾快速通道，北距洛阳 90 km。

本矿床于 20 世纪 70 年代由河南地质局原地质三队, 为支援地方"五小"建设, 按瓷土矿进行普查, 运用槽探工程和 31 个样品控制, 按化学平均值 SiO_2 80.87%、Al_2O_3 11.81%、Fe_2O_3 1.14%、MgO 0.56%、Na_2O 0.43%、K_2O 1.22%、TiO_2 0.06%圈出矿体, 计算矿石资源储量 19 883.4 万 t, 并采试样经郑州瓷厂、新安瓷厂完成制瓷工艺试验, 后建当地小型日用瓷厂投产开采。

1987～1988 年, 河南省地矿厅地调一队区调分队开展嵩县南部(大章、嵩县、合峪北、木植街北)1∶5 万区域地质调查, 提交矿区及外围区域地质图, 按石英斑岩风化壳, 将该瓷土矿区圈定在石英斑岩出露的区间内, 虽然间接地划定了找矿范围, 但未对矿床做进一步工作。

1994～1995 年地调一队经营部在普查黄庄伊利石矿时也调查了该矿区, 在地质路线观察基础上, 采集样品, 后经北京国家地质实验测试中心做 X 光衍射, 肯定主矿物为片状有序高岭石, 次要矿物为石英、方石英, 微量矿物为长石。将该瓷土矿更名为高岭土矿。样品的化学分析结果为 SiO_2 78.76%、Al_2O_3 12.92%、K_2O 2.88%、TFe_2O_3 0.80%、TiO_2 0.07%。分析结果与矿区 31 个化学平均样接近。

1997 年前后, 随社会上高岭土类市场的再次升温, 有关地质部门和人员也曾多次进入矿区, 并由当地人选高岭土层底部的淋滤层(俗称石粉子)凿洞开采, 原矿售给伊川砂轮厂和洛阳厂家, 价格 60 元/t(当时的伊利石价为 30 元/t), 原矿样品经手选, 含 SiO_2 60%～68.2%、Al_2O_3 20.38%～21.4%、Fe_2O_3 0.37%～0.75%。后因原矿产品利用上的问题而停产, 但受高岭土矿价值的吸引, 至 2005 年, 全区已由洛阳矿业中心地调一队等三家进行了勘查登记。

2006 年河南地矿局地调一队送样, 由中国地质科学院郑州矿产综合利用研究所采用原矿—破碎—擦洗—筛分—旋流器粗选—旋流器精选分级工艺流程, 可获得产品粒度 10 μm 含量 96.59%, 产率 26.20%, Al_2O_3 27.60%, Al_2O_3 回收率 53.84%, 产品自然白度 63.50%, 产品焙烧白度 95.40%的产品(原样为中档矿石)。

(二)区域地质

矿区大地构造位于华北地台二级构造单元华熊台隆的外方山隆断区北部, 出露地层为中元古界长城系熊耳火山岩, 岩性主要为安山岩、稀斑杏仁状安山岩、流纹斑岩, 夹薄的沉凝灰岩夹层, 地层走向近东西, 倾向北, 倾角 25°左右。矿区侵入岩有两期: 一为华力西期的斑状霓辉正长岩(龙头岩体), 二为与火山岩同期的石英斑岩。石英斑岩呈现不同程度的高岭土化, 为高岭土成矿母岩, 区内出露的三个小岩体呈"品"字状分布在白土塬周围, 也形成了三个高岭土矿体。

(三)矿床地质

1. 矿体形态、产状、规模

矿区三个石英斑岩体总面积 1.69 km^2。高岭土矿体明显受石英斑岩顶部古侵蚀面控制, 风化物经短距离搬运, 多呈层状堆积在蚀变岩顶部或旁侧的洼坑中。形成的矿体呈不对称的漏斗状, 上宽下窄, 底部矿层层理向洼地陡倾斜, 顶部层理向洼地中心处变缓(见图 8-3), 全区统计的矿体长 400～900 m, 宽 200～400 m, 厚 47.5 m, 最厚 92 m。由于石英斑岩矿化不均匀, 形成的矿体占岩体出露面积的 2/3 或 1/2, 又因矿床形成后的构造破坏和剥蚀作用, 矿体似为顶面与丘陵地形一致, 形态不规则的透镜状或蘑菇状。

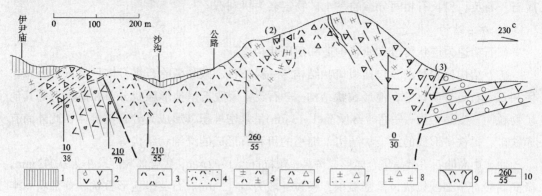

1—第四系；2—杏仁状安山岩；3—石英斑岩；4—霏细石英斑岩；5—高岭土化石英斑岩；
6—角砾状石英斑岩；7—含砾砂状高岭土；8—含砾高岭土；9—次火山岩；10—倾向倾角

图 8-3 嵩县白土塬—支锅石高岭土矿剖面图(示意图)

2. 矿石类型

形成于洼地中的高岭土矿体自下而上一般由 3~4 种矿石类型组成：

(1)高岭土化石英斑岩。紫色、浅紫色、灰白色、白色，角砾状堆积体，原岩结构明显，与隐爆角砾岩共生，部分地段同生角砾和后生砾块混杂，形成矿化不均匀的角砾岩型矿体，代表高岭土原生的热液矿化形态，一般不能利用。

(2)淋滤状沉积高岭土。发育在较厚矿体的底部，厚 1~2 m，白色、淡红色，大部含砂，成分为高岭石黏土岩，由 90%左右的多水高岭石组成，含 5%的长石、石英及微量水云母、褐铁矿，形成该矿床的富矿体(俗称石粉子)。

(3)含砾高岭土。紫红、砖红色，砾石成分以下伏岩系——石英斑岩、安山岩、流纹岩为主，分选性差，产状较陡，多分布在漏斗状矿体的边缘，矿石质量差，多不能利用。

(4)厚层状含砂高岭土。分布在洼地中部，白色厚层状、块状，具微层理，高岭石含量达 70%以上，一般不含砾块，仅见石英和长石晶屑，产状由洼地边缘向中心微微倾斜，组成区内高岭土矿的主矿体。局部地段变为含砾高岭土，矿石也随之贫化。

3. 矿石矿物成分

原矿由中国地质科学院国家地质实验测试中心和中国地质大学两次进行 X 光衍射分析，矿物组成以高岭石为主，次为石英、方英石并含少量长石、蒙脱石。

选矿大样类型矿石岩矿鉴定矿物成分见表 8-3。

表 8-3 高岭土矿物成分

矿物名称	高岭土	石英、方英石	伊利石	斜长石	蒙脱石	赤铁矿、褐铁矿	金红石
含量(%)	11~13	52~56	23~25	4~5	5~6	1~2	微量

需说明的是，X 光衍射的图谱及由本队所做的岩矿鉴定样品，均未发现伊利石，但选矿大样的鉴定结果将镜下的纤维状或纤维状集合体，干涉色一级黄至二级，与高岭石、蒙

脱石、石英、斜长石相间分布的黏土矿物定名为伊利石。

4. 矿石结构、构造

矿石构造为层状构造、块状构造和角砾状构造。

矿石结构比较复杂,包括似斑状结构——斜长石、微晶高岭石集合体呈似斑状分布在伊利石、石英等矿物中;他形粒状结构——石英、蒙脱石呈他形粒状分布在高岭石等其他矿物粒间;微晶结构——高岭石微晶($1 \sim 3 \mu m$)呈紧密堆积,形成高岭石集合体,此外尚有赤铁矿、褐铁矿形成的浸染状结构,细小的伊利石形成的纤维状结构等。

原矿中高岭石呈微晶集合体形成斑晶,颗粒直径 $1 \sim 2 mm$,集合体粒度最小为 $0.043 mm$,微晶高岭石呈细鲕粒状,紧密堆积,颗粒一般为 $1 \sim 3 \mu m$。石英呈他形粒状、葡萄状、半圆形粒状和方英石组成同质多相变体,石英粒度分布在 $0.02 mm$ 以上粒级中。方英石为微晶集合体,晶粒直径仅 $1 \sim 2 \mu m$。

5. 矿石化学成分

矿石化学成分有 3 组数据,分别为瓷土普查、矿区踏勘、选矿大样不同时期提供(见表 8-4)。

表 8-4 高岭土矿石主要化学成分

时期	成分含量(%)								
	Al_2O_3	SiO_2	Fe_2O_3	TiO_2	K_2O	Na_2O	CaO	MgO	烧失
瓷土普查	11.81	80.87	1.14	0.06	1.22	0.43	0	0.56	
矿区踏勘	12.92	78.76	0.80	0.07	2.88				
选矿大样	13.24	77.21	0.80	0.056	1.79	0.48	0.12	0.22	5.14

由表 8-4 可以看出,矿石原矿含 Al_2O_3 有益组分较低,但 Fe_2O_3、TiO_2 有害组分也不高,基本上肯定了矿石的可利用性。较为突出的特点是 SiO_2 明显偏高,因其与矿石中石英、方英石晶屑含量高有关,从而显示了选矿时降低 SiO_2、提高 Al_2O_3 含量的难度。

(四)开发应用现状及需要说明的问题

(1)本矿区最早开展的瓷土矿普查,包括了高岭土化石英斑岩,31 个化学样的平均值,反映的是石英斑岩和含砾、含砂高岭土矿的平均化学成分,和高岭土矿的化学成分相差悬殊,故在矿产开发利用上造成很大误区,计算的 19 883.4 万 t 矿石量未免过大。1987~1988 年提交的 1:5 万区域地质图又把高岭土矿归入高岭土化石英斑岩,又因混淆了高岭土矿矿体,也容易造成引用资料上的失误。

(2)2006 年由省地调一队进行的选矿试验,因选矿样品采自未经搬运淋滤的石英斑岩风化壳(素描图),原矿样 Al_2O_3 含量低,导致选矿大样结果 Al_2O_3 同样也偏低;另在矿物成分上,X 光衍射图谱高岭石含量较高,没有伊利石,与岩矿测试的大量伊利石矿物不符,建议另采高岭土矿层底部的淋滤型矿石重作选矿试验。

所以，省地矿局地调一队目前已准备继续进行相关的勘查和开发应用研究工作。

三、宜阳李沟沉积高岭土与塑性黏土矿床

1962 年 10 月，原河南地质局豫零一队(地调一队前身)提交了《河南省宜阳县李沟地区塑性黏土地质普查报告》。该报告经多条地质剖面，32 个多项样品测定，划分了 11 个黏土矿层，用其中的 3、7、9 三个矿层，计算矿石储量 230.3 万 t，初步肯定了该矿床规模和可利用价值，对后来研究开发沉积高岭土矿开拓了思路，提供了资料。

塑性黏土为工业矿物名称，指的是制陶工艺中用做黏合剂的矿物原料。依据矿物组成，一般所称的塑性黏土包括高岭石黏土、蒙脱石黏土、伊利石黏土等。本矿区提交普查报告的塑性黏土，产出于石炭—二叠系煤系地层，采自宜阳历代诸陶瓷厂的一些新旧采点，与近些年来各地研究开发的煤系高岭土的层位大体相当(见后)，由此可肯定，20 世纪 60 年代对这一塑性黏土矿的地质勘查，属于煤系沉积高岭土矿床研究开发的早期工作，故特将该矿区的塑性黏土矿层联系本区的地层特征加以专题阐述，并在此基础上进一步全面探索沉积高岭土这类矿产资源。

(一)位置、交通

李沟塑性黏土矿区为宜阳城关镇所辖，位于城西南的李沟河(藻河)流域，北起三道岔，向南经二里庙、马庄，南延兰家阅、何年，东延焦家洼、沈村、灯盏窝一带，出露范围大体与宜洛煤矿李沟井田、高崖井田和沈村井田一致，也与李沟、锦屏山铝土矿区相吻合。

李沟塑性黏土矿区三孔桥采点距宜阳县城不足 1 km，最远的何年、马道也不足 8 km，矿区各主要采点至宜阳均通汽车，宜阳距洛阳 30 km，亦为洛宜铁路专线的终点站，交通极为方便。

(二)塑性黏土含矿地层

塑性黏土的含矿地层，底界不超过石炭系本溪组底部的不整合面，顶界大体在二叠系顶部，即自石炭系顶部生物灰岩到二叠系顶部平顶山砂岩之间的这段地层。一般而言，下部石炭系虽薄但岩性特征明显，容易识别，而二叠系则因生成环境复杂，即使在同一矿区，岩相和厚度变化也较大。而这个层位则是洛阳地区煤和塑性黏土的重要含矿层位，因此我们正需借助煤田地质工作，利用标志层进行煤层对比的经验，研究和识别塑性黏土的层位，并加强这一领域的研究工作(见图 8-4)。

为了帮助大家识别塑性黏土矿在地层中的特征和赋存状态，下面将 1：5 万白杨镇幅灯盏窝实测地层剖面简述如后。

43. 田家沟砂岩(七煤组或上石盒子组底界)(略)

42. 灰黄—紫红—杏黄色粉砂岩—粉砂质泥岩　30.7 m

41. 灰绿色细粒长石砂岩夹多层灰色泥岩　3.0 m

40. 灰黑色页岩(五₃煤层位)　3.1 m

40. 灰黑色页岩(五$_3$煤层位)　3.1 m

39. 灰黑—灰黄色页岩、粉砂质泥岩、粉砂岩，夹细粒长石砂岩　14.3 m

38. 青灰色粗粒含砾长石石英砂岩(红砂炭砂岩) 3.3 m

37. 灰绿色中厚层状细粒长石石英砂岩—杏黄色厚层状粉砂质泥岩—灰色页岩、粉砂岩 14.2 m

36. 下部杏黄色厚层状粉砂质泥岩,上部灰白—灰黑色页岩、碳质页岩,夹煤线,产植物化石碎片(四$_3$煤层位) 16.8 m

35. 灰白色细—中细粒长石石英砂岩 (四煤底砂岩) 5.3 m

34. 紫红色粉砂质泥岩,底部含鲕状赤铁矿 9.8 m

33. 灰白色、紫红色细粒长石砂岩、粉砂岩、泥岩 6.5 m

32. 灰、灰黄、灰红色粉砂质泥岩夹铁质长石砂岩 29.1 m

31. 灰黄、灰红、杏黄色粉砂岩、铁质岩、粉砂质泥岩、夹杂色页岩及煤层(三煤段) 21.9 m

30. 灰黄色含泥砾中细粒长石砂岩—厚层状细粒长石砂岩—灰白色页岩或高岭土页岩(老君庙砂岩) 14.9 m

29. 灰黄色粉砂岩夹灰色页岩 5.5 m

28. 紫斑泥岩,灰黄色泥岩夹厚层长石粉砂岩(大紫泥岩) 11.0 m

27. 紫红、杏黄色粉砂质泥岩、底部含铁质 13.3 m

26. 灰—杂色紫斑泥岩 5.0 m

25. 紫红色粉砂质泥岩夹黑色页岩及鲕状、肾状赤铁矿泥岩 9.68 m

24. 杏黄、紫红、灰绿色泥质粉砂岩、粉砂质泥岩互层 4.9 m

23. 灰黄厚—中厚层含砾长石砂岩,细、粉砂岩(砂窝窑砂岩) 14.0 m

22. 灰黄色块状泥质粉砂岩 3.4 m

21. 灰黄、灰白色中厚层状粉砂岩—青灰色含铁结核斑块状泥岩—灰黑色炭质页岩,底部白云母粉砂岩(小紫泥岩) 27.0 m

20. 灰白、灰黄色厚层中细粒石英砂岩(大占砂岩) 5.2 m

19. 灰色斑块状泥岩,含铁质结核 2.5 m

18. 灰黑色炭质页岩夹煤线(二$_{12}$煤) 3.8 m

17. 灰黄、灰白、含白云母细粒砂岩 2.6 m

16. 灰黑色炭质页岩夹煤线(二$_1$煤) 5.4 m

15. 灰黑色中厚层状燧石层(石炭系太原统) 2.0 m

人们肉眼还不能辨认黏土矿物的种类,因而对陶瓷黏土和沉积高岭土矿不作专门的研究,一般在野外不太容易准确地鉴定出这类含矿层,1∶5万白杨镇幅也不例外,但仅仅是上述 28 个层位的地层剖面已大体可以看出塑性黏土的含矿层位,其中的各种泥岩(包括大紫泥岩·小紫泥岩)实际上就是这类矿产的主要层位,另外和煤线伴生的灰白—灰黑色页岩、碳质页岩的主要成分也是黏土岩,它与塑性黏土的层位也有关系。节录这段剖面的目的,是使读者可以利用以往的煤系地层资料,不致漏掉我们需要的陶瓷黏土乃至重要的沉积高岭土矿层。

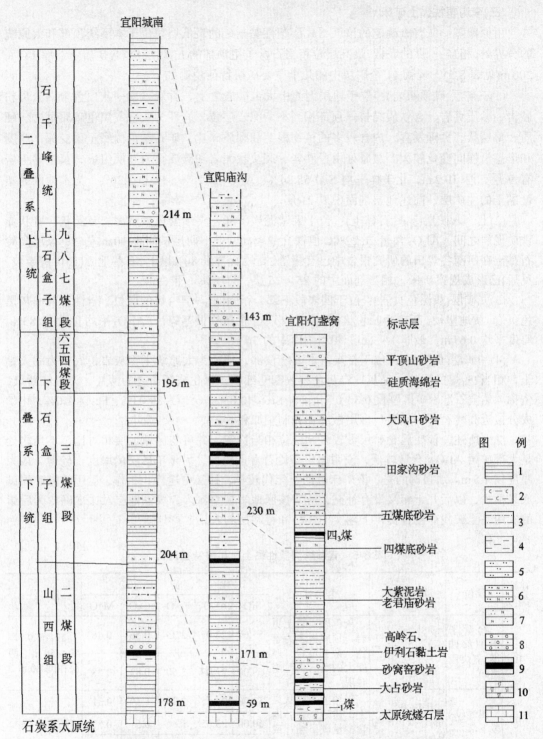

图 8-4 宜阳南部二叠系柱状对比图

1—页岩；2—炭质页岩；3—粉砂质页岩；4—泥岩；5—粉砂岩；6—长石砂岩；
7—长石石英砂岩；8—含砾石砂岩；9—煤层；10—燧石层；11—灰岩

(三)李沟塑性黏土矿床

由原豫零一队普查确定的该区 11 层塑性黏土矿的最低层位位于本溪统顶部和太原统的分界处,相当一$_1$煤的底板,最高层位相当石盒子组顶部的五$_3$煤层位。含矿岩系总厚 187~200 m(见表 8-5),现就 11 个矿层中的几个主要矿层特征说明如下:

(1)三矿层(碳质页岩):位于地层剖面中大占砂岩之上,香炭砂岩—灰白色含白云母粉砂岩,砂质页岩,含铁质结核—顶部相当小紫泥岩层位,岩性为灰—灰黑色碳质页岩、硬质、薄层状、页理发育,内含较多的植物根茎和碳质碎片,矿石颜色由底至顶变深,厚度和形态沿横向变化较大,最厚处由粉砂岩、斑块状泥岩和碳质页岩互层组成,其中黏土岩有 9 层,厚 10.2 m,化学样平均 $SiO_2$55.34%、$Al_2O_3$25.96%、$Fe_2O_3$2.26%,为本地区的塑性黏土的主矿层,前述地层剖面中属 21 层。

(2)七、八矿层(高岭石黏土):位于大紫泥岩下部,夹于紫色砂质泥岩及鲕状、肾状赤铁矿泥岩之间,Al_2O_3 含量 26.22%,但铁含量较高,上下两层矿间距 10 m 左右,该层高岭石黏土在河南各煤田的研究报告中已有报道,高岭石含量 80%以上,有些地方(如伊川半坡,见后)已形成规模矿床,相当剖面中的 25~26 层,灯盏窝一带变薄。

(3)九矿层(灰黑色页岩):位于四煤段下部,相当四$_1$—四$_3$煤的层位,岩性为灰—灰黑色页岩,质地坚硬,断口为叶片状、刀棱状、砂状,含植物根茎碎片,Al_2O_3平均含量 22.83%,厚度平均 0.67 m,最厚 1~2 m,相当剖面中的 36 层。

(4)一矿层(焦宝石):位于石炭系本溪统顶部,顶板为太原统生物灰岩,底板为耐火黏土,相当一$_1$煤的层位,呈灰、青灰色,致密、细腻,风化或锤击之为薄片,刀棱状断口,俗称"焦宝石"。矿区厚仅 0.3~0.5 m,含 SiO_2 40.83%、Al_2O_3 39.03%、Fe_2O_3 1.0%,化学成分接近高岭石,当地瓷厂多用做细瓷和制釉原料。

综上所述,该矿区含矿层数较多,层位相当稳定,并可与区域地层相对比,不足之处是大部矿层 Al_2O_3 含量较低,说明原矿高岭石含量较低,另外单矿层的厚度也较薄,最大厚度仅 1.5 m。须强调的是,该矿床因勘查年代较早,且又中途停止工作,运用的岩矿测试成果很少,以后几十年又没有补充,所幸该区地表观察深入,煤系地层对比准确,为后续的农用黏土矿找矿勘查提供了翔实的资料和可利用的农用矿产地。

表 8-5   宜阳李沟塑性黏土矿矿层特征对比

矿层编号	层位	厚度(m)	岩性	化学成分 (%)					备注
				SiO_2	Al_2O_3	Fe_2O_3	CaO	MgO	
11~10	石盒子组中部四煤、五煤段之间	0.2~0.5	灰色硬质黏土页岩,顶底板多为紫色、杂色页岩,厚度大的页岩中时隐时现	57.60	23.07	2.25	0.56	0.48	下距 9 层 40~50 m,两层相间 20 m
				59.00	22.07	3.60	0.83	0.58	
9	四煤(y_6)段下部	0.4~0.8,局部 1~2,平均 0.67	灰黑色薄层状黏土,质地坚硬,内含少量碳质细片或古植物根茎碎片	53.00	24.15	2.80	1.39	0.31	矿层不稳定
				60.00	23.05	1.80	0.51	0.59	
				61.90	21.37	2.65	0.58	0.30	
8	大紫泥岩	0.4~0.5	为相距不足 10 m 的两个单层,矿层不太稳定,沿走向尖灭	56.50	25.01	2.90	0.49	0.21	保留不好
7		0.8~1.1		54.40	26.22	3.90	0.00	0.59	

续表 8-5

矿层编号	层位	厚度(m)	岩性	化学成分(%)					备注
				SiO_2	Al_2O_3	Fe_2O_3	CaO	MgO	
6	二叠系山西组顶部,相距第3层50~60m	多在0.3~0.5变化	顶板均为砂岩底板多为砂岩、砂质页岩或页岩。灰—暗灰色、硬质、夹少量砂质及硅质条带层6,局部被冲刷						相邻各10~20m,有民采坑
5				59.80	24.77	1.65	0.28	0.37	
4				55.18	26.68	2.75	0.65	0.74	
3	大占砂岩之上,相当香炭砂岩段顶部二3与二4煤之间	一般1~3层总厚2~5,最厚处为9层10.2	灰—灰黑色硬质薄层状,页理发育,内含较多的古植物根茎化石,少量云母或岩质碎片,矿石横向厚度,形态变化较大,但层位相对稳定	55.68	24.74	2.45	0.69	0.32	距层2 40~50m,相当小紫泥岩层位
				56.60	26.23	2.10	0.14	0.66	
				52.04	27.02	3.65	0.56	0.49	
				54.64	27.16	1.50	0.37	0.45	
				60.50	23.26	1.85	0.37	0.43	
				52.72	27.36	2.05	0.46	0.46	
2	二叠系山西组底部,大占煤(二1)底板	0.3~0.8	薄层状黑灰色页岩,风化后为深色土状物,产状不稳定						下距层1 35~40m,属木节土类
1	本系统顶部顶板为生物灰岩,底板为杂色铝土页岩	0.3~0.5	灰—暗灰色,薄层状,松软易碎,地表风化为灰黑色土状物	40.62	39.66	0.80	0.09	0.10	作细瓷瓷釉原料
				41.44	38.40	1.20	0.14	0.25	

(四)关于煤系高岭土

煤系高岭土又称沉积高岭土,系我国产于华北地台区煤系地层中的特有矿种,成分为以高岭石类黏土矿物为主的沉积黏土岩,亦称高岭岩,1957年由沈永和教授首先提出,60~70年代郑直、吕达人等以内蒙古清水河煤系地层剖面沉积岩研究厘定了含煤岩系高岭土的层位。20世纪80年代以来,河南各地也掀起了沉积高岭土的开发热潮,已经划分出了沉积高岭土的主要类型,并与各地开发相结合,锁定了区内高岭土矿床赋存的主要层位,表8-6就是根据各地开发利用沉积高岭土的资料,联系并对比表8-6和地层剖面,总结出5种高岭土类型,简述如下。

(1)10Å埃洛石黏土:区内普遍存在,为古风化壳型,含矿层位于山西式铁矿、铝土矿即铁铝层之下,层位单一而稳定,但矿体形态变化较大,矿层也多被污染,虽高岭石含量较高,但仅可作为陶瓷原料,不作高岭土开发的重点。

表 8-6　洛阳一带煤系高岭土的主要类型和特征

类型	俗名	层位	矿石特征	高岭石含量	开发利用	说明
陶粒页岩	瓷土	含矿层位较多，主要为二叠系下石盒子组	灰白、淡黄、灰色黏土岩、黏土质粉砂岩、页岩，黏土类占40%	高岭石、伊利石	陶瓷原料	含紫砂瓷土
高岭石黏土岩	大同砂石(黑砂石)	山西组、下石盒子组，一般位于沉积旋回顶部，主要为二、四_3煤底板	致密光滑，半贝壳状断口，质地细腻、不吸水、不膨胀、不松散，块状者呈黑灰色，煅烧后为白色，劈理呈刀状，粗糙断口，外观呈砂状	矿物成分以高岭石为主，含埃洛石、地开石	邻区巩义市有高岭土矿生产、煅烧高岭土，农用	含植物化石碎片，风化后易碎
硬质高岭土	焦宝石	层位至少有三层，最上在下石盒子组，最下在本溪组顶部	矿石呈灰黑—灰、浅灰—灰白色、致密块状构造，质细而性脆，不溶于水，风化后呈竹叶状和砾屑状碎块，厚3~4 m	高岭石含量90%~95%，含铁较高并含伊利石	用于陶瓷和耐火黏土	常为本溪组顶部耐火黏土夹层
软质高岭土	木节土、紫木节、树皮黏、黑毛土	为煤系地层中与煤层呈渐变过渡或沉积相变的一种黏土岩，层位较多	紫红、灰白、微薄层状，常有揉皱之纹理，颗粒细，含有机质高，具较好的可塑性，是一种优良的黏合剂，易溶于水，具膨胀性，常为煤层顶板	高岭石为主要成分	各陶瓷厂广泛利用伊川已建高岭土加工厂、农用	主要产出层位为大紫泥岩，小紫泥岩及二_1煤底
10Å埃洛石黏土	羊坩土、羊油坩	石炭系底部—寒武系或奥陶系顶部风化面	白、灰白、淡绿、淡黄色页片状，纹层状黏土岩，多形成巢状、似层状，充填脉状堆积体	埃洛石—多水高岭石为主	烧制高档陶瓷瓷土	常因上部黄铁矿风化淋滤而染色

(2)软质高岭土：为区内高岭土开采利用的主要类型，依地层层位，相当塑性黏土剖面中的3、7、8层，大体位于小紫泥岩和大紫泥岩的层位，呈薄层状，可见微层理，易风化，吸水后黏度增大，常含有碳质页岩薄层，新鲜岩石和高岭石黏土岩(大同砂石)不易区别，区内多与煤层和煤线共生，厚度较薄，但矿层层数较多，找矿领域较宽。伊川半坡相当大紫泥岩下部形成优质、硬质高岭土矿层(见后)。

(3)焦宝石：属硬质高岭土，质细腻、硬脆而不溶于水，一般可见三层，下矿层位于本溪统顶部和太原统之间，相当第1层塑性黏土，虽厚度不大，但层位稳定，质量最好(Al_2O_3>35%)第2层相当第3层黏土，和软质黏土伴生，厚度较大，单层厚可达3 m，第3层相当第4、5层塑性黏土，层位相对不够稳定。

(4)高岭石黏土岩：该层高岭土与前述的硬质高岭土相似，但外观上因含碳较高而颜色较深，断口粗糙类似砂岩，含植物化石碎片，抗风化能力弱，区内常见于四煤组层位，相当第9层塑性黏土，另见于二_1煤底板，相当第2层塑性黏土。

(5)陶粒页岩：为上面各类高岭石黏土中高岭石含量较低的层位，多与伊利石黏土共生，均可作为陶瓷原料，并可作为高岭石黏土的找矿标志，如10、11层塑性黏土。

四、伊川半坡沉积高岭土矿床

(一)半坡沉积高岭土的发现

2005 年，伊川半坡乡群众在采煤过程中，发现一种灰色，灰白、灰绿色，致密块状，贝壳状断口，遇水易碎的特殊黏土岩，初定为伊利石或高岭石，经化学分析，K_2O 很低，确定为沉积高岭土。2006 年伊川白沙宋来法捷足先登，利用该项资源，进行煅烧深加工，首先推出了 1 250 目、白度 88 的首批样品，并得到赞助，征地建厂，建成洛阳汇发高岭土有限公司，由此很快掀起了矿区内采挖高岭土的热潮，宣布洛阳地区在伊川首先找到优质沉积高岭土。

伊川高岭土矿区位于伊川东部半坡的白瑶—何庄一带，主采坑位于段岭村北，采坑地理坐标 X=3803500，Y=19659450。半坡西距伊川 26 km，分别有白(沙)—半(坡)路接洛界公路和五(里头)—半(坡)路接郑潼公路。由半坡经由运煤矿区专线行 7 km 经三岔口至矿区，由矿区东行至白瑶，南通汝州，北达登封，各有油路相通，交通十分方便。

初步勘查加工验证，半坡沉积高岭土矿为一规模可达中型，主要化学成分达到和超过国家标准的优质高岭土矿床。该矿床的发现确定了形成这一矿床的特定地层层位，扩大了找矿途径，指出洛阳具备形成优质高岭土的成矿条件，同时也展示了该高岭土矿的可加工性；它启示我们，必须珍视这一宝贵资源，加快部署高岭土矿的地质勘查工作，重视伊川第一家高岭土的研发试验，进一步做好矿石、矿物的理化研究，推出更加优质的产品，并全面加快洛阳地区农用高岭土矿的勘查开发步伐。

(二)洛阳研发沉积高岭土矿的回顾

洛阳是我国陶瓷文化的发祥地，早在石器时代的中后期，先祖们即能利用黏土(包括高岭石黏土)制作陶器用具，后至汉唐发展为三彩陶，制陶技术日渐精良，原料选择日趋严格。至宋元时代已发展为精美的各种瓷器制品，在原料中有坯体、釉料的区别，于是有了瓷石、瓷土的概念，并沿用至今，矿床中称陶瓷黏土，俗名黑毛土、木节土、焦宝石、瓷石、瓷土等，实际上，它们都是不同类型的沉积高岭土、伊利石类黏土矿物的别称，只是当时人们不识其矿物成分，这是洛阳人早期对高岭土的利用。

20 世纪 50 年代初，随巩义铝土矿的发现，国家展开了大规模的铝土矿勘探，在按铝土矿工业指标($Al_2O_3 \geqslant 50\%$、$A/S \geqslant 3$)圈定矿体时，将低于上述指标、耐火度 $\geqslant 1$ 580 ℃、$Al_2O_3 \geqslant 22\%$ 的矿石列入耐火黏土矿床，并依据其物理特性分为软质和硬质黏土。实际上这部分耐火黏土中的一部分为高岭土，其矿物组合非水铝石而为高岭石(1957 年沈永和命名为沉积高岭岩)，矿山称其为焦宝石，因长期以来一直将其作为硬质耐火黏土矿产，致使我们对这类高岭土矿床的勘查开发步履迟迟。

1962 年，为配合发展地方陶瓷工业，由原河南地矿局豫零一队(地调一队前身)提交了《河南省宜阳县李沟地区塑性黏土地质普查报告》，报告就李沟石炭—二叠系地层剖面，选定 11 个黏土矿层，分层进行样品分析，并选三、七、九三个含矿层计算矿石储量 230.3万 t。在当时人们还没有沉积高岭土这个概念时，以实测剖面加化学分析的方法开展专项地质勘查(项目中途停止，未做岩矿工作)，这已是在高岭土矿的勘查开发中做了先期工作。

20 世纪的 80 年代末到 90 年代，河南掀起沉积高岭土热潮，先后在禹县神垕、巩县钟岭、博爱九府坟、鲁山梁洼、济源邵原等地发现并提交一批沉积高岭土矿床。一些开采加工厂也有目标有针对性地采集寒武—奥陶系顶部不整合面上沉积充填型埃洛石黏土,大紫、小紫泥岩及二₁煤底的软质黏土(木节土),下石盒子组四煤段的硬质黏土等,进行开发利用和开发研究,是时曾再次利用宜阳李沟和新安石寺塑性黏土层位及相关地层剖面进行分析,但仍因铁、钛含量高,达不到白度要求和 Al_2O_3 含量偏低(<30%),在洛阳地区未曾突破。

伊川半坡高岭土的发现,开启了伊川也是洛阳各含煤系县市(新安、宜阳、伊川、偃师、汝阳)沉积高岭土的先河,证明了洛阳不仅存在着形成沉积高岭土的地质环境和地层系统,而且能够形成优质沉积高岭土矿床,抓住这一突破性的认识和可以观察对比的矿石、矿床特征,足可重新加深我们对沉积高岭土矿床的认识,扩大今后的找矿方向,进而发现更多的高岭土矿床,这是非常有意义的。

(三)半坡高岭土矿

该矿位处一经过地质精查的马岭山井田中。井田不仅提交过精查报告,钻探工程控制程度高,而且经历了几十年的井巷开采。但由于原来对高岭土未加认识,在丰富的矿区地质资料中,都作为"灰色、灰黑色泥岩"加以记录和描述,因此在核查这类矿床时,还应首先检查一下原来的煤井田精查资料。

1. 赋矿地层

按照半坡马岭山或登封煤田地层柱状图和参加煤田地质精查工作人员的回忆,以往的野外观察,多以"灰色、灰黑色泥岩、泥灰岩"对待的层位有8处,自下而上为:

(1)本溪组底部、寒武—奥陶系顶部10Å埃洛石黏土。

(2)本溪组顶部铝土矿层顶部高岭石黏土岩(焦宝石)。

(3)山西组二₁煤底或太原统顶部软质高岭土(紫木节),见于半坡大郭沟一带,厚度变化大。

(4)小紫泥岩层位,位于小紫泥岩中。岩性为含紫斑的灰绿色泥岩和深灰色泥岩,相当宜阳李沟塑性黏土矿层剖面的三矿层。邻区小紫泥岩的差热曲线在 550~620 ℃有一显著吸热谷,在 910~970 ℃有一明显放热峰,经 X 射线衍射、扫描电镜及能谱分析,黏土矿物以高岭石为主,含量 50%~85%,另含伊利石和蒙脱石。

(5)石盒子组下部三煤段大紫泥岩层的下部。岩性为灰黑、灰绿色泥岩,厚 2~3 m,此即现开采加工的半坡高岭土矿赋矿层位,矿层和矿石特征见后。区域上该矿层相当李沟塑性黏土剖面的第 8 层黏土。在宜阳大紫泥岩层位之下 10 m 处,有一层青灰色具贝壳状断口的高岭石黏土岩,相当李沟塑性黏土剖面的第 7 层。

(6)下石盒子组四煤段沉积高岭土。岩性为灰、青灰、深灰色泥岩,赋存于四₁~四₇煤层的底板及含煤段的上部,多为与黏土质粉砂岩相间的薄层状,形成高岭石岩组,其明显特点是含碳质和植物化石。

(7)五煤段五₃煤层位。岩性为碳质泥岩、青灰色泥岩、灰黑色泥岩、泥质粉砂岩,岩性特征和矿层组合类四煤段。

(8)六煤段顶部田家沟砂岩之下。岩性为青灰、绿、灰白色,紫斑泥岩,该层位曾被利用为粗陶黏土,伊利石含量较高。

马岭山井田区石炭—二叠系沉积高岭土(泥岩类)的赋矿层位与宜阳李沟矿区陶瓷黏土的含矿层位基本相同,沉积高岭土成矿具鲜明的区域性。

2. 矿床特征

1)赋矿地层

现发现的半坡优质高岭土矿的赋矿地层为二叠系下石盒子组底部的三煤段,矿区平均厚度 66.62 m。自下而上的岩石特征为：

(1)砂锅窑砂岩：上部为青灰色细粒长石石英砂岩，下部为灰白色厚层状粗粒石英砂岩，底部含砾，具大型楔状交错层理，厚 9.57 m。

(2)紫红色、灰白色泥岩，砂质泥岩，夹薄层粉砂岩，平面上距矿层底板 8~10 m，厚 2~3 m。

(3)高岭土矿层，一般厚 1~2 m，局部厚达 3 m 以上。

(4)大紫泥岩，紫红色，灰绿、杏黄、杂色泥岩，夹粉砂岩，具铁质斑点状豆鲕结构，厚 18~20 m。

(5)灰、绿色砂质泥岩，粉砂岩，夹泥岩，紫斑泥岩，底部和中上部夹一层黄绿色细砂岩。厚 30 m 左右。

(6)四煤底砂岩：灰色、灰绿色，中、薄、中厚层状细—中粒长石石英砂岩。

2)矿体形态、产状、规模

矿体呈层状产出，层位稳定，走向近东西，倾向北。倾角 14°~15°，据白瑶、段岭、何庄村北一线采坑揭露，矿层东西延长至少在 3 km 以上，厚度一般 2 m 左右，据当地采矿者称，最大厚度可达 3 m 以上，白瑶以东变薄，厚度 1 m 左右，且质量不好，推断矿床规模达中型($>$200 万 t)。

3)矿石特征

该矿区目前没有岩矿测试资料。

据矿坑露头和矿石标本观察，开采的优质矿石，下部为灰绿色、蛋青色高岭土质黏土岩，上部为灰黑色高岭石黏土岩，底板不清(未揭露)，顶板为黄褐色泥质粉砂岩覆盖，界面不平直，稍有底辟现象，高岭石黏土岩向上拱凸。岩石质地细腻，土状光泽，硬度大于指甲，小于小刀，贝壳状断口，主矿体无层理，无夹层，块状构造，内多裂纹，裂隙纹面上有不同程度的氧化铁锰质薄膜。露头和采出矿石，经风化雨淋后，易裂解为坩子土状，无可塑性，但加工成粉体后具强的吸水性和可塑性。

4)矿物成分和化学成分

目前尚无矿物分析(红外光谱，X 光衍射)资料。

现得到的化学分析资料如表 8-7 所示。

表 8-7 化学分析资料 (%)

样号	Al_2O_3	SiO_2	Fe_2O_3	TiO_2	K_2O	Na_2O	注记
①	38.29	44.52	0.85	0.59	0.41		煅烧高岭土
②	36.05	47.90	0.76	0.59	0.31	0.37	原矿

5)成矿规律

据煤田地质三煤段底板的砂锅窑砂岩古地理资料：三煤段沉积初期，古地理条件为由豫北伸向豫西的三条古河流形成的三角洲相砂朵，区内由单向型指向多向型前沿，进入泻湖—沼泽地带，高岭土为湖沼相沉积；另据煤田地质资料，三煤段顶部和四煤段下部，先后发现火山凝灰岩成分，这些火山物质当与冀南的二叠纪早期火山喷发(同位素年龄 2.87 亿年)的活动有关。据此认为该处优质沉积高岭土的成因有可能与火山喷发散落的火山物质有联系。

(四)关于半坡高岭土矿的勘查开发工作

(1)半坡高岭土矿的发现和初步开发利用,证明该处是一处具一定规模的硬质高岭土矿床,从此结束了洛阳十几年来一直未发现优质沉积高岭土的历史,填补了一项空白,并展示了区域找矿的领域和扩大深加工的信心。

(2)该处高岭土矿位于经过精查并已开采了几十年的登封煤田马岭山煤田,区内地质工作程度很高,今后应提高对矿床、矿石的认识和识别能力,结合实地调查,在重新分析以往钻孔和地表地质资料的前提下部署地质找矿工作。

(3)依据区域和矿区地层资料,以往作为瓷土,硬质、软质陶瓷黏土的成矿层位达8层以上,成矿条件十分有利,今后应在三煤段的大紫泥岩的优质高岭土评价的基础上,有目的地对其他层位的高岭土开展地质评价工作,有望发现新的优质高岭土含矿层位,扩大找矿远景。

(4)在评价三煤段高岭土矿的同时,应对主矿层及主矿层以外高岭土层矿石开展综合研究,包括分层采样,进行X光衍射、红外光谱、电镜等综合研究,确定矿物组合,高岭石矿物形态,有序度,有益、有害元素,划分矿石类型,为选矿和矿产品深加工提供参数。

(5)争取资金,开展高岭土选矿研究。从现有样品和资料分析,区域上各地发现的高岭土一般铁、钛、有机质含量较高,这是影响白度、降低其经济价值的主要影响因素,因此对本区高岭土还应在初步深加工的同时,选送样品进行选矿试验(干法、湿法),进一步提高产品白度。与此同时,还要重视对主矿层上部的"大紫泥岩"进行综合开发,按不同矿石类型推出系列产品。

(6)在伊川沉积高岭土取得突破的基础上,重新开展新安、宜阳、偃师、汝阳地区煤系地层沉积高岭土的找矿和地质评价工作,重新划分高岭土矿的含矿层位,划分矿石类型,依照不同类型确定选矿和深加工方法,创造出区域经济效益。

(五)沉积高岭土开发应用现状

洛阳北部诸县、市虽系河南沉积高岭土矿床的主要成矿区,高岭土开发的呼声也较早,但迄今为止,基本没有进行勘查投入,在区内还未勘查评价出一处沉积高岭土矿床。另由于高岭土矿成矿条件复杂,各地对矿床地质未进行认真研究,成矿规律不明,因此虽在近十几年的沉积高岭土开发热潮中,也发现了一些矿点,但因矿床地质工作粗浅,又不曾做过一例选矿实验,开发工作进行缓慢。由于以上两种原因,迄今很少见到论述河南沉积高岭土的文章和报告,自然也大大延误了洛阳地区的高岭土矿产找矿和开发工作。基于此,前面特从介绍沉积高岭土地层层序入手,结合已普查的宜阳李沟塑性黏土矿床,按照塑性黏土矿的层位,与区内已肯定的五种沉积高岭土矿床类型进行对比,以图深化对高岭土矿床成矿地质条件和赋矿层位的认识,从而有助于推进沉积高岭土矿床的勘查开发工作。

第四节　滑石矿勘查开发应用前景

滑石是一种具层状构造的含水的镁质硅酸盐矿物,化学式为$Mg_3[Si_4O_{10}](OH)_2$,以氧化物表示为$3MgO \cdot 4SiO_2 \cdot H_2O$。由于其质软,有很强的滑腻感而得名。滑石具有较高的电绝缘性、绝热性、高熔点和对油类有强烈的吸附性能,因此在工业上有广泛的用途。而且随着工业的发展，用量不断增加，应用范围日益扩大。中国年产量近 100 万 t，用于造纸工业约占总产量的 60%，油毡工业约占 15%。此外广泛用于农业、医药、化工、纺织、陶瓷、雕塑等许多领域。因此，滑石矿在国民经济中是占有重要地位的矿种之一。

滑石含有多种元素，主要有 SiO_2、MgO、Fe_2O_3、CaO、Al_2O_3 等。在化肥中作抗黏剂使用，尤其在氮磷钾肥中应用更为广泛。在缺镁的农田中施用，可使农作物吸收滑石中所含的镁；在生产"666"粉用于杀虫也需要滑石粉作掺合料，在豆类、木薯淀粉等植物栽培中使用滑石粉，利于植物生长，但在谷类中不宜用滑石。下面以栾川狮子庙摩天岭滑石矿为例做一说明。

一、概况

栾川北部白土—狮子庙—秋扒一线，经地质和民采工程证实为一滑石成矿带，带内现已发现滑石矿点 8 处，分布于白土白石崖根西沟、九里沟，狮子庙摩天岭，秋扒东化沟、于涧沟脑一带，东西长约 28 km。矿区位于栾川狮子庙乡东南三联村摩天岭，地理坐标 $X=3759550$，$Y=15951950$，矿区东西长 2~3 km，南北宽 400 m。由矿区沿瓮峪沟有简易公路 2 km 通瓮峪街，再经 6 km 至瓮峪沟门外，与公路干线相接，东行 5 km 通秋扒，西行 6 km 通狮子庙，分别通往栾川县城和卢氏、洛宁、洛阳各地，交通条件已有巨大改观。

二、区域地质

本区大地构造位处华北地台(Ⅰ级)、华熊台隆(Ⅱ级)南缘伏牛山台缘隆褶区(Ⅲ级)的南侧，北距马超营断裂带 6~7 km，濒临南天门—小重渡断裂带。断层北出露熊耳群火山岩，以南为官道口群镁质碳酸盐岩系，滑石矿化受马超营断裂次级构造和镁质碳酸盐系控制。

伏牛山台缘隆褶区为由嵩县南部栗树街一带伸入本区部分，区内主要分布熊耳群火山岩和官道口群碳酸盐岩系，在东部狮子庙以东零星出露太古宇结晶基底太华群。区内多期多阶段大地构造活动的各类构造形迹极其发育，构造线为北西西向，主要褶皱构造以三门—重渡倒转背斜及其南侧的次级公主岭背斜和白石崖向斜为代表。这些褶皱构造均以高角度的倾斜、两翼紧闭并向南倒转为特征，平行褶皱轴的走向断裂十分发育，沿断裂走向的滑动，又造成了地层的一些层位缺失。所有这些均表示区内经受了强烈的多次区域构造运动和变质作用，为滑石矿的形成提供了外部条件。

三、矿区地质

瓮峪摩天岭滑石矿区位于重渡—三门外倒转背斜南侧中段，摩天岭北坡。

(一)地层

出露地层为中元古界官道口群龙家园组下段，依岩石特征划分为上、中、下三个岩性段。

(1)下部：以灰色硅质条纹条带白云石大理岩为主，底部为绢云千枚岩和石英砾石，厚 200 m 左右。

(2)中部：以浅灰色白云石大理岩为主，中间夹 1~2 层灰白色滑石片岩，一般厚 8~12 m，该层位全区发育，沿走向伸延十余千米，内含滑石矿层，厚 150~200 m。

(3)上部：以深灰色粗晶质中层状硅质白云石大理岩为主，厚 250 m。

(二)构造

矿区内地质构造相对简单，表现为一单斜构造，地层走向 305°，倾向 35°，因处于北部背斜的倒转翼，倾角较陡，为 50°～75°。区内断层不发育，但地层显示了受挤压后的明显片理化，形成与应力方向垂直且很发育的挤压裂隙。由于南北向挤压应力不均衡，地层沿走向和倾向都有较大的摆动。

(三)变质作用

矿区附近未见岩浆岩，但区内地层处于北部马超营断裂带和南部台缘沉降带的强大南北向挤压应力场中，地层经过多次大地构造运动，由动力、热力和热液作用，产生了强烈区域变质，如碳酸盐类岩石发育大理岩化，泥质岩石出现绢云母化，滑石矿层为硅质白云岩受区域变质热液作用在滑石片岩中形成的矿床。

四、矿床地质

(一)矿层特征

滑石矿层位于龙家园组下段中部。矿石呈层状、透镜状，夹于滑石片岩中，一般由 2～3 个矿层组成，单层厚 0.5～1.8 m，沿走向相对稳定，内部结构简单，不含夹层，地表刻槽控制长度 1 500 余 m，向区外东、西两端各有延伸，推测各达千米以上，矿层呈单斜状，走向近东西，倾角 45°～75°。

(二)矿石特征

(1)矿石类型及结构构造。矿石类型有白云石滑石片岩及滑石化石英白云岩两种类型，矿石为鳞片状、粒状变晶结构，片状及块状构造。

(2)矿物成分。矿物成分主要是滑石、白云石、菱镁矿和石英，滑石呈白色，微带浅褐或绿色，含量不均，最高达 60%～70%，低者 20%～25%，质软，呈鳞片状，珍珠光泽，白云石和菱镁矿含量约 25%，大部已被拉扁，多呈定向分布，微量矿物为黄铁矿和铁的氧化物。

(3)化学成分。依据 14 个化学样分析结果，含 SiO_2 53.28%～63.02%、MgO 23.24%～31.12%、Fe_2O_3 0.52%～1.49%(见表 8-8)。

表 8-8　摩天岭滑石矿样品分析结果

样品号	样长 (m)	品位(%)			备　注
		SiO_2	MgO	Fe_2O_3	
1	1.00	59.44	23.24	0.64	
2	0.80	59.38	29.76	1.10	
3	0.90	58.90	30.88	0.52	白色、淡绿色
4	0.90	56.76	31.12	1.14	
7	1.00	63.02	27.26	0.94	
8	0.70	60.32	25.72	0.72	
10	0.90	59.44	29.13	1.49	褐、浅褐色
14	0.90	53.28	28.52	0.80	

由表 8-9 可知，该滑石矿原矿石品位大部分达工业要求，其中部分样品达特级品和 I 级品要求。

表 8-9 滑石矿床工业指标及矿石工业品级

类　　型		组分含量(%)			
		SiO_2	MgO	Fe_2O_3	CaO
品位要求	边 界 品 位	≥27	≥26	≤3	不限
	工 业 品 位	≥30	≥27	≤2	不限
矿石品级	特 级 品	≥60	≥31	≤0.5	≤1.5
	I 级 品	≥55	≥30	≤1	≤2.5
	II 级 品	≥48	≥29	≤1.5	≤3.5
	III 级 品	≥36	≥27	≤2	不限

(4)矿床规模。根据矿层平均品位($SiO_2$55.7%、MgO 28.3%、$Fe_2O_3$0.92%)，取厚度 1.68 m、长度 500 m、推深 100 m、比重 2.7 t/m³，摩天岭矿区计算储量 22.68 万 t。

五、摩天岭滑石矿床成因及找矿方向

摩天岭滑石矿产于富镁碳酸盐建造中，矿床属区域变质型富镁硅酸盐类，成矿条件受大地构造、岩石地层和地层产状三重因素控制。

(1)大地构造条件。该成矿带位于华熊台隆的南部边缘，北部靠近马超营断裂，南部靠近栾川台缘拗陷，拗陷区的沉降和多期褶皱，马超营断裂带的多次活动，使本区成为地应力的强烈释放区，由动能转化的热能，促使了本区内比较强烈的构造热液变质作用，变质程度达绿片岩相。

(2)岩石地层条件。由矿区滑石矿层剖面和横向对比图上看出，滑石矿层夹于滑石片岩中，而滑石片岩多伴生于硅质白云石大理岩中，恢复原岩应为富镁、富硅的碳酸盐岩，这类岩石应为形成滑石矿床的原岩或母岩。

(3)地层产状。处于栾川—重渡倒转背斜倒转翼上的滑石矿层，可以认为是后期褶皱形态，但从褶皱轴面的产状、轴面和大理岩片理的一致性分析，区域地层受着由南向北的叠瓦状推覆，加之地层倾角较大，因此也给变质温度的升高提供了条件。

根据矿床成因和成矿条件的分析，本区仍具较好的找矿前景，沿走向和倾向，都有形成新矿化富集段的可能。另外对区内分布比较广泛的滑石片岩、滑石化大理岩，如能加以系统的地质工作和合理进行样品控制，有可能圈定出新的矿体。因此，必须在研究滑石矿床成矿机理的基础上，重新部署区内对滑石的地质找矿工作。

六、栾川滑石开发利用情况

栾川滑石矿发现于 1956 年 1:20 万栾川幅区域地质测量。

1985 年由狮子庙乡在瓮峪沟摩天岭附近开采矿坑 2 个，矿石出售到洛阳等地，历年来共采矿 5 万 t 左右。

    1988 年，由赤土店乡铅钼选厂投资，再次对滑石矿的选矿加工进行检查论证，筹建年产 5 万 t 滑石微粉(细度为 5 μm)，并已建成投产。

    随着社会经济的发展，滑石用途日益广泛，用途日渐扩大。2003 年栾川已重新规划，拟在加强对区域滑石矿产开展系统地质勘查工作的基础上，重新制定滑石矿的开采规划，以尽快展示出这一资源优势在振兴本县地方经济中的作用。

第九章　洛阳土壤改良剂—环保类矿产资源

矿物岩石作为土壤改良剂，目前应用较多的有天然沸石、膨润土、石灰石、黏土、砂子、泥炭等。其应用机理是利用矿物岩石本身所具有的化学组分和结构特点来改善土壤的理化性能和肥力。

全世界都迫切需要改良面积巨大的农业沙质土壤、沙质-黏土质土壤、盐渍化土壤和砂姜黑土化土壤。改良劣质土壤的关键是改造其物理结构和化学组分，以利植物生长。而目前采用增施有机肥和调节水量的措施，均系治标之法，而忽视了改造土壤质地的地质措施。采用地质措施则是"一治久安"的治本之道。

用做改良土壤的矿物原料种类很多，常见的有沸石、蒙脱石、伊利石、高岭土、石膏、蛭石、麦饭石、砂卵石、珍珠岩、石灰岩等。

利用不同矿物原料研制出针对不同质地土壤的矿物产品，叫土壤改良剂。矿物土壤改良剂的施用，是通过对被改造的土壤质地定量分析来确定的。根据农业地质调查成果以及农民的经济承受能力和经济效益来决定一次用量。

作为土壤改良剂的矿物原料，其本身并不是通常人们所说的肥料。其功能在于改造劣质土壤的组分与结构，提高土壤宜耕、宜种、宜肥性状，增强土壤抗干热、保水肥的能力，活化土壤，提高土壤肥力，并以作物最易吸收的形式将养料运输到位，促进作物生长。

劣质土壤一经改良后，一般可使作物产量提高 5%～150%。提高的幅度取决于作物的种类与品种、土壤腐殖质含量、酸碱度、土壤物理性状以及气候和施肥条件。

酸性土壤经石灰处理后，可保持 8～10 年，作物产量提高(t/hm^2)：谷物 0.2～0.4，甜菜 6～7，玉米 3～4，胡萝卜 3～4，三叶草(种子)0.8～1.0。

用石膏改良盐碱土，若有灌溉条件，经 5～6 年可转变成良田，谷物收获量可提高 0.3～0.7 t/hm^2。

用黏土岩改良沙质土壤，可使甜菜产量提高 10%～43%，春小麦产量提高 n%～19%，冬小麦产量提高 31%～51%，花生产量提高 31.9%～150%。

用沸石、麦饭石等改良黏土和褐土，可使小麦增产 5.9%～36%，玉米增产 17%～85.8%，棉花增产 7.68%，林果增产 23%～32%，烟叶增产 n%～13%。

用白云石粉中和酸性土壤，以改变土壤的 pH 值，当 pH=6.0～6.2 时，可提高除草剂功效，作物增产 15%～40%(俄)。每公顷施 1 吨白云石粉，棉花增产 50 磅(美)。

第一节　蛭石矿的应用前景

蛭石是一种层状结构的含镁的水铝硅酸盐次生变质矿物，原矿类似云母，通常由黑(金)云母经热液蚀变作用或风化而成，因其受热失水膨胀时呈挠曲状，形态酷似水蛭，故称蛭石。蛭石的化学式为 $Mg_x(H_2O)\{Mg_{3-x}[AlSiO_3O_{10}](OH)_2\}$。蛭石按生成阶段划分为蛭石原矿和膨胀蛭石，按颜色分类可分为金黄色蛭石、银白色蛭石、乳白色蛭石。

蛭石具有隔热、耐冻、抗菌、防火、吸水、吸声等优异性能，在 800 ~ 1 000 ℃下焙烧 0.5 ~ 1.0 min，体积可迅速增大 8 ~ 15 倍，最高达 30 倍。膨胀后的比重 50 ~ 200 kg/m³，颜色变为金黄或银白色，成为一种质地疏松的膨胀蛭石。

膨胀蛭石广泛用于建筑、冶金、化工、轻工、机械、电力、石油、环保及交通运输等部门，国外主要用在建筑、绝缘、填料和农业、园艺等方面(如无土栽培营养基、土壤调节剂、保墒、保温材料)，是我国出口创汇的重要矿种之一。

一、蛭石在农业园艺等方面的应用

蛭石是由云母经热液蚀变或风化作用而形成的，具有铁、镁质铝硅酸盐的成分，它在农业园艺等方面应用的正在扩大。它可以改良土壤、保持水分、促进发芽等，是一种蓄水保墒的材料，也是化肥载体不可缺少的辅助材料。美国主要用于植物的营养液培养以及温室—温床作物重土壤的充气及农作物的贮藏等；苏联均利用蛭石包裹甜菜种子，每公顷土地施加 0.8 ~ 2.0 t 蛭石可使土豆增加收成 20%，糖用甜菜增加 10%；加拿大主要用于土壤的调整，也可做植物水栽法的基质、缓慢营养释放混合肥等，还可作为饲料添加剂、温度调节剂、杀虫剂、除臭剂、杀菌剂、消毒剂以及有机合成剂，还可用于贮存蔬菜及其他稀有植物根、茎、叶。蛭石在农业上的应用领域较为广阔，大有作为，尤其是作载体应用潜力很大。

蛭石用于温室大棚内，具有疏松土壤、透气性好、吸水力强、温度变化小等特点，有利于作物的生长，还可减少肥料的投入。在国内刚刚兴起的无土栽培技术中，它是必不可少的原料。

目前蛭石也用于医药卫生、动物饲料等行业。

园艺用蛭石是特制加工的膨胀蛭石，其主要作用是增加土壤(介质)的通气性和保水性。因其易碎，随着使用时间的延长，容易使介质致密而失去通气性和保水性，所以粗的蛭石比细的使用时间长，且效果好。因此，园艺用蛭石应选择较粗的薄片状蛭石，即使是细小种子的播种介质和作为播种的覆盖物，都是以较粗的为好。

蛭石是硅酸盐材料经高温加热后形成的云母状物质。其在加热过程中水分迅速失去并膨胀，膨胀后的体积相当于原来体积的 8 ~ 20 倍，从而使该物质增加了通气孔隙和保水能力。

园艺蛭石容重为 130 ~ 180 kg/m³，呈中性至碱性(pH7 ~ 9)。每立方米蛭石能吸收 500 ~ 650 L 的水。经蒸汽消毒后能释放出适量的钾、钙、镁。

作为园艺用蛭石，其主要作用是增加土壤(介质)的通气性和保水性。因其易碎，随着使用时间的延长，容易使介质致密而失去通气性和保水性，所以粗的蛭石比细的使用时间长，且效果好。因此，园艺用蛭石应选择较粗的薄片状蛭石，即使是细小种子的播种介质和作为播种的覆盖物，都是以较粗的为好。

二、洛阳地区蛭石矿床的找矿方向

世界上大多数有价值的蛭石矿床，主要产于超基性岩(超铁镁质岩)——橄榄岩、杆辉岩、辉石岩、角闪岩中，成矿的过程大体为在热液作用下，首先使这些铁镁质硅酸盐水化(吸收氢氧根)形成黑云母，然后由黑云母进一步水解(吸收 H_2O)而形成蛭石，由于超铁镁质岩类具有形成黑云母和蛭石的充足的物质条件，所以在适宜的地质条件下，超基性岩经水化、水解阶段均可形成蛭石。

洛阳地区已发现的超基性岩带有三处,一处位于洛宁下峪崇阳沟和草沟,地层层位为太华群草沟岩组和石板沟岩组,该区超基性岩的蛭石矿化因未经评价,所以没有引起重视;另一处位于嵩县黄水庵—学房一带,蛭石矿化不发育;第三处大体位于廖凹—架寺、马家庄—太山庙、周家门外—庙沟三个超基性岩带,并零星出露于斜坡、横岭、龙王庙等地。

三、宜阳蛭石矿床

(一)蛭石矿床的成矿地质条件

蛭石是黑云母、金云母等矿物风化或热液变质的产物,其形成蛭石矿要经历两个阶段:第一阶段是由橄榄石辉石、角闪石等铁镁质矿物在热液作用下形成黑云母;第二阶段是在中低温热液或地下水的作用下由黑云母转变为蛭石。

宜阳蛭石矿的分布大体与超基性岩的出露区相吻合。

(二)区域地质

1. 地层

宜阳西南部出露太古界太华群,系一套复杂的变质岩系,主体岩性为黑云斜长片麻岩、角闪斜长片麻岩、黑云角闪斜长片麻岩、含铁铝榴石斜长片麻岩及片麻状闪长岩、片麻状二长岩、超铁镁质岩、混合岩等,经对岩石的综合研究、原岩恢复认为,该岩系的 60% ~ 95%为经过变质的侵入岩系(片麻状闪长岩,片麻状二长岩),只有 5% ~ 40%的表壳岩系,其原岩为中酸性、中基性火山岩,完全的沉积变质岩即副片麻岩类占的比例很小,而且无论横向或纵向岩性变化极大,标志在新太古时期,该区经历的是以各类岩浆侵入活动为主的火山—侵入岩浆系列,伴随着这一系列形成的热动力作用和地壳变动,促使区内岩石类型的多样化和复杂化,时代相当区域太华群的草沟、石板沟岩组。

2. 构造

区域大地构造位处华北地台(Ⅰ级)、华熊台隆(Ⅱ级)、木柴关—庙沟台隆(Ⅲ级)的东北部。区内太华群结晶岩石的基底构造表现为以古老变质侵入岩组成的基底岩系和由变质火山—沉积岩组成的表壳岩系的二重结构。构造线方向大体为近东西向,经构造变动局部折转为北西西向,在太古界基底地层中发育的超基性岩带和基性岩脉,也大体沿袭了这一方向。

后期构造转为北东向:北部发育的沿 60° ~ 70°断裂贯入的基性岩脉和岩墙,代表了早期的构造;中部沿 20° ~ 25°方向由花岗岩基伸出的巨大岩枝,代表了中生代以前发育的断裂构造,它与东部下观—好贤沟一带熊耳群底部发育的节理组大体平行;而西部上庞沟—新庄一带极发育的山前破碎带,则标志着自新生代以来,区内的北东向断裂带仍在活动着。

3. 岩浆岩

本区岩浆活动可谓十分剧烈,多期性非常明显。

以 TTG 岩系的变闪长岩、二长岩为代表的古老侵入岩,代表区内最早的岩浆活动。已在地层部分提及而与太华群产状一致的超基性岩,系发育在本区的一套特殊的岩浆岩,有关这类岩石的研究成果指出,太古界超基性岩是地壳早期来自下地幔岩的物质,这一部分岩浆在运行分异过程中分异出了基性、中性及部分酸性岩浆。超基性岩的主体部分来自地幔,即地壳下的深部,强烈的地质构造运动把它们翻卷到地表,并与相关的围岩地层同步褶皱，形成地表岩群和超基性岩带。宜阳的超基性岩带，赋存于黑云斜长片麻岩、斜长角闪片麻岩、斜长角闪岩类地层中，三个岩带已圈定的大小岩体达 610 个，其中 80% 岩体的长度小于 10 m，最大的马家庄岩体长 700 m，宽 300 m。

熊耳群火山岩，包括次火山的玢岩类，形成太古界包括超铁镁质岩在内的第一个盖层。经长期剥蚀作用之后，接触界限移向现在的部位。太华群出露区非常发育的基性、中基性脉岩—苏长岩脉、安山玢岩脉、辉长岩脉、辉绿(玢)岩脉、闪长(玢)岩脉、正长岩脉等，则被认为系与熊耳期火山岩同期的岩浆活动或一部分火山喷出岩的根部岩石。

花山花岗岩(包括蒿坪岩体)系一多期的复成岩体，代表燕山期岩浆的大规模侵入活动。岩体北部属于蒿坪岩体的边部，有数处岩枝、岩株和岩脉侵入太华群地层，这些岩体和岩枝在地下应是一个整体，它们同时提供了一个巨大的热力场。

综上所述可以看出，宜阳地区的太古界太华群是一个和其他地区太华群有独特之处的古老地体。除了近于 2/3 的变质侵入岩(闪长岩、二长岩)、近 1/3 的变质火山岩，还有 2～3 个以上的超基性岩带，除了在其成岩过程中的区域变质、热力变质，还先后叠加了巨厚盖层的熊耳期火山岩和伴有岩枝、岩株的燕山期巨大花岗岩基。各期岩浆活动提供的热力场和地壳上升、强烈褶皱转化的热能，促使片麻岩系和超基性岩部分重熔，生成混合花岗岩体和伟晶岩脉，这些伟晶岩脉，尤其超基性岩形成的基性伟晶岩，与蛭石矿化有着密切关系。

(三)矿床地质

1. 矿体形态、规模、产状

蛭石矿体主要赋存于超基性岩体和伟晶岩脉以及混合片麻岩中，形态多为不规则状、鸡窝状、团块状，亦有脉状者。矿体长一般大于 100 m，宽 5～15 m，包括黑云母带在内，马蹄沟矿矿体长达 3 000 m，宽达 30 m，产状一般与伟晶岩带同步，或与超基性岩的外接触带一致，产状一般比较平缓，大部矿区矿石埋藏不深，可露天开采(如马蹄沟、横岭)。

2. 矿床成因类型

就矿石成因类型而论，主要有以下三种：

(1)第一种类型：与超铁镁质岩、基性伟晶岩有关的矿床，如横岭、马蹄沟、三岔沟、太山庙，其中横岭，马蹄沟均为储量超过 100 万 t 的大型蛭石矿床。

(2)第二种类型：产于伟晶岩中蛭石，矿体产于太华群黑云斜长片麻岩中伟晶岩脉的边缘，矿脉延伸 300 m，宽 5 m，以下观、歪头山矿点为代表。

(3)第三种类型：矿体由基性岩脉风化而成，可见矿体长 100 m，宽 20 m，矿体规模小，以周家门外矿点(12.5 万 t)为代表。

3. 矿石类型特征

蛭石矿化由于蚀变程度、水解风化程度以及原岩化学成分差异，大体也形成三种不同类型的矿石。

(1)第一种类型：矿石呈褐黄色及金黄色，鳞片状构造，蛭石为主矿物，含杂质少，蛭石片度 0.3 cm×0.4 cm、0.4 cm×0.6 cm，最大可达 1.0 cm×1.0 cm，焙烧后迅速膨胀，膨胀系数 10～20 倍，为民采主要类型，以马蹄沟为代表。

(2)第二种类型：为灰褐、褐黄色，因含斜长石过高断面呈白斑状，岩石中蛭石含量占 30%，片度较小，一般 0.3 cm×0.4 cm，膨胀系数 8～15 倍，需经筛选后利用。一般杂质含量越高，蛭石片度越小，膨胀系数也越低，以周家阀为代表。

(3)第三种类型：灰褐、黑褐色，蛭石片度较大，一般 2.0 cm×1.5 cm，质量差，一般作"废石"处理，以横岭的部分矿石为代表。

4. 化学特征

现收集的化学分析样不多，仅供参考(见表 9-1)。

表 9-1 宜阳蛭石与灵宝蛭石化学成分对比

矿区名称	化 学 成 分(平均值)%								
	SiO_2	Al_2O_3	Fe_2O_3	CaO	MgO	K_2O	Na_2O	MnO	烧失量
周家闸	41.06	18.50	8.52	2.63	15.30				3.4
马蹄沟	38.22	18.00	4.32	0.75	22.80	6.90	1.20	0.013	1.32
横岭	38.58	14.01	8.43	5.84	19.18	0.28	0.33	0.053	4.32
灵宝(大叶片)	38.96	15.00	5.50	4.11	20.00	3.60	0.52		4.84
灵宝(小鳞片)	43.89	10.96	6.09	6.43	14.19	3.07	0.83		2.21

(四)开发利用现状

现发现的蛭石矿已开发多处(马蹄沟、周家闸及三岔沟)，马蹄沟矿区开发最早，起始于 20 世纪 70 年代初期，当时为集体采挖，经土法炉温膨胀、筛分，用于建筑材料，进入 80 年代以个体民采为主，开采点 5~7 个，至 90 年代以来，累计开采 207 万 t(回采率 90%)；周家闸及三岔沟开采较晚，开采规模较小，全县累计开采矿石＞230 万 t，其他矿区如横岭、下观、太山庙基本上没有开采。

总体而论，宜阳蛭石开发还处于原始状态，存在问题如下：

(1)宜阳蛭石自被发现以来，即被投入民采、加工，由于开采规模小，加工方法原始，而且时采时停，产品单一而质量较差，又不加改进，故而缺乏市场竞争力，大大影响矿山的知名度。

(2)由于当地蛭石开发利用程度低，自然经济效益低下，在地质勘查基金本来不足的外部环境下，宜阳蛭石从未引起地质部门和地方政府的重视，直到现在也未开展系统地质工作，很少发现新的矿点，自然也影响了开采规模。

(3)蛭石的用途十分广泛，随着科技发展用途越来越宽，但宜阳蛭石因为知名度低，也一直没有引起应用矿产研究部门的重视，至今仍停留在单纯的土法加工，单一的建材原料方面，科技含量越来越低，乃至在经营上仅仅是出售原矿。

正是由于以上三个基本环节的问题，尤其三者的互相制约和恶性循环，给宜阳蛭石的发展前景设下了重重障碍，这与国内外蛭石矿产的发展极不适应，所以为展示宜阳蛭石的资源潜力，必须从以上三个根本因素上抓起，尽快改变现在的面貌。

第二节 玄武岩及玄武质浮岩开发应用前景

浮岩又叫轻石，是一种浅色的、多孔的玻璃质岩石。它是岩浆喷发时，由于压力的急剧减小，内部气体迅速逸出膨胀而形成的。根据其喷发物形状和大小，叫法上有所区别，从豆粒大小到蛋大小的叫火山渣，比豆小的叫火山灰。浮石属酸性火山岩，硬度为 6，密度小于 1 g/cm³，能漂浮于水面；保温隔热良好；多孔而间壁锋利。化学活性高，吸附性强，在水硬性激发剂作用下有明显水硬胶凝性质。浮岩的化学成分不稳定，大体上 SiO₂ 占 65% ~ 75%，Al₂O₃ 占 9% ~ 12%，CaO、MgO、Fe₂O₃ 之和为 30% 左右。

洛阳浮岩资源以玄武岩质浮石为主，系由玄武岩喷发时熔岩表面气孔和熔岩喷溢通道的气孔玄武岩组成，称玄武质浮岩(俗称浮石或多孔玄武岩)，是一种功能型环保材料，是火山爆发后由火山玻璃、矿物与气泡形成的非常珍贵的多孔形岩石，含有钠、镁、铝、硅、钙、钛、锰、铁、镍、钴、钼等几十种矿物质和微量元素，无辐射而具有远红外磁波，应用领域扩大到建筑、水利、研磨、滤材、烧烤炭、园林造景等领域，农用方面主要是作为杀虫剂载体、肥料控制剂、饲料的添加剂，具有吸附性和离子交换性，能吸氨固氮、延缓营养物质通过消化道的时间。

下面以汝阳大安玄武岩及玄武质浮岩为例做一说明。

一、概述

由地质界通称的大安玄武岩，指的是分布于汝阳、汝州、伊川交界处的岩盖型新生代火山岩，分布范围大体以汝阳大安—内埠—蔡店和伊川酒后—葛寨—白元一带为主体，其余零星分布于汝州桂张、汝阳陶营以及上店等地，出露面积约 100 km²，因大安位于主干公路线上，地理标志明显，故以大安命名。

大安玄武岩在 1959 年由河南省区测队完成的 1:20 万临汝幅时，认为它与鲁山大营一带分布的大营组为同期产物，定名为大营组，时代归上第三系(新近系)。1986 年由河南省第一地质调查队完成的《豫西成矿地质条件分析及主要矿产成矿预测》科研报告指出"大营组火山岩早于大安玄武岩，系新生代不同期次的火山活动"，大安玄武岩是不整合在新近系和第四系中更新统之上的最后一期陆相火山岩，串时时代为 N2—QP2，划归内埠组。

二、地质概况

本区玄武岩处于华北地台二级构造单元渑临台坳的中部，三级构造单元属伊川—汝阳断陷区，玄武岩分布区的南部属云梦山—九皋山断垒，分布的地层以中、新元古界蓟县系汝阳群和青白口系洛峪群为主，东西两端零星出露中元古界熊耳群火山岩。北部、东北部为地台的另一二级构造单元(嵩箕台隆的箕山背斜北西翼)，轴部出露太古界登封群，翼部为元古界—古生界—中生界，其余大部分为新生界覆盖。但在玄武岩覆盖区的蟒庄南部孤零地出露了汝阳群石英砂岩，寒武系下、中、上统，顶部不整合面上还残留石炭系铁铝层，由区域性推覆构造形成玄武岩区的基岩天窗。

区内基岩地质构造在南侧的隆起区以褶皱为主。断裂为褶皱的二次形变或叠加构造，在中部拗陷区以断裂为主，主要断裂有东西向、北西向、北东向三组，各组断裂都显示了多期活动特征，依形成序次，东西向最老，次为北西向，最晚一组为北东向。

(1)东西向断裂：主要发育在玄武岩分布区的南部，以黑龙沟—田家沟断裂为代表，北部分别有陶营、蔡店两条隐伏断裂。推断黑龙沟—田家沟断裂为九皋山—云梦山推覆断块的前缘断裂，与其平行的断裂带显示了多期活动特点。

(2)北西向断裂：区内有四组，自西南向东北，依次为铁佛寺—田湖断裂(三门峡—田湖—鲁山断裂)、中溪—葛寨断裂、蟒庄断裂和白沙—夏店断裂。除后者外这些断裂几乎都与区域性断裂带相连接，大部分具由西南向东北的推覆性质，其中蟒庄断裂北接伊川的殷桥断裂，南接温泉街断裂，系区内推覆构造系的前锋断裂。

(3)北东向断裂：由西向东，依次为宋店断裂、伊河断裂、蔡店—白沙断裂和内埠—大安断裂，各断裂带大体呈等间距分布，并截切北西向断裂。形成区域性的格子状断块构造，其中白沙断裂切断洛阳组地层，属最晚期的断裂活动。

(一)控制玄武岩的地质构造

据河南省地质科研所对大安玄武岩区卫星影像线性构造和环形影像的解译认为，该区存在喜山期的复活断层，主要断裂为东西向、北西向和北东向，大安玄武岩系陆相裂隙喷发，断裂构造对玄武岩涌溢起着控制作用(见图9-1)。由图9-1可以看出，玄武岩主体分布于以上三组断裂构造的交会部位，并明显限定在渑临台坳区最发育的北西向构造带分布区，西北部出露地表，东南部被淤积掩埋地下，边缘基岩区零星分布，但最西部没有越过伊河断裂带。另依航磁资料延拓处理，与蟒庄—温泉断裂带一致的北西向断裂(原划分的新—伊—宝断裂)切穿地壳深度较大，具多期活动特征，也是区域性的地热梯度带，结合卫星影像解译，该断裂带可能是控制玄武岩活动的主构造。

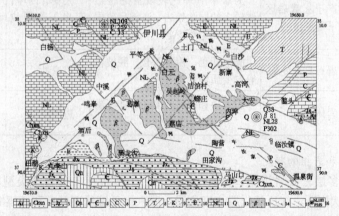

1—太古界登封群；2—中元古界熊耳群；3—中元古界蓟县系汝阳群；4—新元古界青白口系洛峪群；
5—下古生界寒武系；6—上古生界中、上石炭系；7—上古生界二叠系；8—中生界三叠系；9—白垩系九店组火山岩；
10—新生界古近系；11—新生界、新近系；12—第四系；13—大安橄榄玄武岩分布区；14—实测基岩断层；
15—推断的盆地区基岩断层；16—钻孔穿过的地层时代铅垂厚度

图 9-1　大安玄武岩区域地质构造略图

(二)熔岩地质

据 1992 年河南省地矿厅地调一队提交的《河南省洛阳市何村玄武岩矿区路面用抗滑石料地质评价报告》，通过 1:5 万 40 km² 地质填图和 5 个钻孔揭露，揭示该区玄武岩为高原型平缓波状多旋回喷发的层状熔岩。边部以微角度向中心倾斜，最大倾角不超过 15°，厚度一般为 15~20 m，最大厚度 81 m，厚度变化的总体趋势是由东南指向北西，岩石由老而新，岩石特征如下。

1. 岩石类型特征

本区玄武岩具两个明显特征：一是矿物组合简单均一，岩性均为橄榄玄武岩；二是没有爆发相喷出物，但是由于喷发环境的差异、熔岩流距喷发通道的远近以及冷却条件的先后，却形成了不同的岩石类型，各个类型的差异见表9-2。

表 9-2　大安玄武岩岩石类型

岩石类型	产出条件	岩性特征	发育程度	备注
玄武质浮石岩	产于玄武岩盖边缘的局部地区	多孔玻璃质岩石、渣状气孔结构，不浮于水	岩体内不发育	分布于桂张、南王、陶营西南山坡
绳状熔岩	产于熔岩表面	熔岩层面构造，见于 1 cm 厚的冷凝边上，下为气孔氧化层	稀少难见	见于闫村北部
气孔杏仁状熔岩	普遍发育于各类熔岩中，晚期熔岩成层性出现	气孔大小不一，大者为气泡，小者为气孔，有充填物者为杏仁，杏仁成分为橄榄石、方解石	极发育	分层标志
致密块状熔岩	以喷发旋回的中部为主	块状构造质地坚硬，击之有金属声，易球状风化	多以原始喷发的单层出现	分布于何村、吴起岭等地
层板状熔岩	产于玄武岩区的下部层位	为水平节理比较发育的杏仁体较多的层状熔岩，浅部呈薄层状，深部为厚层状	大安、内埠、双泉下部层位相当广泛	不具矿物成分和结构上的递变规律
蚀变熔岩	岩石自身变化	碳酸盐化、伊丁石化、脱玻化等自变质作用	普遍性	局部有石灰华
角砾状熔岩	岩体边部	熔岩块和浮石岩共生，伴生沸石、方解石和泉华	边缘局部	射气通道

2. 分层标志和岩组的确定

玄武岩盖由多层玄武岩组成，分层标志较多，主要包括各种岩石类型、熔岩的层叠关系、冷凝壳、绳状构造、红顶氧化层、气孔层、混入漂砾等顶面标志和崎岖缝合面、底角砾、烘烤层等底界标志，以及红土、灰泥岩等熔岩夹层，还有岩性色差等，都是分层的要素。

紧紧把握以上分层标志，结合野外大比例尺地质填图追索和准确的钻孔编录，首先是在不同地段确定岩石层序，然后以层序为基础，按熔岩喷发的间歇标志划分喷发旋回，进而对比不同喷发旋回的岩石特征建立各个岩组。

3. 喷发旋回与岩组划分

岩组的划分基础为喷发旋回，按不同喷发旋回的叠压关系确定岩组。由于未进行全区的岩石填图，对初始喷发情况缺乏资料，故暂由上到下、由新到老划分为五个岩组，各组岩石特征见表9-3。

以上划分的五个岩组为下部三个岩组和上部的两个岩组，按分布关系和岩性对比，分别属于两个喷发源，其中的双泉岩组和上部的何村岩组间有几米厚红土沉积物，代表局部地区的喷发间断，喷发间隙较长，与上覆内埠岩组虽因剥蚀而不连续，但岩性相近 SiO_2 含量低，TFe、MgO 含量高，更偏基性，推断为全区发现的最低层位，同内埠岩组、大安岩组同为一喷发源。

表 9-3 大安玄武岩岩组划分对比

岩组	岩性	结构构造	矿物特征	特征性标志	厚度	备注
吴起岭岩组	橄榄玄武岩、浮石岩、蜂窝状熔岩	致密块状构造、粗玄结构	斑晶为伊丁石化橄榄石和辉石,占15%;基质部分为隐晶质斜长石,占40%~50%	以"吴起石"为标志的球形风化极发育,气孔、杏仁具成层性,岩石易劈性好	9.53~17.18 m,自上而下分为A、B、C三层	C层色调较深,厚度变小
何村岩组	伊丁石化橄榄玄武岩	厚层状、斑状结构,交织结构,间粒结构	斑晶为伊丁石化橄榄石,基质为斜长石,斜长石间充填橄榄石、辉石和玻璃质	气相、固相物质分异好,顶部有极发育的蜂窝状气孔层	13.81~17.35 m,分为D、E二层	和吴起岭组间有厚1 m左右的红土层夹层
大安岩组	碳酸盐化伊丁石化橄榄玄武岩	薄层板状、斑状结构,间粒结构	斑晶同上,但结晶细小密集。基质中斜长石 NO=47左右	沿层面有大量淋滤钙质薄膜,风化较强	大安一带厚仅10~20 m	小气孔和小杏仁极发育,风化后为紫灰色
内埠岩组	含微气孔橄榄玄武岩	中薄、中、厚层状构造,斑状结构,填间结构	斑晶为伊丁石化橄榄石、辉石,基质为具聚片双晶的斜长石 NO=50左右	由上、下两层熔岩组成,下部岩石呈厚层状,方解石脉体较多	上层厚5.92 m,下层厚11.74 m	顶部和大安组之间有几厚米红色土层
双泉岩组	中厚层状橄榄玄武岩	斑状结构,基质为更钠石	斑晶同上,基质中有较多磁铁矿及玉髓类,形成黑斑	宏观特征为层理发育,类似何村岩组,硬度较大	10 m	和上部的何村岩组有几米红土层相隔

三、勘查开发现状

20世纪70年代,河南省劳教所在大安筹建铸石厂利用玄武岩生产铸石;80年代初,河南省第十三地质队(金刚石专题队)在沿杜康河作的天然重砂中淘出一粒金刚石,推断源出于玄武岩。为寻找火山机构,曾由河南省地质科学研究所对玄武岩分布区进行卫片解译,寻找隐伏断裂构造,后因故找金刚石计划更变,玄武岩的地质研究自然中止。80年代中期,河南省劳教所在原铸石厂的基础上,引进利用玄武岩生产岩棉工艺,先后在本区发展三家岩棉厂。与此同时,由临汝水泥厂和洛阳建材学校研究试制的浮石玄武岩水泥配料(代替熟料15%),进一步拓宽了玄武岩的用途,并大大发展了玄武岩区的采矿业。

1992年开展的玄武岩高等级公路路面抗滑石料勘查,将本区玄武岩的利用推向一个新的阶段,紧随地质勘探工作,河南省交通厅材料处在汝阳蔡店—蟒庄建成年产20万t级石料厂,为开洛高速公路建设提供抗滑石料。开洛公路建成后曾一度停产,后于2000年修建太澳高速公路洛阳段和洛栾快速通道时再度开工。石料厂系生产碎石系列,开采范围远远超过原来仅1 km² 的勘探地段。

据最近调查,随着抗滑石料的强力开采,何村—吴起岭一带分布于地表浅层(A层)的玄武岩基本已经采空，2004 年后已转入采坑开采，个别地段已接近 D 层，估计开采量已不下 100 万 m³，目前仍有扩大之势。

需要强调指出的是，当前对火山玄武岩的勘查开发应用，仅限于杜康河以东、杜康酒厂以北的汝阳部分，而杜康河以西约 40 km² 的伊川葛寨、酒后部分，由于缺乏地质勘查和专题研究，至今仍未开发利用，其中酒后南王地区，还发现有面积达 2~3 km² 的火山口相浮石岩，亟待开展相应的地质勘查和研究工作。另据开发信息，目前正在研制利用玄武岩生产玄武岩丝，以代替昂贵的碳丝防弹衣而用于国防，玄武岩的开发研制正向纵深发展。

第十章 农用矿产可持续发展战略和对策

第一节 可持续发展战略的指导思想

面向洛阳区域经济,依靠科技创新,实行跨学科联合攻关,加强传统农用矿产富矿的勘查,重点开展非传统农用矿产勘查、开发和应用研究,以科技示范和推广农用深加工矿产品为龙头,促进农业科技进步和农用矿产工业的发展,为洛阳区域大农业发展战略服务。

一、制定科学的农用矿产资源战略

要实现农用矿产资源的可持续发展,必须重视搞好矿产资源战略问题。从矿业生产力布局、区域性经济发展中的资源战略、农用矿产资源的产供销战略、战略资源研究、矿业开发管理体制等方面实现矿产资源的可持续发展。

二、改变传统观念,用可持续发展思想指导资源合理配置

资源合理配置就是要使资源的配置和利用达到最优。要改变传统的资源配置标准,用经济增长和持续发展双重目标来衡量资源配置的合理性,既要有利于当代人平均生活水平的不断提高,又要不损害未来经济的发展。要用可持续发展的思想指导调整矿业的产业结构,要用可持续发展的思想克服短期行为。

三、依靠科技进步,提高农用矿产资源利用效率,走资源节约型发展道路

各种数据显示,我国的资源利用效率远远低于世界平均水平。因此,当前应把提高资源利用效率、降低单位国民生产总值的能耗和钢耗、走资源节约型发展道路放到战略地位,从战略高度去重视它,并组织人力、物力和财力去研究它。利用新设备的使用、新技术开展、精加工和增加农用矿产资源开发利用的科技含量等手段提高资源利用率。

四、加强农用矿产资源开发环境保护,实行开发全过程的环境管理

农用矿产资源的开发利用也会产生一定的环境污染,造成某些生态破坏,在可持续发展目标的要求下,农用矿产资源开发利用必须加强环境保护和环境管理,尽可能减少开发对环境的破坏,制定相应的法规政策。

五、增加勘查投入,提高农用矿产资源承载能力

增加勘查投入,可以改善资源紧张状况,提高农用矿产资源的承载能力。以往我国矿业资金的来源主要是政府投资,现在中央已经允许私人和外商投资矿产资源的勘查与开发。地质勘查投资体制的多元化,无疑扩大了勘查投入的来源途径。

六、运用新理论、新方法、新手段，开发利用非传统农用矿产资源

非传统农用矿产资源是指由于当今技术、经济原因仍未进行工业利用的农用矿产资源和仍未被看做是农用矿产的、未发现其用途的潜在农用矿产资源，或虽为传统矿产但因地质地理原因极难发现的农用矿产资源。由于矿产资源供求形势日趋紧张，而且传统的矿产勘查与开发面对新世纪更高的环保要求和新的矿业经济评价已经不能适应。因此，运用新理论、新方法、新手段，开发利用非传统农用矿产资源势在必行。

七、合理利用国内外两种资源

在当今世界经济一体化趋势不断增强、国际资源市场不断扩大的形势下，任何国家都不能完全依靠本国的资源满足社会经济发展的需要。因此，要在立足用好国内农用资源的基础上，扩大农用矿产资源的国际合作与交流，充分利用国内外两个市场、两种资源，通过国际市场调节和优势互补，实现农用资源的优化配置，保障农用资源的有效供给。

八、积极发展二次资源产业

二次资源产业是指对矿产资源在开发、消费利用过程中，由于各阶段不同的原因而被废弃的矿石或有用元素及金属、非金属、农用矿产制品的回收开发利用产业。二次资源开发可以回收大量资源，节省原生矿产资源的消耗，可以防止、减轻对环境的污染和生态的破坏，可以节省一次资源开发的大量费用而获得可观的经济效益。

第二节　可持续发展对策

一、加强农用矿产资源勘查，力争新发现和开发一批优质农用矿产地

洛阳地区各类农用矿产资源丰富，但探明的优质富矿资源储量不足，非传统农用矿产开发应用水平低。因此，一方面要加强对传统农用矿产磷矿、硫铁矿的勘查和选矿工作，新建一批高品位、低成本的矿山企业，占领国内国际市场；另一方面更要针对不同地域特点，以科技创新精神新发现和开发一大批适宜洛阳本地大农业发展需要的非传统农用矿产地。要优先对低品位磷矿、膨润土、石灰石、高岭土、硅石、泥炭、珍珠岩、蛭石等资源进行勘查、开发、应用研究和技术推广工作，支持洛阳区域的经济发展。

二、加强农业地质工作，开发农用矿产品深加工

在开展洛阳地区农业地质、土壤地球化学背景调查的基础上，有针对性地研制不同配方的矿质复合肥(多元素微肥)。土壤是农作物生长繁育的自然基地，肥料是农业增产的物质保障，"庄稼一枝花，全靠肥当家"。在农业生产中，肥料的作用约为40%，农作物要获得高产优质就必须得到充足的养分供应，而且各种营养还要以适当的比例均衡地供给。不同地域的土壤中，缺乏某些元素是永久的，必须有针对性地以肥料形式予以补充。因此，应全面开展洛阳地区土壤地球化学背景调查，在此基础上，有针对性地对不同地域不同作物研制不同组分的专用多元素肥料。而在化肥工业中除氮肥工业是利用能源还原大气中的

氮合成氨外，其他肥料都是由矿产品改性加工而成的。所以，地学工作者要主动与农业、化工等部门专家联合攻关，参与各种专用多元矿质微肥开发研制工作。加快将各类不溶性钾矿资源转化为可(枸)溶性钾肥的技术攻关和技术推广步伐，改善洛阳土地严重缺钾局面。目前，洛阳地区土壤营养及农业施肥状况是：大量营养元素即氮、磷、钾三要素肥料表现为氮多、磷少、钾严重不足；微量营养元素则视地域不同而有所变化，总体较普遍缺硼、钼、锌、锰、铁等。针对洛阳地区钾盐资源严重不足而不溶性钾矿资源又极为丰富的特点，在适当加大国内钾盐勘查、开发力度和从国外购进部分钾肥外，必须因地制宜地开发利用洛阳本地丰富的不溶性钾矿资源。利用不溶性钾矿生产钾肥，虽有效钾含量较低(8% ~ 10%)，但其含丰富的农作物所需的多种可溶性微量营养元素(如 Mg、Si、Ca、Fe、Mn、B、Zn、Cu、Mo、S 等)，可均衡土壤营养，改善土壤结构，并具有长效、缓效等特点。以河南省地质科学研究所研制的此类产品为例，有效钾含量 10%，吨成本 300 元，仅按有效钾换算，其成本也大大低于进口钾肥。因此，利用不溶性钾矿生产钾肥，是缓解我国钾肥供需矛盾、改善土壤肥力状况的一种有效途径，应加快科技攻关步伐，大力予以推广。

近年来，在河南驻马店、鲁山、洛阳、汝阳等地调查发现，当地农民已大量使用几十年的土肥，实为中晚元古代海相沉积的含钾黏土岩。经取样分析，K_2O 在 7% ~ 13%，平均大于 8%；速效钾大于 1 000 mg/kg；含硼高达 500 ~ 8 000 μg/g；并含有多种微量元素。经调查，农民直接使用其增产效果已十分显著，土壤也得到了有效改良。这些事例应更加坚定我们开发利用不溶性钾矿资源的信心。岩石矿物做添加剂，除本身含有多种微量元素可供给畜禽营养外，还因矿物岩石本身所具有的吸附润滑作用，能增加肠胃蠕动，减少肠胃病，延长食物消化吸收的时间，增重明显。如：猪食用有沸石添加剂的饲料后，不仅喜睡眠，不闹栏，食欲增加，增肥显著；而且因沸石特性使粪便不臭，施到土地中后可改良土壤，提高农作物产量，替代饲料粮等，可以说益处多多。因此，开发天然矿物岩石饲料潜力巨大。

利用矿物岩石作饲料添加剂，生产加工比较容易，粉碎到–200 目即可，而且由于各种元素均匀地存在于矿物岩石中，添加时很容易达到均匀化，关键的问题是选用哪些矿物及其适当的比例。因为品种和配比不好，可能营养不足，或过量而使其有害。因此，研究开发天然岩石矿物饲料，首先要立足于洛阳本地区的资源，并针对不同的畜禽品种开发专用系列添加剂。

三、加强科普宣传和跨学科联合攻关，做好科技示范工作

要向农资生产部门(如化肥厂、饲料加工厂等)和广大农民宣传农用矿产对大农业发展的巨大作用，如微量元素在农业生产中的重要作用，天然矿物饲料添加剂对畜禽养殖的贡献等，改变当前一些不科学的传统习惯(如只重视氮、磷肥，不重视钾肥和微肥等)。要将各级政府、企业和农民向科学生产、施用化肥及科学养殖方向引导，如针对某一区域严重缺乏微量元素情况，说服当地化肥生产厂家将某些微量元素以化肥添加剂的形式补充在传统化肥中，达到长期使用而逐步改善土壤营养成分之目的。

开展多学科联合攻关，促进农用深加工矿产品的开发。农业是基础产业，在国民经济中占有重要地位，是最稳定和最具发展潜力的产业。地勘行业投身于农业，在为农业服务的同时也为自身发展找到了较理想的生存空间。而农用深加工矿产品的开发研究涉及农业、

化工等多个部门，必须组织多学科进行联合攻关。

做好应用试验和科技示范工作。农民尊重科学，农民最讲实际，农民是农用矿产的最终用户。因此，农用深加工矿产品的推广应用应首先在扎扎实实、脚踏实地地做好应用试验和科技示范工作的基础上进行。无数事例说明，科技示范工作做好了，产品就不怕没有销路。要力争短期内使洛阳地区农用矿产资源的开发跃上一个新的台阶。

(一)开展农用矿物肥料开发研究，致力于提高农产品的品质

土壤是农作物生长发育的自然基础，肥料是农业增产的物质保障。在农业生产中，肥料的作用约占 40%，农作物要获得高产优质就必须有充足的养分供应，且还要均衡营养。由于农作物所需营养不能均衡供给，造成洛阳农业生产不仅进一步提高产量难度大，且品质下降、经济效益低，而且土壤普遍缺微量元素已成为农业向"一优双高"发展的主要制约因素之一。而除氮肥是利用能源还原大气中的氮合成氨外，其他肥料都是由矿产品改性加工而成的。

洛阳地区以农业为主，对肥料的需求量很大，洛阳也是矿产资源大市，各种农用矿产资源十分丰富，如能针对洛阳土壤特点开发农用矿物肥料，不仅可调整肥料生产结构，支援农业生产，而且开发了资源，发挥了资源优势，同时可带动相应的肥料生产企业，形成新的经济增长点，一举三得。因此，应尽快研制开发矿物肥料。

首先应加速对已研制成功的利用不溶性钾矿生产钾肥的技术推广工作。洛阳市已规划：①在栾川庙子兴建含钾岩石综合加工厂，年利用含钾岩石 15 万 t，生产硫酸钾 3 万 t；②在嵩县黄庄兴建年产 10 万 t 钾镁肥厂，准备采用热化学法将含钾岩石中的结构钾(无效钾)转化为能被植物吸收利用的有效钾(可溶钾)，钾的转化率≥95%。经过连续 3 年的试用，小麦增产 6.14%～16.9%、水稻增产 12.39%～25.2%、红薯增产 20%～40%、烟叶提高 5.2%～13.5%。进一步深化此项研究工作，开展其他含钾岩石(如伊利石、含钾黏土岩等)转化研究形成系列产品。其次要尽快开展钼、硼、锌等矿物复合肥的研制，并加快农田试验、示范和推广步伐。

(二)加大天然矿物饲料开发力度，提高畜产品的品质

人类食用畜产品就是为了获得营养，在人体的 60 多种元素中，碳、氧、氢、氮四种元素占96%，钼、磷、镁、钾、硫、钠、氯、铁 8 种元素占3.9%，还有锌、锰、碘等多种元素占 0.01%。这些元素从饲料转移到畜产品中，再由食物链传送到人体中。因此，饲料需以添加剂的形式补充这些元素。据研究，可做饲料添加剂的岩石矿物有 50 多种，如黏土类矿物有沸石、海泡石、膨润土、高岭土、硅藻土等，岩石中有石灰岩、磷块岩、白云岩、麦饭岩、珍珠岩、海绿石岩、叶蜡石岩等，盐类矿物中有石盐、孔雀石、胆矾、水绿矾、菱镁矿、铜蓝、碳酸盐、菱铁矿等。岩石矿物做饲料添加剂，除本身含有多种元素可供给畜禽营养外，还因矿物本身有吸附润滑等作用，能增加肠胃蠕动，减少肠胃病，延长食物消化吸收的时间。

第三节　农用矿产资源发展前景

人类最早利用自然物质是在改造和创造自己的生存条件中利用了矿产资源。煤炭、石油的发现促进了能源革命，蒸汽机和内燃机将煤炭、石油的热能转化为机械能，奏响了原材料革命的序曲。随着工业的发展、科技的进步，一方面必须提供相应的原材料类农用矿产，并保证其数量和质量，另一方面在应用实践中又发展了农用矿产资源。例如农用矿物，最早仅仅是氮、磷、钾类化肥原料，继而又增加了矿物农药、矿物肥料(包括硅肥、镁肥、稀土肥)、矿物饲料、土壤改良剂等，并形成一个以农用矿为主的农用矿物系列。还有与人类物质文明、精神文明相关的矿物原材料，包括 "三废" 净化过程中为制造助滤剂、过滤剂、吸附剂、去污粉等各种净化剂的环保类原材料，用于人体保健、医疗和各种药石的保健类矿物材料等。总而言之，农用矿产领域的不断扩大更加显示出其巨大的发展前景。

农用矿产资源与非金属矿产和金属矿产之间的界限划分并不十分严格，一些金属矿产可列入农用矿产，而一些农用矿产也具有金属矿产的用途，并同时可作为农用矿产资源。例如铝土矿，作为金属主要是用以提炼金属铝，但也同时以高铝耐火黏土作为农用肥料；又如菱镁矿、水镁石、白云石，它们分别为镁的碳酸盐和氢氧化物，主要用于耐火材料和熔剂，同样是农用矿产中的常见矿物，但也用来提炼金属镁，而镁同铝一样属于有色金属类；再如金属钛，钛矿床形成主要有岩浆型的钒钛磁铁矿、原生金红石砂矿、(次生)砂矿三大类，主要含钛矿物有钛铁矿、钛磁铁矿、金红石、榍石、板钛矿、锐钛矿等，它们除了提炼金属钛外，也广泛用于如制作钛白粉类等农用领域。

大量研究资料表明，矿物肥料、矿物饲料和矿物农药(载体)在农牧渔业生产过程中具有不可替代的重要作用。特别是我国农业正处于由以人畜肥力为基础的半封闭式传统农业向以现代科技为导向、商品生产为目标的开放式现代农业转变的历史时期，要赶上世界农业的发展进程，应尽快从改造中低产田入手，开发农用矿产资源，增施矿物肥料。

1998 年，中国地质科学院与中国农业科学院联合成立了国土资源农业利用研究中心。2003 年以来，国土资源部中国地质调查局与浙江省人民政府合作开展"浙江农业地质研究"项目，与山西省人民政府合作开展 "黄土高原盆地经济带生态地球化学环境研究" 项目，还与吉林省人民政府联合签署了 "吉林农业地质调查合作协议书"。至今，国家国土资源部 "中国地调局" 已与四川、江苏、湖南、江西、福建等多个省、区、市人民政府正式签订了农业地质调查研究项目合作协议。这些项目的合作，标志着由地质科学与农业科学多学科崭新合作的农业地质系统工程研究工作已在我国全面展开，也标志着我国的农用矿产正向纵深的方向发展。

实践也将会证明，农业地质发展模式是现代农业的重要组成部分，矿物肥料和矿物饲料等矿产资源的开发利用，是农业发展的一条新路子，定将在农业现代化进程中作出积极的贡献。

第四节　农用矿产勘查与开发应用的必备过程

研究探讨洛阳农用矿产资源的最终目的，是开发应用好这类资源，并在发展洛阳地区矿业和农业经济中起到应有的导向和促进作用。如何发挥这种作用，不仅是地质学家要进一步研究的问题，更重要的是为乡镇产业大军的积极参与农用矿产开发应用活动提供便于掌握的知识和经验。归结农用矿产应用者的体会和经验如下：

第一，应掌握相关农用矿产的地质知识。

农用矿产虽然矿种很多，涉及的地质科学领域面广，对矿石的识别标志比较微细而又复杂，但从矿产应用者的需求，掌握一两个矿种的地质知识并非难事。因为大部分农用矿产属于某种岩石，所以要认识这些，包括由它们组成的岩石种类、产出形式和它们共生、伴生的岩石、矿物，进而掌握它们的物理特征，特别是直观的识别标志，如矿物或矿石的形态、颜色、光泽、比重、硬度、断口……经化学分析提供的化学成分，主要有益元素、有害元素含量；并进一步能在相关地层、构造、岩浆岩的分布区内找到它们，或者能合理地并有代表性地采到样品；按照上述内容，请地质部门和地质专家进行咨询、鉴别。事实上很多矿产如伊川县半坡高岭土、嵩县黄庄的伊利石、宜阳的蛭石、伊川的磷矿等著名的农用矿床都是由群众报矿，经地质专家调研勘查，在共同合作勘查中发现的，其间参与的群众，今天不少成为开发这一矿种的行家里手。

第二，应熟悉矿产勘查的工业指标和应用价值。

工业指标指的是各矿产工业部门依据保护和合理利用资源的方针，按照国家经济政策、科技水平和经济效益确定的评价矿产的技术标准，由矿石质量(化学的和物理的)指标和矿产开采技术条件两部分组成，具体内容包括矿石有益组分、有害组分的含量及由此确定的矿石品级，也包括了矿石的可采厚度、夹石厚度、开采技术条件等，换句话说它规定了可以把握的规范性量化指标。一切矿产包括农用矿产的经营者，不仅要运用所学的地质知识，并按工业指标要求得到你所需的农用矿产，还要知道它们的应用领域，包括不同应用领域对矿石的工业指标要求。要强调的是，由于农用矿产同其他矿产共同具备"一矿多用、多矿同用、相互代用"的特点，为了能够充分发挥被发现的农用矿种的应用价值，对农用矿产就要进行综合勘查，取得更多的测试数据，并在量化指标的比较中优选出最佳的矿石或矿产地，要充分体现出经济上合理、技术上可行、综合利用的原则。

第三，应了解掌握矿产信息和农用需求。

首先，要了解所掌握的矿种或准备开发应用矿种的品位、质量标准、应用效果、供需数量、适用范围、计价标准、支付方式等。其次，要了解采、选矿石的投入、产出、消耗和盈利估算等。在充分掌握这些因素的前提下做出可行性论证，由此确定是否可以开发应用，以及在应用中需注意的问题。

第四，应掌握采矿和矿产品加工应用技术。

在农用矿产品应用的初期，往往以粗放的矿石应用为起点。在这个阶段要求应用者首先要掌握采矿知识，在确保矿山安全的前提下，提高矿石开采率和利用率，确保矿石的质量和品级，科学准确地驾驭采矿工作。但对大部分农用矿产来说仅守此道是不够的，它还要求应用者必须通过掌握不同程度的矿产品深加工技术，办成一两个矿种的深加工企业，创造出比出售矿石高得多的经济价值。进入 21 世纪，农用矿产已基本上由粗放型转入粗加工型，深加工型较少，由粗加工到深加工将成为今后的发展趋势。

应该提出的是，由于洛阳地区矿业发展上的不平衡状态，人们的着眼点都投放于金、钼、煤、铝、铅、锌、银方面，并在这些矿种上创造了巨额的经济效益，从而很自然地吸引着投入资金的流向和寄托着经济增长点的希望，自然造成了对农用矿产勘查开发方面的忽视。从另一个角度考虑，确是给农用矿产勘查开发留下一个发展空间，我们也正可以借助外地在农用矿产勘查开发方面的发展经验，捷足先登，占领这个空间，全面实施洛阳地区加强农业、加快工业强市的发展战略。

第五节　应重视和加强对农用矿产资源的保护

农用矿产同其他金属和能源矿产一样，也是一种不可再生的资源，对这类资源的保护，也必须引起足够的重视。但较之其他矿产而言，农用矿产类本身是地壳中的一种岩石或为组成某种岩石的造岩矿物，随手可取而价格低廉，在人们还不认识和掌握它们的物理化学和工艺性能之前，它们所遭受的破坏作用将比一些金属矿产更为严重，因此从矿产资源保护和综合利用方面提出以下几点建议。

一、加强对"三废"的利用

"三废"指工业生产中产生的废气、废水和废渣，通称为工业废弃物。"三废"污染大气、污染水源、掩压耕地，破坏生态环境，危及人类，被称为"公害"，这些废弃物多年来被视为工业垃圾而被抛弃。科学的发展为利用"三废"提供了手段，也为科学发展观和循环经济模式起了重要的支撑作用，使"三废"废而有用，今日称其为再生资源。以煤炭为例，废气主要是瓦斯，经回收的瓦斯属于洁净能源，煤田勘探开发回收的瓦斯将成为我国新的能源。煤井中抽出的废水，纯净化后则成为煤矿区的洁净水源，可以重新利用；而由采煤选出的煤矸石和煤炭燃烧后的粉煤灰，已经成为当前非常抢手的民用工业原料，现已开发为复合肥料及各类建材、化工原料等。

河南农业大学和郑州大学联合研究，利用主要原料是含混合氨基酸的工业废水、混合稀土盐及多种微量元素，在一定条件下进行反应和调配等工艺，得到含稀土的混合氨基酸配合态多元微肥。经过在不同农作物上的小试、大田试验和示范推广，取得了显著的社会效益。该项成果于 1995 年 11 月通过河南省科委鉴定，并已申报国家发明专利(申请号：95120857.8)。目前，该产品已在全省及国内进行推广。

"三废"及再生资源的利用将成为一种多门类的新兴产业。

二、强调综合性地质勘查

在国家颁布的一批新的矿产地质勘查规范中，一项突出内容是都强调了对伴生、共生矿产的综合勘查，反映了从国家政策上的强化和导向作用。实际上大部分矿产都具有共生和伴生关系。例如煤炭，与石炭—二叠系煤系地层共生的煤系矿产有煤系高岭土、伊利石黏土、陶瓷黏土、熔剂灰岩，在煤系底部伴生的矿产还有耐火黏土、铝土矿、铁矾土和褐铁矿。又如内生金属硫化物类的含铜矿物(黄铁矿、斑铜矿、孔雀石、蓝铜矿等)在农用矿物中是重要的矿肥和农药。洛阳独立的铜矿床(点)较少，大部分内生金属矿床伴生或共生各种铜矿物；再如金属锰矿类也是一样，广泛分布在汝阳、栾川等地铅锌矿的氧化带中。因此，为了实现矿产的综合利用目标和节约勘查经费，充分发挥资源的经济潜力，必须在地质勘查时做好综合性地质勘查评价。

三、加强矿物原料的综合利用研究

综合勘查的目的是为了综合利用，一些共(伴)生的有益元素都需要加强综合利用研究来提高其综合利用程度。在开发微肥方面，湖南、重庆等都已有了成功的先例。

湖南省地质研究所充分利用当地丰富的岩矿石资源优势，开发出新型农用岩矿肥料，被列为 2002～2007 年"国家重点环保实用技术推广项目"。该研究所通过研究把在工业上不能利用的资源量非常巨大的"呆矿"和岩石，如低品位的海泡石黏土矿、钙质膨润土矿、富稀土岩、富钾岩、富硒岩、富铬及多种微量元素的基性超基性岩等(称之为新型农用岩矿资源)。该研究所系统掌握了新型农用岩矿资源作为肥料的特殊的物理性质和元素组成，因而从机理上论证了它们对农作物的保养(分)给养(分)功能、提高地力改良土壤的作用，能够抑制有害元素在农作物中的积累。研究表明，新型农用岩矿肥料在克服化肥施用对环境的负面效应方面具有重大意义和实用性；符合现代化肥料工业提高复混率、发展缓控释肥、因地制宜按测土施肥配制"微"肥、降低氮肥施用量和一次性施用的发展方向，属于缓释新型肥料范围。

重庆煤炭研究所已成功地利用煤矸石制取氨水，煤矸石中含氮量越高，制取的氨水浓度也越高，并且制取的氨水除含 $NH_3 \cdot H_2O$ 外，还含有亚硫酸铁、碳酸铵、硝态氮及磷、钾等，可作底肥及追肥，并适用于各种作物和土壤，是一种速效复合肥料。北京市勘察院与中国地质大学合作开发成功利用煤矸石生产高浓度有机复合肥，它具有无机肥料速效和有机肥料长效的特点。洛阳地区煤矸石资源丰富，开发前景广阔。

据报道，贵州已在充分利用含钾伟晶岩、正长斑岩等矿产，提取拘溶性钾的工艺上有所突破，其生产流程为：将不溶性钾掺入适量的石灰石、白云石、磷矿石或矿渣、废石、尾矿等，经高温煅烧，在物理化学作用下，不溶性钾矿中的钾可释放出来，转变为钾肥，还可生产出钾盐、复合肥、人造宝石等多种产品。这样既可缓解钾肥供应短缺矛盾，又可促进相关行业的全面发展。洛阳地区该类资源蕴藏丰富，目前已开始进行相关的综合开发利用工作。

最后需要说明的是，据市场调查，除传统农用矿产外，我国大部分地区非传统农用矿产的利用处于刚起步或基本未起步阶段，与我国国民经济发展和农业的基础地位极不协调。洛阳地区乃至全国的农用矿产资源开发利用水平较低的主要原因：①部门条块分割缺乏相互渗透，农业、化工、牧畜与地矿部门互不了解，科研成果得不到有效转化；②矿产品加工利用技术水平低，应用研究跟不上或推广不力；③基础工作差，缺乏对症下药，如土壤地球化学特征不清，难以对极缺乏的元素予以针对性的补充；④地域所限，未能因地制宜地开展农用矿产资源的勘查、开发、应用和推广工作等。

结　语

本书是该专题研究组长期在洛阳地区开展农用矿产勘查、开发利用和研究工作，并进一步对其成果进行综合归纳的初次尝试，它包含了大量前人辛勤的工作及研究成果。

首先通过区域地质背景的论述，进一步提高了人们对农用矿产资源的认识，明确其发展和找矿方向。进而以洛阳矿业发展规划为基础，对该地区已经发现的 24 种农用矿产资源进行了分类研究和资源特征剖析，再对比国内外农用矿产开发应用与系列产品研发的现状，运用成矿理论分析研究洛阳地区可能形成的不同成因类型的农用矿床，在提高认识的基础上拓宽了找矿领域和方向，展望了洛阳农用矿产资源勘查开发应用的前景，为进一步开展深层次的应用研究工作打下了基础。重点是较详细地介绍了 16 例典型矿床(点)的矿床特征及开发应用前景，以便有识之士了解并快速开发应用。这些农用矿产资源能够充分合理地得到开发利用，可以大幅度地提高农业产品的产量和品质，对实现农业产业化和推广特色农业的可持续发展、提高农民收入、壮大地方经济、优化农业环境和扩大地质勘查服务领域具有重要的战略意义。

本书中的一些初步认识和研究成果会随着农用矿产地质科技工作的不断发展，而得到进一步提升和完善，在更多相关科技人员和有识之士的共同参与下，农用矿产的勘查、开发利用会得到更加合理、科学、持续的发展。

主要参考文献及资料

[1] 张兴辽. 中国农用矿产资源概况及其发展战略与对策建议[J]. 河南地质，1999 (1)：12-15.

[2] 陈正友，王福贵，刘中杰，等. 地球化学在嵩县地区农业环境方面的应用[J]. 物探与化探，2003(6)：476-479.

[3] 田培学. 农用矿产资源的开发利用[J]. 河南地质，1994(1)：23-25.

[4] 刘晓华，盖国胜. 湿法粉磨同步法提取麦饭石中有益元素的实验研究[J]. 矿产综合研究，2007(6)：14-17.

[5] 葛英勇，季荣，袁武谱. 远安低品位胶磷矿双反浮选试验研究[J]. 矿产综合利用，2008(6)：7-11.

[6] 李群平. 洛阳地区植烟土壤养分现状分析[J]. 河南农业科学，2006 (8)：89-92.

[7] 樊耀亭，朱伯仲，李娅，等. 含稀土的混合氨基酸配合态多元微肥的研制及应用[J]. 稀土，1997，18(4)：57-59.

[8] 立铁军，韩长寿，肖俊岭. 舞钢市农用矿产资源及开发利用前景[J]. 西部探矿工程，2008(11)：144-146.

[9] 耿林，张志. 我国非传统矿产资源的发展研究方向及建议[J]. 中国矿业，2006(12)：123-127.

[10] 朱江，周俊. 农用非金属矿产在大农业生产中的应用[J]. 安徽地质，1999(2)：152-155.

[11] 冯有利. 河南省农用非金属矿产资源的开发前景[J]. 矿产保护与利用，1995(6)：18-22.

[12] 陈祖荣. 我国农用非金属矿物开发及对策[J]. 中国地质经济，1991(8)：16-18.

[13] 童潜明. 农用岩矿资源开发利用的新领域[J]. 湖南地质，1999(3)：24-27.

[14] 李凤玲. 中国农业地质工作展望[J]. 生态环境，2006，15(5)：1131-1132.

[15] 林军章，刘森，杨翔华，等. 泥炭在农业上的应用[J]. 矿产保护与利用，2004(3)：145-149.

[16] 付法凯，石毅，汪江河，等. 河南大安玄武岩制造连续纤维的可利用性探讨[J]. 中国非金属矿工业导刊，2008(6)：61-64.

[17] 汪江河. 洛阳市农用非金属矿勘查及开发利用前景[J]. 中国非金属矿工业导刊，2009(5)：20-23.

[18] 洛阳市国土资源局. 洛阳市矿产资源规划[R]. 河南省地矿局区域地质调查队，2004，04.

[19] 栾川县国土资源局. 栾川县矿产资源规划[R]. 河南省地矿局第一地质调查队，2005，04.

[20] 洛宁县国土资源局. 洛宁县矿产资源规划[R]. 河南省地矿局第一地质调查队，2004，12.

[21] 宜阳县国土资源局. 宜阳县矿产资源规划[R]. 河南省地矿局第一地质调查队，2004，12.

[22] 伊川县国土资源局. 伊川县矿产资源规划[R]. 河南省地矿局第一地质调查队，2004，12.

[23] 新安县国土资源局. 新安县矿产资源规划[R]. 河南省地矿局第一地质调查队，2004，12.

[24] 偃师市国土资源局. 偃师市矿产资源规划[R]. 河南省地矿局第一地质调查队，2004，12.

[25] 嵩县国土资源局. 嵩县矿产资源规划[R]. 河南省地矿局第一地质调查队，2004，04.

[26] 河南省矿业协会. 河南省非金属矿产开发利用指南[M]. 北京：地质出版社，2001.

[27] 陶维屏. 中国非金属矿床的成矿系列[J]. 地质学报，1989，63(4)：368-341.

[28] 洛阳市国土资源局. 河南省洛阳市非金属矿开发利用与发展方向研究[R]. 2003.12.

[29] 郭守国，何斌. 非金属矿开发利用[M]. 北京：中国地质大学出版社，1991.

[30] 郑延力，樊素兰. 非金属矿产开发应用指南[M]. 西安：陕西科学技术出版社，1992.

[31] 陶维屏. 九十年代非金属矿床勘查科技研究的新动向[J]. 建材地质，1991(3)：255-259.

[32] 姚书典. 非金属矿物加工与应用[M]. 北京：科学出版社，1992.

[33] 李宝银. 非金属矿工业手册[M]. 北京：冶金工业出版社，1996.

[34] 袁凡齐，朱上庆，翟裕生. 矿床学[M]. 北京：地质出版社，1979.

[35] 郑延力，樊寿兰. 非金属矿产开发利用指南 [M]. 陕西：陕西科学技术出版社，1992.

[36] 石毅，钱建立，付法凯. 等. 洛阳市非金属矿产资源[R]. 河南省地矿局第一地质调查队，2008.

[37] 李龙堂. 我国农用矿物的分类及其开发利用[J]. 宁夏大学学报，1989，13(4)：51-56.

[38] 许成龙，段自清. 河南省国土资源开发利用与保护[M]. 陕西：西安地图出版社，2000.